无机化学实验

仇晓阳◎著

中国原子能出版社

图书在版编目(CIP)数据

无机化学实验/仇晓阳著. --北京:中国原子能出版社,2018. 2

ISBN 978-7-5022-8868-6

Ⅰ. ①无… Ⅱ. ①仇… Ⅲ. ①无机化学一化学实验 Ⅳ. ①O61-33

中国版本图书馆 CIP 数据核字(2018)第 033030 号

内 容 简 介

无机化学实验是研究无机化合物的制备、化学常数的测定、元素及其化合物的性质、物质的定量分析方法以及基本操作和相关原理的化学实验。本书对无机化学中涉及的相关实验进行了研究,主要内容包括:基本操作实验、基本原理与常数测定实验、无机化合物的制备实验、元素化合物性质实验、应用性和综合性实验等。本书结构合理,条理清晰,内容丰富,是一本值得学习研究的著作。

无机化学实验

出版发行 中国原子能出版社(北京市海淀区阜成路 43 号 100048)
责任编辑 张 琳
责任校对 冯莲凤
印 刷 北京亚吉飞数码科技有限公司
经 销 全国新华书店
开 本 787mm×1092mm 1/16
印 张 20
字 数 259 千字
版 次 2018 年 2 月第 1 版 2024 年 9 月第 2 次印刷
书 号 ISBN 978-7-5022-8868-6 定 价 70.00 元

网址: http://www.aep.com.cn E-mail:atomep123@126.com
发行电话:010-68452845

前　言

无机化学实验是化学、化工、应用化学、环境化学等多种学科必修的第一门基础化学实验，它既是一门独立的学科，又与相应的理论课相互配合，集知识传授、能力培养和素质教育于一体。它是研究无机化合物的制备、化学常数的测定、元素及其化合物的性质、物质的定量分析方法以及基本操作和相关原理的化学实验，是培养化学实验技能与专业素质的最基础的实践环节。

本书注重与理论教材的相互融合及互补，使实验与理论既自成体系，又互为依托，相辅相成，强调系统性与相对独立性。撰写的内容具有以下特点。

(1)涉及的基础知识和基本操作内容全面、翔实，利于读者主动灵活地在各个实验中反复训练，使读者的基本操作规范化、系统化，提高实验技能。对实验仪器和设备的介绍配有插图，并详细地介绍了使用方法和使用时的注意事项，以便读者尽快掌握正确的使用方法和操作技能。

(2)在实验内容的选择上，注重实验的知识性、趣味性和实用性，使实验更加贴近生活、贴近社会，更符合认知规律。同时也没有选择那些过时、陈旧、实验时间过长和一般实验室难以进行的实验。

(3)探索无机化学实验的绿色化。在实验设计上，尽量使用无毒或低毒试剂，试剂的浓度和用量也尽可能减少，并对实验产生的尾气和废液设计了相应的处理方法，以培养读者的环保理念。

(4)选取的实验内容除传统、经典实验之外，也注重反映最新的化学前沿信息，以开阔读者的视野。

全书共六章。第一章为化学实验基础知识，第二章为基本操作实验，第三章为基本原理与常数测定实验，第四章为无机化合物的制备实验，第五章为元素化合物性质实验，第六章为应用性和综合性实验。

本书旨在帮助读者进行预习和开展实验，启迪思维，从而养成良好的实验习惯和体味实验的关键所在，为今后的学习、工作及从事科学研究打下坚实的基础。在撰写过程中，参考了无机化学实验教材和有关著作、文献，在此向有关作者表示诚挚的敬意和谢意。

由于作者水平有限，加之时间仓促，错误和遗漏在所难免，恳请读者批评指正。

作　者

2017 年 12 月

目　录

第一章　化学实验基础知识

第一节　无机化学实验的目的

实验是人类研究自然规律的一种基本的科学方法，化学是一门以实验为基础的学科。在无机化学中，实验占有极其重要的地位。无机化学实验的学习目的是：

(1)通过观察实验现象，直接获取大量的化学事实，经过思考、归纳和总结，从感性认识上升到理性认识，加深对无机化学基本理论的理解，并进一步用于指导实验。

(2)经过严格的训练，能较规范地掌握基本操作技术，正确使用各类仪器，培养独立操作能力和准确取得实验数据的能力。

(3)通过综合性实验，掌握正确记录、处理数据和表达实验结果的方法，训练对实验现象进行分析判断、逻辑推理和得出结论的能力，培养分析和初步解决实际化学问题的能力。

(4)通过设计性实验，逐渐能自己动手查找资料、设计方案、实施试验、观察现象、获取数据、分析问题、解决问题，通过独立操作和对实验数据、实验结果的处理和总结，培养独立工作和独立思考的能力。

(5)培养实事求是的科学态度，理论联系实际的科学方法以及准确、细致、整洁等良好的科学习惯，具备较高的科学实验素质，为以后的学习和工作打下坚实的基础。

第二节　实验室安全知识

一、安全守则

进行化学实验，经常要用水、电、煤气，各种仪器，易燃、易爆、腐蚀性以及有毒的药品等，因此实验室安全极为重要。如果不遵守安全规则而发生事故，不仅会导致实验失败，还会伤害人的健康，并给国家财产造成损失。相反，若在思想上充分重视安全工作，在行动上做到认真预习，掌握实验中的安全注意事项，集中精力进行实验，严格遵守操作规程，便能避免事故的发生。现将实验室安全守则介绍如下：

(1)熟悉实验室环境，了解电源、煤气总阀、急救箱和消防用品的位置及使用方法。

(2)一切易燃、易爆物品的操作应远离火源。严禁用火焰或电炉等明火直接加热易燃液体。

(3)能产生有刺激性、有毒和有恶臭气味气体的实验，应在通风橱内或通风口处进行。

(4)严禁用手直接接触化学品。使用具有强腐蚀性的试剂，如强酸、强碱、强氧化剂等，应特别小心，防止溅在衣服、皮肤，尤其是眼睛上。稀释浓硫酸时，应将浓硫酸慢慢注入水中，并不断搅动，切勿将水倒入浓酸中，以免因局部过热，使浓硫酸溅出，引起灼伤。

(5)加热时，操作要严格遵守操作规程。

(6)实验室内任何药品不得进入口中或接触伤口，有毒药品如重铬酸钾、可溶性钡盐、铅盐、砷的化合物、氰化物等更应特别注意。

(7)有毒废液不得倒入水槽，以免与水槽中的残液作用而产生有毒物质。

(8)实验室电器设备的功率不得超过电源负载能力。电器设备使用前应检查是否漏电,常用仪器外壳应接地。使用电器时,要通读仪器使用说明书,掌握电器的正确使用方法,注意安全,不能用湿手接触电器插头。

二、意外事故处理

1. 割伤

首先挑出伤口异物,然后涂上红药水或紫药水,再用纱布包扎,必要时送医院诊治。

2. 烫伤

切忌用水冲洗,可在烫伤处涂抹烫伤药(如红花油),不要把烫伤的水泡挑破,严重者送医院治疗。

3. 酸伤

先用大量水冲洗,然后用饱和碳酸氢钠溶液或稀氨水冲洗,最后再用水冲洗。

4. 碱伤

先用大量水冲洗,再用 3%～5%醋酸溶液或 3%硼酸溶液冲洗,最后再用水冲洗。

5. 吸入有毒气体

吸入溴蒸气、氯气、氯化氢、硫化氢、一氧化碳等有毒气体后,应立即离开实验室,转移到空气新鲜的地方。

6. 触电

迅速切断电源,如不能切断电源,要用木棍挑开电线或戴上绝缘橡皮手套，使触电者脱离电源，切不可用手去拉触电者。把触电者转移到空气新鲜的地方，解开衣服，使其全身舒展，必要时进行人工呼吸等急救措施。

7. 中毒

误吞毒物，最常用的急救方法是给中毒者先服催吐剂如肥皂水，或给予面粉和水、鸡蛋白、牛奶、食用油等缓和刺激，然后用手指伸入喉部以促使呕吐，立即送医院治疗。若有毒物质溅入眼睛或皮肤上，要用大量水冲洗。

三、灭火常识

(一)起火原因

(1)可燃物质(如纤维制品、乙醚、乙醇等)因接触火焰或处于较高温度而燃烧。

(2)可自燃物质(如白磷)因接触空气或长时间的氧化作用而燃烧。

(3)由于化学反应(如金属钠与水反应)而引起燃烧或爆炸。

(4)电火花引起燃烧。

(二)灭火措施

万一起火，绝对不能慌乱，应根据起火的原因及火场情况，立即采取如下措施。

1. 报警

若火势较大，应立即向消防部门报警。

2. 防止火势扩大

立即关闭煤气和停止加热，切断电源，移去一切可燃物质等。

3. 扑灭火焰

物质燃烧除需要空气外，还要有一定的温度，故灭火的原则一是降温，二是使燃烧物与空气隔绝。为此，根据起火原因，可选择如下的灭火方法：

(1)一般起火可用泡沫灭火器喷射起火处，但此法不适用于电器火灾。

(2)金属和有机溶剂着火时，可用二氧化碳灭火器、四氯化碳灭火器或1211灭火器灭火。

(3)电器设备起火时，可用二氧化碳灭火器、四氯化碳灭火器或1211灭火器喷射燃烧物以灭火。

(4)实验人员衣服着火时，切勿惊慌乱跑，应立即脱下衣服或用石棉布覆盖着火处，或就地卧倒打滚，使火焰熄灭。

四、实验室废液的处理

(1)实验中经常会产生某些有毒的气体、液体和固体，都需要及时排弃，特别是某些剧毒物质，如果直接排出就可能污染周围空气和水源，污染环境，损害人体健康。因此，对废液、废气和废渣要经过一定的处理后，才能排弃。

(2)产生少量有毒气体的实验应在通风橱内进行，通过排风设备将少量毒气排到室外(使排出气在外面大量空气中稀释)，以免污染室内空气。产生毒气量大的实验必须备有吸收或处理装置。如二氧化氮、二氧化硫、氯气、硫化氢、氟化氢等可用导管通入碱液中，使其大部分被吸收后排出，一氧化碳可点燃转化成二氧化碳。少量有毒的废渣常埋于地下(应有固定地点)。下面主要介绍几种常见废液的一般处理方法。

①实验中通常大量的废液是废酸液。废酸缸中的废酸液可先用耐酸塑料网纱或玻璃纤维过滤，滤液加碱中和，调 pH 至

6～8 后就可排出。少量滤渣可埋于地下。

②实验中含铬废液量大的是废铬酸洗液。可以用高锰酸钾氧化法使其再生，继续使用。氧化方法：先在 110～130℃下不断搅拌加热浓缩，除去水分后，冷却至室温，缓缓加入高锰酸钾粉末。每 1 000 mL 废洗液加入 10 g 左右，直至溶液呈深褐色或微紫色但不要过量。边加边搅拌直至全部加完，然后直接加热至溶液变成橙红色，停止加热。稍冷，通过玻璃砂芯漏斗过滤，除去沉淀；冷却后析出红色三氧化铬沉淀，再加适量硫酸使其溶解即可使用。少量的废洗液可加入废碱液或石灰使其生成氢氧化铬(Ⅲ)沉淀，将此废渣埋于地下。

③氰化物是剧毒物质，含氰废液必须认真处理。少量的含氰废液可先加氢氧化钠调至 pH＞10，再加入漂白粉，使 CN^- 氧化成氰酸盐，并进一步分解为二氧化碳和氮气。

④含汞盐废液应先调 pH 至 8～10 后，加适当过量的硫化钠，生成硫化汞沉淀，并加硫酸亚铁而生成硫化亚铁沉淀，从而吸附硫化汞沉淀下来。静置后分离，再离心，过滤；清液含汞量可降到 0.02 $mg \cdot L^{-1}$ 以下，排放。少量残渣可埋于地下，大量残渣可用焙烧法回收汞。但要注意一定要在通风橱内进行。

⑤对含重金属离子的废液，最有效和最经济的处理方法是：加碱或硫化钠把重金属离子变成难溶性的氢氧化物或硫化物而沉积下来，再过滤分离，少量残渣可埋于地下。

第三节　化学实验中的数据表达与处理

化学实验的任务，就是准确测定实验对象中与物质性质相关的若干物理量的直接的或间接的实验数据，如颜色的变化、试样或产品的质量、标准溶液的体积、样品的熔点沸点、物质的吸光度、指示电极的电位、物质的结构谱图等。但由于仪器和实验人员感官的限制，实验测量获取的数据只能满足一定程度的准确性。因此，学会科学地记录和处理实验数据，并以合理的形式整理出实验结果，成为化学实验课程的重要任务之一。

一、实验数据记录

在化学实验中，观测的实验数据或计算得到的实验结果，不仅应表明试样中待测组分的含量大小，而且还要能表明测定结果的准确程度。因此，及时地记录实验过程中的数据与现象，正确完整地撰写实验报告，成为实验中一项重要的工作内容，也是化学实验人员应具备的基本技能。实验前应认真预习，将实验名称、目的和要求、原理、实验内容、操作方法和步骤等简单扼要地写在专门的实验记录本上。同时，实验数据的记录须遵循以下几点：

(1)使用专门的实验记录本。实验记录本应标上页码，不要撕去其中任何一页，更不要擦抹或涂改，若写错可以划去重写，记录时必须用钢笔或圆珠笔。

(2)实验中观察到的现象、数据和结果应及时如实地写在记录本上，做到准确、详尽、清楚。坚持实事求是的科学态度，严禁随意增删或更改实验数据。

(3)记录实验数据时，应做到数据的准确度与分析的准确度相适应(即注意有效数字的位数)。

(4)记录内容力求简练详尽，比如设计一定的表格用于记录实验数据。实验的每一个数据，都是一次的测量结果，所以重复观测时即使数据完全相同也要如实记录下来。

(5)实验中使用仪器的类型、编号以及试剂的规格、化学式、分子量、浓度等，都应记录清楚，以便实验总结时。进行核对或作为查找失败原因的参考依据。

实验结束时，在仔细复核实验数据并报送指导教师后方可离开实验室。

二、有效数字及运算规则

(一)有效数字

在化学实验中，经常用仪器来测量某些物理量，对测量数据所选取的位数，以及在计算时，该选几位数字，都要受到所用仪器的精确度的限制。从仪器上能直接读出(包括最后的一位估计读数在内)的几位数字通常称为有效数字。任何超越或低于仪器精确度的有效数字位数的数字都是不正确的。

例如，20 mL 量筒的最小刻度为 1 mL，两刻度之间可估计出 0.1 mL，用量筒测量溶液体积时，最多只能取到小数点后第一位。如 16.4 mL，是三位有效数字。又如 50 mL 滴定管的最小刻度是 0.1 mL，两刻度之间可估计到 0.01 mL 用滴定管测量溶液体积时，可取到小数点后第二位，如 16.42 mL，是四位有效数字。

以上这些测量值中，最后一位(即估计读出的)为可疑数字，其余为准确数字。所有的准确数字和最后一位可疑数字都称为有效数字。任何一次直接测量，其数值都应记录到仪器刻度的最小估计数，即记录到第一位可疑数字。

有效数字构成的测定值必然是近似值，所以测定值的运算应按照近似计算规则进行。

数字“0”，当它用于表示小数点的位置，而与测定的准确程度无关时，不是有效数字；当它用于表示与测定的准确程度有关的数值大小时，就是有效数字。这与“0”在数值中的位置有关。

(1)第一个非零数字前的“0”不是有效数字，如：

0.048 9　　三位有效数字

0.000 9　　一位有效数字

(2)非零数字中的“0”是有效数字，如：

2.007 6　　五位有效数字

4 202　　四位有效数字

(3)小数中最后一个非零数字后的“0”是有效数字，如：

2.320 0　　　　　五位有效数字

0.870%　　　　　三位有效数字

(4)以“0”结尾的整数，有效数字的位数难以判断，如：48 900 可能是三位、四位或五位有效数字。在此情况下，应根据测定值的准确程度改写成指数形式，如：

4.89×10^4　　三位有效数字

4.890×10^4　　四位有效数字

4.890 0～10^4　　五位有效数字

(二)数值的进舍修约规则

(1)拟舍弃数字的最左一位数字小于 5 时，则舍去，即保留的各位数字不变。如：

将 12.328 9 修约到一位小数，得 12.3

将 12.328 9 修约成两位有效数字，得 12

(2)拟舍弃数字的最左一位数字大于 5 或虽等于 5 而其后并非全部为 0 的数字时，则进 1，即保留的末位数字加 1。如：

将 1 268 修约到“百”位数，得 13×10^2

将 1 268 修约成三位有效数字，得 127×10

将 20.504 修约到“个”位数，得 21

(3)拟舍弃数字的最左一位数字是 5，右边无数字或皆为 0 时，若所保留的末位数字为奇数则进 1，为偶数则舍弃。如：

将 0.075 修约成一位有效数字，得 0.08

将 2.050 修约成两位有效数字，得 2.0

(4)负数修约时，先将它的绝对值按上述规则进行修约，然后在修约值前面加上负号。如：

将 -485 修约成两位有效数字，得 -48×10

(5)拟修约数字应在确定修约位数后一次修约获得结果，而不应多次按上述规则连续修约。如：

将 25.454 6 修约成两位有效数字，得 25

不应将 25.4546→25.455→25.46→25.5→26，得 26

(三)记数规则

(1)记录测量数据时，只保留一位可疑，即不确定的数字。

(2)表示精密度通常只取一位有效数字。测定次数很多时，方可取两位有效数字，而且最多只取两位有效数字。

(3)在数值计算中，当有效数字位数确定后，其余数字一律按修约规则舍去。

(4)在数值计算中，某些倍数、分数、不连续物理量的数目，以及不经测量而完全根据理论计算或定义得到的数值，其有效数字的位数可视为无限。这类数值在计算中需要几位就写几位有效数字。

(5)测量结果的有效数字所能达到的位数不能低于方法检出限的有效数字所能达到的位数。

(四)有效数字的运算

1. 加减法

几个数据进行加减时，所得结果的有效数字的位数，应与各加减数中小数点后面位数最少者相同。

例如，18.215 4、2.561、4.52、1.002 相加，其中 4.52 的小数点后的位数最少，只有两位，所以应以它为标准，其余几个数也应根据四舍五入法则保留到小数点后两位。

所以有： 18.22＋2.56＋4.52＋1.00＝26.30

2. 乘除法

几个数据进行乘除运算时，所得结果的有效数字的位数，应与各乘除数中有效数字位数最少的数相同，与小数点后的位数无关。例如：

$$34.64\times0.012\,3\times1.078\,92$$

其中 0.012 3 的有效数字为三位，在几个相乘的数中有效数字最少，所以应以它为标准进行计算。即

$$34.6\times0.012\,3\times1.08=0.460$$

在计算的中间过程，可多保留一位有效数字，以避免多次的四舍五入造成误差的积累。最后的结果再舍去多余的数字。

3. 乘方和开方

进行乘方和开方运算时，最后结果的有效数字与原数相同，即原数有几位有效数字，计算结果就可以保留几位有效数字。如：

$$6.54^2=42.8$$

$$\sqrt{7.39}=2.72$$

4. 对数运算

在对数运算中，真数的有效数字的位数与对数的尾数的位数相同，与首数无关。因为首数只起定位作用，不是有效数字。

例如，pH＝4.80

$c(H^+)=10^{-4.80}=1.6\times10^{-5}\ mol\cdot L^{-1}$（取两位有效数字）

需要注意的是，由于电子计算器的普遍使用，在计算过程中，虽然不需要对每一计算过程的有效数字进行整理，但应注意在确定最后计算结果时，必须保留正确的有效数字的位数。因为测量结果的数值、计算的精确度均不能超过测量的精确度。

5. 平均值

求四个或四个以上准确度接近的近似值的平均值时，其有效数字可增加一位。如：

$$\frac{3.77+3.70+3.79+3.80+3.72}{5}=3.756$$

三、误差的概念

化学实验过程中的误差是客观存在的。也就是说，即使选用最好的分析方法和实验仪器，实验操作也一丝不苟，最终的实验结果也不可能与其客观真值完全吻合。因此期望一个良好的分析结果，就必须熟知误差产生的原因与规律，并加以应用，改进实验过程与数据处理方法，从而将实验结果的误差降低至最低程度。

（一）准确度与误差

分析结果的准确度是指测定值与真实值的相符程度，测定值与真实值之间的差值称为误差。准确度的高低常以误差的大小来衡量，即误差越小，准确度越高，误差越大，准确度越低。误差可分别表示为绝对误差和相对误差，其表示方法如下。

绝对误差是测量值与真实值（理论值）之间的差值。

$$\text{绝对误差}(E)=\text{测量值}(x)-\text{真实值}(T)$$

相对误差表示误差在测量结果中所占的百分率。

$$\text{相对误差}=\frac{\text{测量值}(x)-\text{真实值}(T)}{\text{真实值}(T)}\times 100\%$$

绝对误差和相对误差都有正负之分，误差为正值，表示测定值比真实值偏高；误差为负值，表示测定值比真实值偏低。当绝对误差相等时，测定的数值越大，则相对误差越小。这说明用相对误差表示测定结果的准确度较用绝对误差更能反映误差的程度。

（二）精密度与偏差

精密度是指在相同条件下多次重复测定结果彼此符合的程度。精密度的大小用偏差表示。偏差反映了测定数据的波动性，偏差越小说明精密度越高。偏差是指各次测定值与多次测定的平均值的差值。需要注意的是，精密度高说明测定结果的稳定性好，它是准确度高的前提，但并不等于准确度就高。

偏差分为绝对偏差和相对偏差。其表示方法如下：

$$绝对偏差(d)=单次测定值(x)-测量平均值(\overline{x})$$

$$相对偏差=\frac{绝对偏差}{测量平均值}\times 100\%$$

即

$$相对偏差=\frac{d}{\overline{x}}\times 100\%=\frac{x-\overline{x}}{\overline{x}}\times 100\%$$

绝对偏差是单次测定值与测量平均值的差值。相对偏差是绝对偏差在测量平均值中所占的百分率。绝对偏差和相对偏差都只是表示了单次测量结果对测量平均值的偏离程度。为了更好地说明精密度，在实验工作中常用平均偏差和相对平均偏差来衡量总测量结果的精密度。分别表示为：

$$平均偏差(\overline{d})=\frac{|d_1|+|d_2|+|d_3|+\cdots+|d_n|}{n}$$

$$相对平均偏差=\frac{\overline{d}}{\overline{x}}\times 100\%$$

式中，n 为测定次数；$|d_n|$ 表示第 n 次测定结果的绝对偏差的绝对值。平均偏差和相对平均偏差不计正负。

（三）误差的种类及其产生原因

1. 误差的种类

根据误差的性质和产生的原因，误差可分为系统误差、随机误差和过失误差三大类。

(1)系统误差，又叫作规律误差，它是由某些固定不变的因素造成的。系统误差的特点是测量结果向一个方向偏离，其数值按一定规律变化，具有重复性、单向性。当实验条件一经确定，系统误差就是一个客观上的恒定值，多次测量的平均值也不能减弱它的影响。因此，应根据具体的实验条件及系统误差的特点，找出产生系统误差的主要原因，从而采取适当的措施消除或减小其所带来的影响。

系统误差产生的原因主要有以下几个方面:①测量仪器方面的因素,如仪器结构上不够完善、仪表未校正、测量仪器安装不正确等;②环境因素,如实验系统环境温度、湿度、压力等波动;③测量方法因素,如实验本身所依据的理论、公式的近似性,或者测量方法的考虑不周等;④测量者的生理因素,如反应速率、分辨能力,甚至读数偏高或偏低等固有习惯等。

针对以上不同情况,可对系统误差施行相应的校正方法予以解决:采用标准方法与标准样品进行对照实验;进行仪器的校正以减小仪器的系统误差;采用纯度高的试剂或进行空白实验,以校正试剂误差;严格训练与提高操作人员的技术业务水平,以减少操作误差等。

(2)随机误差,又叫偶然误差,是指测定值随各种因素随机变化而引起的误差。因此,偶然误差完全是偶发性的,无规律可循的。比如,实验系统中的温度、湿度、灰尘等的影响都会引起实验数据的波动。随机误差的特点是其数值大小不定,且时正时负,没有确定的规律,因而无法控制和校正。若对某一实验物理量进行足够多次的等精度测量,就会发现随机误差服从统计规律,这种规律可用正态分布曲线表示,如图 1-1 所示。

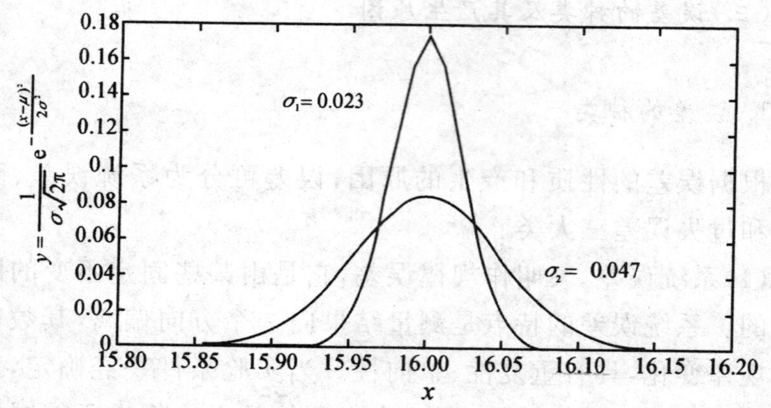

图 1-1 随机误差的正态分布曲线

随机误差的正态分布曲线具备以下几个特征:①对称性,绝对值相等的正负误差出现的次数近乎相等;②单峰性,绝对值小的误差比绝对值大的误差出现的次数多；③有界性，随机误差绝对值不会超过一定限度；④抵偿性，当测量次数足够多时，随机误差的算术平均值趋于0。

为此，在实验中为削减随机误差，一般安排多次平行测定，并以实验数据的平均值表示观测物理量的测定结果。若在消除了系统误差后，多次测量数据的平均值将会更加接近于实验物理量的真实值。

(3)过失误差，它是一种与客观事实明显不符的误差，其数值一般很大，且出现的规律也无从把握。产生过失误差的原因主要是实验人员粗枝大叶，不按实验规程操作，如标准溶液过期、器皿不清洁、试剂加入过量或不足、仪器出现异常未被发现、读错数据、记错或计算错误等。实验数据中若存在过失误差，将会明显地歪曲实验结果。

在一组条件完全相同的重复实验中，只要认真负责是可以避免这类误差的。对待可能产生过失误差的可疑实验数据，应该采用与测量物理量相关的机理知识进行技术判别或选用数理统计的方法进行小概率事件判别，并决定取舍。

2. 误差的减免方法

提高分析结果的准确度，就是要消除或减小误差。通常采用以下方法消除和减小系统误差和偶然误差。

(1)对照实验：是检验有无系统误差最有效的方法。常将已知准确含量的标准试样按与试样同样的测定方法进行分析，将其实测含量与标准含量进行对照比较，以确定该分析方法是否存在系统误差。若有，则可用所测标准试样的误差值对试样测定值进行校正，从而使测定结果更接近真实值。通过对照实验可确定选择何种分析方法。

(2)校正仪器：分析测定中，具有准确体积和质量的仪器，如滴定管、移液管和分析天平的砝码等，都应进行校正，以消除仪器不准引起的系统误差。

(3)空白实验:由试剂、蒸馏水及实验器皿引入的杂质所造成的系统误差,一般可用空白实验来加以校正。空白实验是指在不加试样的情况下,按试样分析规程在同样的操作条件下进行的测定,所得结果称为空白值。从试样的测定值中扣除空白值,就得到比较准确的分析结果。

(4)减小测量误差:一般分析的试样称量绝对误差为±0.000 2 g,为减小相对误差,试样的质量不宜过小,这就是选用一级标准物质时应尽量选用摩尔质量较大的物质的原因。为使滴定管读数造成的相对误差小于0.1%,消耗标准溶液的体积必须在20.00 mL以上。

(5)偶然误差的减免方法:增加平行测定次数,可以减小偶然误差。对同一试样,通常要求平行测定3~5次,以获得较准确的分析结果。

四、实验数据处理

从实验中得到的数据包含许多的信息,对这些数据用科学的方法进行整理与归纳,提取出有用的信息,挖掘事物的内在规律,是化学实验的主要目的。为此,实验结果通常选用列表法、图解法或解析法等方式来表示。

(一)列表法

列表法,在一般化学实验中应用最为普遍,特别是原始实验数据的记录,简明方便。该方法要点为:

(1)实验数据表项的构造要完整、规范,包括表的序号、名称、实验项目、数据来源及相关备注说明等。

(2)在表格内或表格外适当位置,注明如室温、大气压、湿度、日期与时间、仪器与方法等实验条件。

(3)数据记录表格中,要能够清楚地反映测量的次数,测量物理量的名称及单位,计算物理量的名称及单位。物理量的单位可写在标题栏内，而不要在数值栏内重复出现。根据“物理量＝数值×单位”的关系，将量纲、乘方因子等放在第一栏名称下，以量的符号除以单位的形式显示，如 t/℃、p/kPa 等。

(4)表格设计上，一般要能够直观地反映出各个测量物理量之间的相互关系，一般把自变量写在前边，因变量紧接着写在后面，便于分析。而且，自变量数值的设置通常选择简单的，要有规律地递增或递减，最好为等间隔。

(5)表中所记录或计算数据要正确反映出测量结果的有效数字。

(二)图解法

实验数据的图解法，往往比用文字或表格表述测量物理量的变化趋势、各物理量间的相关关系更为简明和直观。为了得到与实验数据偏差最小而又光滑的曲线图形，必须遵循以下要点：

(1)自变量选作横轴，因变量则为纵轴，且选择合理的比例尺，以确定图形的最大值与最小值的大致位置。分度以 1、2、5 等为好，使分度能表示出测量的全部有效数字，坐标起点不一定从“0”开始，以充分合理地利用图纸的全部面积。

(2)坐标轴旁注明该物理量的名称及单位，纵轴左方及横轴下方每间隔一定距离标出该处变量的数值，大小次序以横轴从左向右，纵轴自下而上递增。

(3)将实验数据点以圆圈、方块、三角等符号标注于图中，各图形中心点及面积大小要与所测数据及其误差相适应，不能过大或过小。在一张图中若有几组不同的测量值时，应以不同符号表示，并配以组别说明。

(4)实验数据点连接为变化趋势曲线时，应尽可能多地通过实验数据点。由于测量误差，某些实验点可能不在曲线上，但应尽量使它们均匀地分布在曲线的两侧。

(5)图形中各实验数据点上无须标注具体实验数据值，而在报告上提供一份完整的实验数据记录表。整个图形应清晰，大小、位置合理。

(6)若观测物理量属非线性关系的情况，也可在初步分析、把握其关系特征的基础上，通过变量变换的方法将原来的非线性关系转变为新变量的线性关系，即将“曲线化直”，然后再使用图解法。

目前，各种计算机软件均带有绘图功能。在利用计算机辅助绘图时，也需要遵循上述原则。

图解法可以形象、直观地表示出各个数据连续变化的规律性，以及极大、极小、转折点等特征，且能从图上求得内插值、外推值、切线的斜率以及周期性变化等信息和数据。

（三）解析法

解析法，又称作数学公式法，用数学函数式来表示实验结果以反映物理量的内部变化规律。这种表达方式简单，便于微分、积分和内插值，它既能简明扼要地把全部实验数据都包括进去，而且还能在实验范围内计算与任何自变量对应的函数值。

实验数据的解析式拟合求解一般分为两种情况：一种是测量物理量间本身就存在着某种已知的理论结构方程关系式。例如在分光光度工作曲线的测定中，吸光度 A 与溶液摩尔浓度 c 本身就符合朗伯—比耳定律 $A=Kbc$，这种情况较为简单，一般直接由实验数据通过最小二乘法求算方程中的待定系数 K。另一种情况是，物理量间的关联方程未知，需在数据图形分析的基础上，事先假设它们间可能存在的某种结构方程，也称为经验解析方程，最后代入实验数据通过最小二乘法求解出该经验解析方程中的待定参数。

五、计算机辅助实验数据处理

以计算机为辅助手段，利用已开发的计算机软件平台进行实验数据处理已经成为学科趋势。下面将分别介绍利用 Microsoft

Excel 电子表格和 Origin 数据分析与绘制软件进行实验数据处理的方法和步骤。

(一)实验数据的 Excel 处理

Microsoft Excel 提供了一套数据分析工具,称为“分析工具库”,用于进行复杂的统计分析。“分析工具库”提供的常用统计方法有:描述统计分析、方差分析、回归分析、t 检验等。实验人员只要提供必要的数据和参数,该工具会通过选择的统计函数,在你给定的输出区域内以表格或图形的形式显示相应的结果。“分析工具库”需安装后使用。

(二)实验数据的 Origin 处理

Origin 软件是一个多文档界面(Multiple Document Interface)的应用程序,它将用户所有的工作都保存在后缀为 OPJ 的工程文件(Project)中,一个工程文件可以包括多个子窗口,如工作表窗口(Worksheet)、绘图窗口(Graph)、函数图窗口(Function Graph)、矩阵窗口(Matrix)等,且各个窗口相互关联,数据实时更新,即如果工作表中的数据被改动,其变化能在其他子窗口中立即得到更新。

Origin 软件具有两大功能:数据分析和科学绘图。数据分析功能含有化学实验数据分析中常用的参数平均值、标准偏差、数据排序、数据的线性或非线性回归等。而绘图功能模块可以绘制散点图、点线图、柱形图、条形图、饼图,以及双 Y 轴图形等。操作时只需选择所要分析或绘图的数据,然后再选择相应的菜单命令即可。

第四节　实验常用仪器

化学实验常用仪器如表 1-1 所示。

表 1-1　化学实验常用仪器

仪器	种类和规格	用途	注意事项
普通试管　离心试管	玻璃质。无刻度的普通试管以管口外径(mm)×管长(mm)表示。离心试管以容量(mL)表示	在常温或加热时用作少量试剂的反应容器，便于观察和操作。可收集少量气体。离心试管主要用于沉淀分离	普通试管可直接用火加热。加热时应使用试管夹夹持。加热后不能骤冷。离心试管只能在水浴中加热
试管架	有木质、铝质和塑料质等。有大小不同、形状不同的各种规格	盛放试管	避免腐蚀试管架
试管夹	有木质、塑料质或金属丝(钢或铜)的。形状各不相同	加热试管时夹持试管	防止烧毁或锈蚀
1 000 mL 烧杯	玻璃质。分硬质和软质；一般型和高型；有刻度和无刻度等几种	用作大量反应物的反应容器，反应物易混合。也用作配制溶液时的容器和简易水浴的盛水器	所盛反应液体不能超过烧杯容积的 2/3。加热前擦干烧杯的外壁；加热时烧杯底部要垫石棉网
量筒　量杯	玻璃质。规格以刻度所标示的最大容积表示	用于量取一定体积的液体	不能加热。不能量取热的液体。不能用作反应容器。不能在其中配制溶液

续表

仪器	种类和规格	用途	注意事项
容量瓶	玻璃质。规格以刻度所标的容积标度表示	用于配制准确浓度的溶液	不能加热。不能用毛刷洗刷。瓶与其磨口瓶塞应配套使用,不能互换
锥形瓶	玻璃质。规格以容积来表示	反应容器,振荡方便,适用于滴定操作	加热时应放在石棉网上,使受热均匀
称量瓶	玻璃质。分高型和矮型。规格以外径(mm)×瓶高(mm)表示	用于准确称取一定量的固体样品	不能直接用火加热。瓶与盖配套使用,不能互换
滴瓶 细口瓶 广口瓶	玻璃质。带磨口塞或滴管,有无色或棕色。规格以容积表示	滴瓶和细口瓶用于盛放液体药品。广口瓶用于盛放固体药品	不能直接加热。瓶塞不能互换。盛放碱液时应用橡胶塞。使用滴瓶时不要将液体吸入橡胶头内
药匙	由牛角或塑料制成。有长短各种规格	用于拿取固体药品。根据所取药量的多少选用药匙两端的大、小匙	不能用来量取热的药品。用后洗净、擦干备用

续表

仪器	种类和规格	用途	注意事项
移液管 吸量管	玻璃质。移液管为单刻度。吸量管有分刻度。规格以刻度最大标度表示	用于准确移取或量取一定体积的液体	不能加热。用后应洗净,置于吸管架(板)上,以免玷污
酸式滴定管 碱式滴定管	玻璃质。分酸式和碱式。规格以刻度最大标度表示	用于滴定,或用于准确量取一定体积的液体。酸式滴定管可盛装酸性或氧化性溶液。碱式滴定管可盛装碱性或无氧化性溶液	不能加热。不能用毛刷洗涤管的内壁。酸管和碱管不能互换使用。玻璃活塞配套使用,不能互换
集气瓶	玻璃质。无塞,瓶口面磨砂,并配有毛玻璃盖片。规格以容积表示	用于气体收集,或气体燃烧实验	进行固一气燃烧实验时,瓶底应放少量砂子或水
表面皿	玻璃质。规格以口径(mm)表示	盖在烧杯上,防止液体迸溅或作其他用途	不能直接用火加热

续表

仪器	种类和规格	用途	注意事项
普通圆底烧瓶 磨口圆底烧瓶	玻璃质。规格以容积表示。磨口圆底烧瓶还以磨口标号表示其口径的大小	用于反应物较多，且需长时间加热的反应时的反应器	加热时应放在石棉网上，或用适当的热浴加热
蒸发皿	有瓷、玻璃、石英或金属制品。规格以口径或容积表示	用于蒸发或浓缩液体。根据液体的性质不同选用不同质地的蒸发皿	能耐高温，但不宜骤冷。蒸发溶液时一般放在石棉网上，也可直接用火加热
坩埚	有瓷、石英、铁、镍和玛瑙等制品。规格以容积表示	用于灼烧固体。根据固体的性质不同选用不同质地的坩埚	可直接灼烧至高温。灼热的坩埚应放在石棉网上
坩埚钳	金属（铁、铜）制品。有长短不一的各种规格	夹持坩埚加热，或往热源中取、放坩埚	使用前应先预热。用后钳尖朝上放在石棉网上
泥三角	用铁丝弯成，套以瓷管。有大小之分	用于灼烧坩埚时放置坩埚	铁丝已断裂的不能使用。灼热的泥三角应放在石棉网上
石棉网	由铁丝编成，中间涂有石棉。规格以铁网边长(mm)表示	加热时垫在受热仪器与热源之间，能使受热物体均匀受热	用前应检查石棉是否完好，石棉脱落的不能使用。不能与水接触或卷折

续表

仪器	种类和规格	用途	注意事项
铁夹(烧瓶夹) 铁架台和铁环	铁制品。烧瓶夹也有铝或铜制成的	用于固定或放置反应容器。铁环和铁架台还可代替漏斗架使用	用前检查各旋钮是否可以旋动。使用时仪器的重心应处于铁架台底盘中部
三脚架	铁制品。有大小、高低之分	用作仪器的支撑物,放置较大或较重的加热容器	
燃烧匙	铁或铜制品	检验物质的可燃性,进行固气燃烧实验	放入集气瓶时应由上而下慢慢放入,且不要触及瓶壁。硫黄、钾、钠燃烧实验,应在瓶底垫上少许石棉或沙子。用后应立即洗净匙头并干燥
研钵	用瓷、玻璃、玛瑙或金属制成。规格以口径(mm)表示	用于研磨固体物质或固体物质的混合。按固体物质的性质和硬度选用研钵	不能直接用火加热。研磨大块物质时不能舂碎,只能碾压。研磨物质的量不能超过研钵体积的1/3。不能研磨易爆物品

续表

仪器	种类和规格	用途	注意事项
漏斗 长颈漏斗	玻璃质、塑料质或搪瓷质。规格以漏斗口径(mm)表示	用于过滤操作及倾注液体。长颈漏斗特别适用于定量分析中的过滤操作	不能直接用火加热
吸滤瓶和布氏漏斗	布氏漏斗为瓷质。规格以容积或漏斗口径表示。吸滤瓶为玻璃质。规格以容积表示	两者配套,用于无机制备中晶体或粗颗粒沉淀的减压过滤	不能直接用火加热
分液漏斗	玻璃质。规格以容积或形状(球形、梨形、筒形、锥形)表示	用于互不相溶的液体分离。也可用于少量气体发生器装置中的加液	不能直接用火加热。玻璃活塞、磨口漏斗塞子与漏斗配套使用,不能互换。长期不用时磨口处要垫一张纸
水浴锅	铜或铝制品	用于间接加热,也可用作粗略控温实验	加热时防止锅内水烧干,损坏锅体。用后应将水倒出,洗净擦干锅体,使其免受腐蚀
点滴板	透明玻璃质、瓷质。按凹穴的多少分为四穴、六穴、十二穴等	用作同时进行多个不用分离的少量沉淀反应的容器。根据生成的沉淀及反应溶液的颜色选用黑、白或透明点滴板	不能加热。不能用于含氢氟酸溶液和浓碱液的反应

续表

仪器	种类和规格	用途	注意事项
干燥器	玻璃质。分普通干燥器和真空干燥器。规格以上口内径(mm)表示	内放干燥剂。用于样品的干燥和保存	盖子磨口处要涂凡士林，小心盖子滑动而打破。灼烧过的样品应稍冷后才能放入，并在冷却的过程中每隔一定时间打开一下盖子，以调节干燥器内的压力
毛刷	以大小和用途表示	洗刷玻璃器皿	使用前检查顶部竖毛是否完整，避免顶端铁丝戳破玻璃仪器

第二章　基本操作实验

实验一　仪器的认领、洗涤和干燥

一、实验目的

(1)熟悉无机化学实验室规则和要求。

(2)领取无机化学实验常用仪器,熟悉其名称、规格,了解使用注意事项。

(3)学习并练习常用仪器的洗涤和干燥方法。

二、实验内容

(一)仪器的认领

(1)实验室简介及注意事项。

(2)实验要求,实验目的、意义,实验学习方法,实验室规则,实验安全与卫生等。

(3)实验预习报告、实验报告的书写要求。

(4)认领并清点常用实验仪器,缺少和损坏的仪器列出清单,予以更换。

(二)仪器的洗涤和干燥

化学实验中使用的各种仪器,必须洗涤干净,否则仪器上的杂质或者污物将会对实验的结果产生不利影响，甚至会导致实验彻底失败。每次实验结束后应及时清洗仪器，否则仪器经长期放置洗涤会更加困难。另外有些仪器洗涤干净后直接可用来做实验，但有一些实验必须使用干燥的仪器，因此对洗涤干净的仪器有时还需要进行干燥。否则由于水的存在，会影响实验结果的准确性。

1. 玻璃仪器的洗涤

实验室最常用的洗涤剂有去污粉、洗衣粉和洗液等。去污粉和洗衣粉，多用于毛刷直接刷洗的仪器，如试管、烧杯、锥形瓶和试剂瓶等一般玻璃仪器；洗液多用于不便用毛刷刷洗的仪器，如酸碱滴定管、移液管、吸量管和容量瓶等特殊形状的玻璃仪器，另外长久不用的器皿和不易刷的污垢也可用洗液洗涤，洗液洗涤仪器是利用洗液本身与污物起化学反应，而将污物除去。

通常附着在仪器上的污物，既有可溶性的物质，也有尘土及其他难溶性的物质，还可能有油污等有机物质。洗涤时应根据实验的要求、污物的性质、污染的程度和仪器的特点分别选择合适的洗涤和干燥方法。

1)普通玻璃仪器的洗涤

普通玻璃仪器主要指烧杯、试管、锥形瓶、量筒、表面皿和试剂瓶等一般玻璃仪器。

(1)水洗。可以洗去可溶性物质和附着在仪器上的尘土及不溶性物质。对于试管、烧杯、锥形瓶、量筒等口径较大的仪器，可先向其中注入少量的水，选大小合适的毛刷刷洗，然后用水冲洗。如将水倾出后，内壁能被水均匀润湿而不沾附水珠，即算洗净。最后用蒸馏水冲洗 2～3 次即可。

(2)洗涤剂洗。如仪器沾有油污或其他污迹，可用刷子沾少量洗涤剂刷洗，再用自来水冲洗干净，最后用蒸馏水冲洗 2～3 次即可。用毛刷洗涤试管时，需注意毛刷顶端的毛必须顺着伸入试管，并用食指抵住试管底部，以避免穿破试管。另外，应一支一支地洗，不可同时抓一把试管洗涤。

(3)铬酸洗液(简称洗液)洗。仪器先用水冲洗并把仪器中残留的水尽量倒净，防止把洗液稀释，然后将少量洗液倒入仪器中，慢慢转动并倾斜仪器使仪器的内壁全部被洗液润湿，重复2～3次即可。若使洗涤效果更好，可用洗液将仪器浸泡一段时间，或者用热的洗液洗。用完后的洗液倒回原瓶。洗液洗过的仪器先用自来水冲洗干净，再用蒸馏水涮洗干净。

每次实验结束后应立即清洗使用过的仪器，不清洁的仪器放置一段时间后，挥发性溶剂逸去，就会变得更难洗涤。常用的洗液有重铬酸钾和浓硫酸配成的洗液。例如，20.0 g $K_2Cr_2O_7$ 溶于40.0 mL水中，将360.0 mL浓 H_2SO_4 慢慢加入 $K_2Cr_2O_7$ 溶液中(千万不能将水或溶液加入浓 H_2SO_4 中)，边倒边用玻璃棒搅拌，注意不要溅出，混合均匀并冷却后，装入洗液瓶备用。新配的洗液呈红褐色，有很强的氧化能力。它对玻璃器具侵蚀作用小，洗涤效果好。一般将需要洗涤的仪器放入洗液中浸泡超过10 min，取出后用水冲净即可。用过的洗液如果不显绿色(Cr^{3+}的颜色)，能够倒回原瓶再次使用。洗液有强烈的腐蚀作用，使用时必须小心，防止溅到皮肤或衣服上。

洗液易吸潮而降低去污能力，所以装洗液的瓶子用完后应及时盖好。另外，洗液经多次使用后变为绿色时(主要是Cr^{3+})，就失去了去污能力，不能继续使用。但是不要倒掉，失效的洗液还可以重复利用。再生方法：首先将失效的洗液在110～130℃下进行浓缩，除去其中的水分，当水分除完后，让其冷却至室温，然后向浓缩液中慢慢加入 $KMnO_4$ 粉末($10\ g\cdot L^{-1}$)，边加边搅拌，直至溶液呈深褐色或微紫色，加热洗液至刚有 CrO_3 沉淀出现，停止加热。稍微冷却后用砂芯漏斗过漏，除去沉淀。滤液冷却后即析出红色 CrO_3 沉淀。在含有 CrO_3 沉淀的溶液中再加入适量浓 H_2SO_4 使其溶解即成洗液，可继续使用。

(4)超声波清洗。选择合适的洗涤剂配成溶液放入清洗槽内，然后将待洗的玻璃仪器放在清洗网架内，再把清洗网架放入清洗槽中，接通超声波清洗器的电源，利用超声波产生的振动，将仪器清洗干净。最后用自来水冲洗干净，再用蒸馏水涮洗干净。

2)度量仪器的洗涤

度量仪器主要指移液管、吸量管和容量瓶等度量溶液体积的玻璃仪器。此类仪器比较精密，洗涤程度要求较高，仪器形状又特殊，不宜用毛刷刷洗，常用洗液进行洗涤。

(1)移液管和吸量管的洗涤。先用自来水冲洗，用洗耳球吹去管中残留的水，然后将移液管或吸量管插入铬酸洗液瓶内，用洗耳球吸取洗液，吸入约 1/5 容积，用右手食指按住移液管(或吸量管)上口，将移液管横置过来，左手托住下端没有洗液的地方，右手食指轻轻松开，慢慢转动移液管或吸量管，使洗液充分润洗内壁，然后倒出洗液。如果移液管太脏，可在移液管上端接一段橡胶管，再用洗耳球吸取洗液至橡胶管内，然后用自由夹夹紧橡胶管上端，让洗液在移液管内浸泡一段时间，最后松开自由夹，让洗液放回原洗液瓶中，拔掉橡皮管，最后分别用自来水和蒸馏水洗净即可。

(2)容量瓶的洗涤。先用自来水冲洗，再加入适量洗液，盖上瓶塞，转动容量瓶，使洗液充分润洗内壁，如果容量瓶太脏，可加洗液于容量瓶中浸泡一段时间，然后将洗液倒回原瓶。最后依次用自来水和蒸馏水洗净即可。

3)特殊污垢的去除

(1)二氧化锰可用少量草酸加水并加几滴浓硫酸处理。

(2)黏附在器壁上的硫黄用石灰水煮沸即可洗去。

(3)沾附在器壁上的煤焦油用浓碱浸泡一段时间后即可洗去。

(4)沾附在器壁上的铜或银用硝酸处理。难溶的银盐可用硫代硫酸钠溶液洗涤。

(5)沾附在器壁上的铁锈用盐酸或稀硝酸浸泡后，再用水洗。

(6)研钵内的污迹可加入少量饱和食盐水研磨，倒出食盐水后，再用水洗。

(7)蒸发皿和坩埚上的污迹可用浓硝酸或王水洗涤。

玻璃仪器是否洗涤干净的判断标准是玻璃仪器壁上不挂水珠，而是一层均匀的水膜。否则，说明仪器没有洗涤干净，仍需继续洗涤。一般而言，无机化学实验对仪器干净程度要求不十分高，仪器只要求洗刷干净，不一定严格要求玻璃仪器的壁上不挂水珠，而在定性、定量分析实验中，杂质会影响实验的准确性，则对仪器干净的程度要求较高。凡是已洗净的仪器，决不能用布或纸擦拭，否则，布或纸的纤维会留在器壁上。

2. 玻璃仪器的干燥

1)晾干

对于实验时不急用的仪器，将仪器洗净后倒置在适当的装置上，通过空气对流自然干燥。

2)烤干

实验室常用于烤干的设备有酒精灯、电炉等。试管在烤干时应使试管口略向下倾斜，以免水珠倒流而使试管破裂(图 2-1)。锥形瓶、烧杯烤前应先擦去仪器外壁的水珠，然后放于石棉网上用小火烤干。但是，对于移液管、吸量管、容量瓶等量器不能用加热的方法干燥。否则，会影响这些仪器的精密度。

3)烘干

对于实验时急需用的玻璃仪器，可放烘箱内烘干，烘箱带有自动控温装置，可根据需要选用不同的温度。烘箱温度最高可达220℃，一般控制在 105～110℃，烘 1 h 左右。烘干方法是：先将仪器洗净后尽量沥干多余的水，然后口朝上平放于烘箱内，带塞的瓶子应打开瓶塞。关住烘箱的门，调节控温旋钮使温度控制在105～110℃。仪器烘干后切断烘箱电源，等降至室温后再取出仪器(图 2-2)。如果仪器热时需要取出，应注意用干布垫住手，以防止烫伤。此法只适用于一般的玻璃仪器。

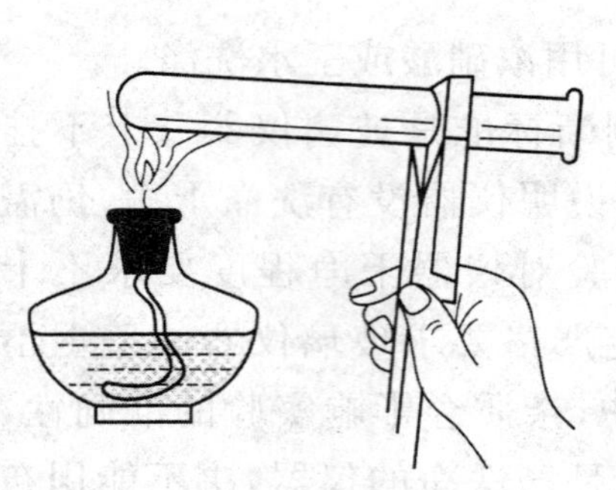

图 2-1　烤干图

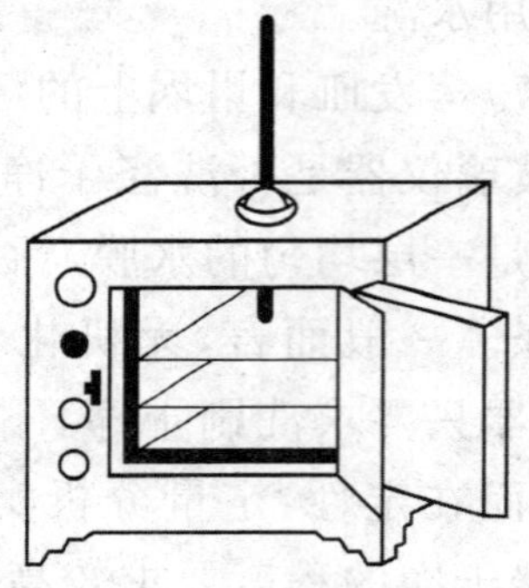

图 2-2　电热恒温干燥箱

4)吹干

急于使用的仪器和一些不适于烘箱烘干的仪器可选用吹干的办法,包括电吹风吹干和气流干燥器吹干。电吹风吹干时(图 2-3),为了加快吹干的速度,可先用少量乙醚或乙醇等有机溶剂倒入玻璃仪器内润洗一遍,先用冷风吹 2 min 使大部分溶剂挥发后再用热风吹干,若玻璃仪器内不加有机溶剂润洗,须直接用热风吹干;用气流干燥器吹干时,将玻璃仪器倒置于带孔的金属杆上用热风吹干(图 2-4)。

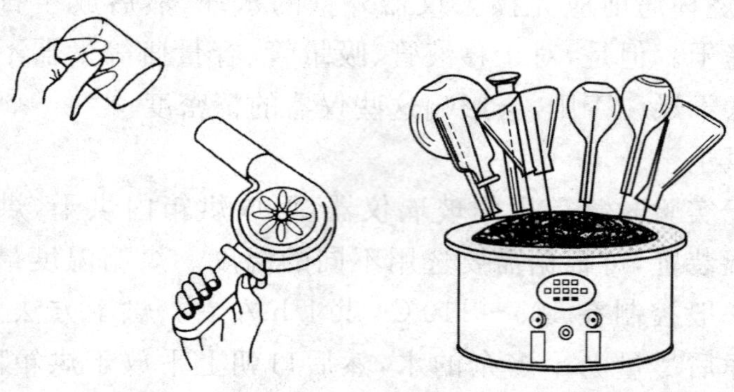

图 2-3　电吹风吹干　　　　图 2-4　气流干燥器吹干

5)有机溶剂快速干燥

通常将少量与水互溶的易挥发有机溶剂(如乙醇、丙酮等)倒入已控去水分的仪器中摇洗,控净溶剂(溶剂要回收),然后用吹风机吹,开始用冷风吹 1～2 min,当大部分溶剂挥发后吹入热风至完全干燥，再用冷风吹残余的蒸气，使其不再冷凝在容器内。此法要求通风好，防止中毒，不可接触明火，以防有机溶剂爆炸。

实验二　天平的使用

一、实验目的

(1)了解天平的构造和称量原理。
(2)学习天平的正确使用方法。
(3)掌握台秤的使用方法。

二、实验原理

(一)台秤

台秤用于精确度不高的称量。最大载荷为 200 g 的台秤，能称准至 0.1 g 或 0.2 g(即感量为 0.1 g 或 0.2 g)；最大载荷为 500 g 的台秤，能称准至 0.5 g(即感量 0.5 g)。

台秤的构造如图 2-5 所示。台秤的横梁架在底座上，横梁的左右各有一个托盘。横梁中部有指针与刻度盘。根据指针在刻度盘前摆动的情况，可看出台秤是否处于平衡状态。

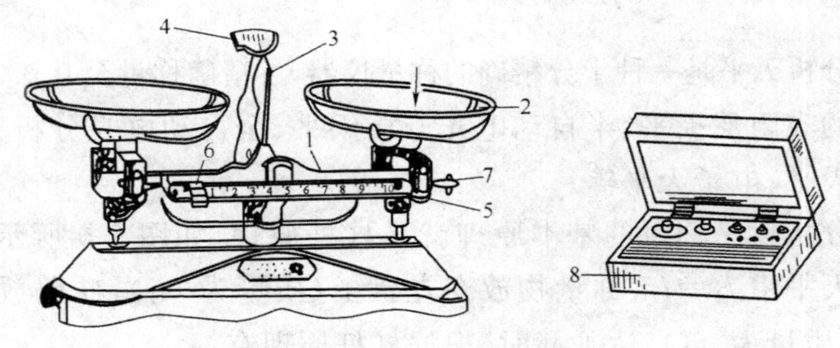

图 2-5　台秤

1—横梁；2—托盘；3—指针；4—刻度盘；5—游码标尺；6—游码；7—调零螺母；8—砝码盒

称量前，先检查台秤的零点，即检查台秤未放物体时（此时游码应移至游码标尺左端刻度"0"处），指针在刻度盘上指示的位置。指针应指向刻度盘的中央，否则，应通过调零螺母调节。

称量时，被称量物放于左盘，砝码放于右盘（砝码要用镊子夹取）。添加砝码时应从大到小，10 g 或 5 g 以下的质量，可移动游码；当游码移到某一位置时，台秤的指针停在刻度盘中间的位置即平衡状态，此时指针所停的位置称为停点。零点与停点相符时（零点与停点之间允许偏差 1 小格以内），被称量物的质量＝砝码质量＋游码质量。

称量完毕，将砝码放回砝码盒，移动游码至游码标尺刻度"0"处，取下盘上的物品，将两只托盘放在一侧，以免横梁摆动受损。

称量时应注意：

(1)台秤不能称量热的物品；

(2)称量物不能直接放在托盘上，应根据情况放在称量纸、表面皿或其他容器中，潮湿或有腐蚀性的药品，必须放在玻璃容器中；

(3)砝码不能放在托盘或砝码盒以外的地方；

(4)应保持台秤清洁，托盘上若有药品或其他污物，应立即清除。

(二)分析天平

1. 分析天平的称量原理

分析天平是一种十分精确的称量仪器，可精确称量至 0.000 1 g。常用的有阻尼天平、半自动电光分析天平、全自动电光分析天平、单盘天平、电子天平等。

分析天平称量的基本原理就是杠杆原理，如图 2-6 所示。在等臂天平中 $l_1=l_2$，称量物放在左盘上（质量为 m_1），砝码放在右盘上（质量为 m_2），达平衡时，根据杠杆原理有：

$$l_1m_1=l_2m_2$$

因为　　　　$l_1 = l_2$

故　　　　$m_1 = m_2$

即砝码的质量等于称量物的质量。

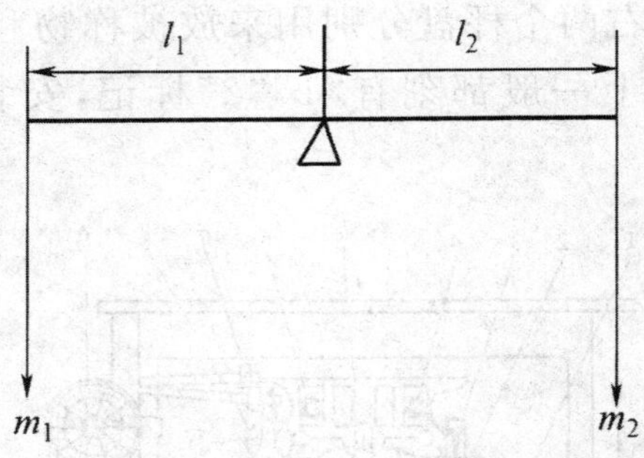

图 2-6　分析天平称量原理示意图

2. 半自动电光分析天平

(1)半自动电光分析天平的构造。各类电光分析天平构造基本相同,都是根据杠杆原理制造的。现以半自动电光分析天平为例,对其构造进行介绍。半自动电光分析天平主要是由天平箱、天平横梁、天平柱、光学读数系统、砝码和机械加码装置等六大部分组成(图 2-7)。

天平梁一般由铝铜合金制成。横梁上镶嵌着三个三棱形的玛瑙刀,中间的一个是支点刀,其刀口向下,放在一个玛瑙平板的刀承上。另外两个是承重刀,分别等距离地安装在支点刀两侧,刀口向上,用来悬挂秤盘。刀刃越锐利,天平的精确度相对越高,因此使用时应特别注意保护刀口。天平梁的左右两端装两个平衡螺丝,左右调节它,可以粗调天平的零点。梁的正中间装有一支垂直的金属指针,它的下端与一个透明的小标尺(微分刻度标尺)相连,天平启动后,通过光学系统,将标尺放大后投影在投影屏上。

悬挂系统由吊耳、空气阻尼器和秤盘等组成。左右两个吊耳上嵌有玛瑙平板,分别悬挂在两个承重刀上,使吊钩、秤盘及阻尼器内筒能自由摆动。空气阻尼器由两个特制的铝合金圆筒组成,内筒的直径略小于外筒，外筒固定在立柱上，内筒挂在吊耳上，两筒之间有均匀的间隙，没有摩擦，天平开启后，内筒能随着天平梁的摆动而自由上下移动，因筒内空气阻力而使天平横梁较快地停摆达到平衡。左右两个秤盘分别用来放被称物和砝码。吊耳、空气阻尼器和秤盘上一般都刻有“1”“2”标记，安装时一定要左右配套。

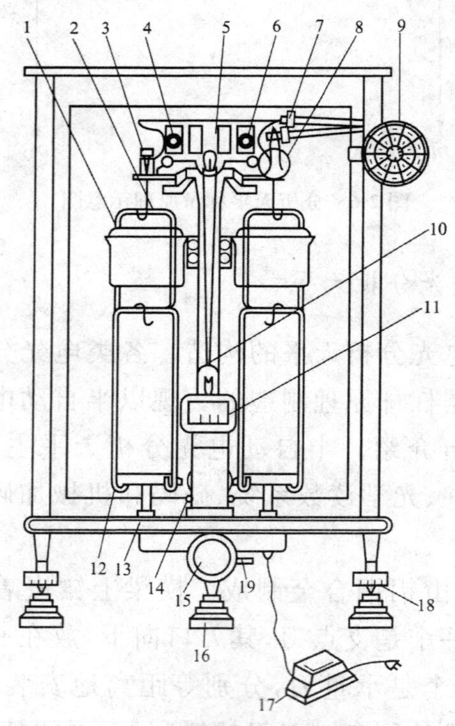

图 2-7　半自动电光分析天平

1—空气阻尼器；2—挂钩；3—吊耳；4—左平衡螺丝；5—天平梁；6—右平衡螺丝；7—圈码钩；8—圈码；9—指数盘；10—指针；11—投影屏；12—秤盘；13—盘托；14—光源；15—升降旋钮；16—垫脚；17—变压器；18—螺旋脚；19—调零拨杆

天平柱是用金属制作的空心圆柱，处于天平正中，安装在天平底板上。天平柱的上方装有一个玛瑙平板，与天平梁的支点刀口接触。在天平柱的后上方装有一个气泡水平仪，通过调节天平箱底的螺丝，可使气泡处于水平仪的正中央，让天平处于水平状态。天平柱上装有托叶，当天平处于关机状态时，托叶将天平梁托起，使刀口与刀承脱离。柱的中部装有空气阻尼器的外筒。

电光分析天平的光学读数装置如图 2-8 所示。在转动旋钮开启天平的同时，天平下后方光源座中的小灯泡便亮了。灯光经聚光管透过微分刻度标尺再经放大、反射，刻度便在投影屏上显示出来。投影屏的中央有一条垂直的刻线，标尺投影与刻线的重合处即为天平的平衡位置。

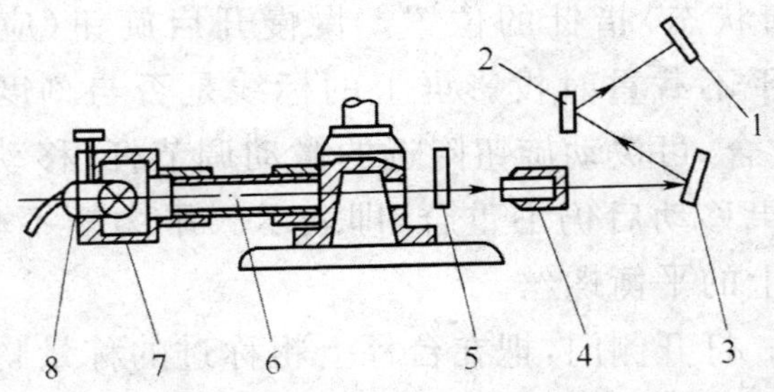

图 2-8　电光分析天平的光学读数装置示意

1—投影屏；2，3—反射镜；4—物镜筒；5—微分标牌；
6—聚光管；7—照明筒；8—灯头座

升降旋钮位于天平底板正中，与托梁架、盘托和光源相连。当顺时针旋转升降旋钮开启天平时，托梁架即将下降，天平横梁上的三个刀口与相应的玛瑙平板接触，吊钩和秤盘自由摆动，同时接通了电源，屏幕上显出了标尺的投影。逆时针旋转升降旋钮关闭天平时，天平梁、吊钩和秤盘被托起，天平横梁上的三个刀口与相应的玛瑙平板分开，不能自由摆动，切断电源，屏幕黑暗。

天平箱的左、右、前方各有一侧门，左右两个侧门是称量时加减砝码、取放药品用的，前门是安装、修理和清洁时用的，平时不要打开。天平底座下面装有三个脚，脚下均有脚垫。前面两只脚带有旋钮，可使底板升降，用于调节天平的水平位置。

每台分析天平都附有一盒配套的砝码。砝码的质量分别为 1 g、2 g、2 g、5 g、10 g、20 g、20 g、50 g、100 g 共 9 个砝码。标值相同的砝码，其实际质量可能会有微小的差异，所以通常会刻有单点“. ”或单星“ * ”、双点“. . ”或双星“ * * ”等标志，以示区别。

砝码盒内还有一把镊子，用于夹取砝码。转动指数盘可使天平右盘上加上 10～990 mg 的圈码。指数盘上刻有圈码质量值，外圈共计 100～900 mg，内圈共计 10～90 mg。

(2)半自动电光分析天平的使用方法。

①检查水平状态。称量前，先检查天平是否处于水平状态，各个部件是否处于正常位置，并用软毛刷轻轻扫净称盘。

②调节零点。零点是指天平在不载重的情况下(空载)，停止摆动后(平衡状态)指针的位置。慢慢开启旋钮(应全部打开旋钮)，观察天平不载重时投影屏上的标线是否与刻度牌的零点重合，如果不重合，可拨动旋钮附近的微动调节杆，移动投影屏使两者重合。如果移动后仍不重合，即表示天平力矩不相等，此时应调节天平梁上的平衡螺丝。

③称量。打开侧门，把在台秤上粗称过的称量物放在右盘中央，关好天平门，调节砝码重量(加砝码按从大到小的顺序)，慢慢开启升降旋钮，根据指针或缩微标尺偏转的方向(指针偏转方向与缩微标尺偏转的方向相反)，决定加减砝码和圈码。如指针向左偏转(标尺向右偏转)，表明物体比砝码重，应关闭升降旋钮，增加砝码后再称重。如指针向右偏转(标尺向左偏转)，表明砝码比物体重，应关闭升降旋钮，减小砝码再称重。这样反复调整，直到开启升降旋钮时，投影屏上的刻线与缩微标尺上的刻度重合在 0.0～10.0 mg 为止。

④读数。当缩微标尺稳定后，即可读出投影屏刻线与标尺重合处的数值。其中一大格为 1 mg，一小格为 0.1 mg。若刻线在两小格之间，则按四舍五入的原则取舍。读取投影屏上的读数后立即关闭升降旋钮。

被称量物质量为砝码读数、圈码读数、投影屏上的读数之和。如称量结果是：砝码重 35 g，圈码重 230 mg，投影屏上的读数为 1.6 mg(图 2-9)，则被称量物质量为：

$$35+0.230+0.001\,6=35.231\,6\ \text{g}$$

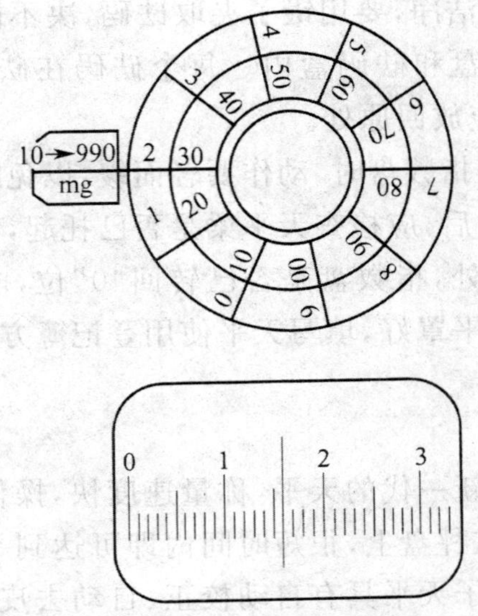

图 2-9 圈码指数盘和投影屏读数

称量完毕，关上旋钮托起天平。取出称量物和砝码，关上天平门，把指数盘转至零位，罩好天平，切断电源。

⑤分析天平使用规则。分析天平是精密仪器，为了保证天平的准确度和灵敏度不致降低，必须严格遵守以下规则。

a. 分析天平应放在干燥，不受阳光直射且不受腐蚀性气体和尘埃侵蚀的室内。天平箱内应保持干燥、清洁，应放置干燥剂，并定期更换。

b. 称量前，应检查天平是否水平，吊耳、圈码有否脱落，玻璃框罩内外是否清洁。

c. 在天平盘上取放物品和砝码时，一定要先关闭旋钮，将天平托起。如指针已摆出刻度牌以外，应立即托起天平，加减砝码后，再进行称量。转动旋钮，取放物品、砝码，开关天平门等一切动作都应小心轻缓，不可用力过猛。

d. 不要直接称量热的物品。热的物品应放在干燥器内冷却至室温后，再称量。

e. 产生腐蚀性气体或有吸湿性的试样，必须放在密闭的容器内称量。

f. 保持砝码洁净，要用镊子夹取砝码，决不能用手接触砝码。砝码只能放在秤盘和砝码盒内。每个砝码在砝码盒内都有固定的位置，用完后应放回原处。

g. 转动圈码指数盘时，动作要轻而缓，以免圈码脱落或变位。

h. 称量完毕后，应检查天平梁是否已托起，天平门是否关好，砝码是否放回原处，指数盘是否已转回"0"位，电源是否已切断，最后用罩布将天平罩好，填写天平使用登记簿方可离开。

3. 电子天平

电子天平是新一代的天平，称量速度快，操作简便，全程不需砝码，将物体放在秤盘上，很短时间内即可达到平衡，直接显示出物体的质量。电子天平具有自动校正、自动去皮以及质量电信号输出功能，有的电子天平还可与计算机、打印机、记录仪等联用，进一步扩展了其功能，如统计称量的最大值、最小值、平均值及标准偏差等。此外，电子天平使用寿命长、性能稳定、操作简便和灵敏度高，但电子天平一般比机械天平价格昂贵。

电子天平是基于电磁学原理制造的，它利用电子装置完成电磁力补偿的调节，使物体在重力场中实现力矩的平衡，或通过电磁力矩的调节使物体在重力场中实现力矩的平衡。电磁传感器电子天平主要由电源、电磁传感器、键盘和显示器、控制电路等几部分组成，其中的核心部分是传感器。天平空载时，电磁传感器处于平衡状态，加载后传感器的位置检测器信号发生变化，并通过放大器反馈使传感器线圈中的电流增大，该电流在恒定磁场中产生一个反馈力与所加载荷相平衡。同时，微处理器将使电磁传感器平衡的电流变化量转变为质量数字信号，由显示器显示出来。

电子天平种类很多，但使用方法都基本相同，具体操作可参看各仪器的使用说明书。下面以上海精密科学仪器有限公司生产的 FA2104SN 型电子天平为例（图 2-10），介绍电子天平的操作使用方法。

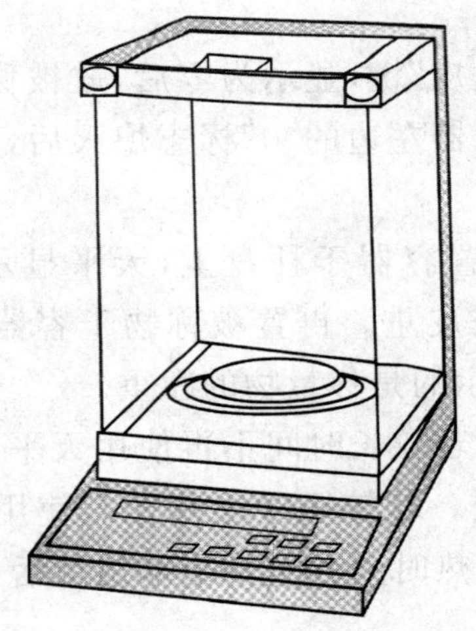

图 2-10　电子天平

(1)调水平。在使用前观察水平仪,如水泡偏移,需调节水平调节脚,使水泡位于水平仪中心。

(2)开机。

①预热。选择合适电源电压,天平接通电源,开始通电工作(显示器未工作),通常需要预热后,方可开启显示器进行操作使用。

②开启显示器。只要轻按 ON 键,显示器全亮,约 2 s 后,显示天平的型号,然后是称量模式 0.000 0 g。读数时应关上天平门。

③校准。新天平安装后第一次使用前,或因存放时间较长、位置移动、环境变化或为获得精确测量,一般都应进行校准操作。

校准天平的准备:取下秤盘上所有被称物,轻按"去皮"键天平清零。

校准时轻轻按一下"校准"键,接着显示出现闪烁码"CAL-200 g",此时放上 200 g 标准砝码,显示闪烁码"CAL-200 g"停止闪烁,经数秒钟后,显示出现"200.000 0 g",拿出标准砝码,显示出现"0.000 0 g",若显示不为零,则再清零(按"去皮"键),重复以上校准操作(为了得到准确的校准结果,最好反复校准两次)。

(3)称量。

①称量。按“去皮”键,显示为零后,放被称物于秤盘上,待天平稳定,即天平显示器左边的“0”标志熄灭后,该显示值即为被称物体的质量值。

②去皮称量。置容器于秤盘上,天平显示容器质量,按“去皮”键,显示零,即去皮重。再置被称物于容器中,待显示器左下角“0”熄灭,这时显示的是称量物的净重。

③称量结束后,若较长时间不再使用天平,应关闭显示器,切断电源,拔掉电源线。若较短时间内还需使用天平,一般不用关闭显示器,可省去预热时间。实验全部结束后,关闭显示器,切断电源。

(4)电子天平使用注意事项。

①读数时应关闭所有天平门,以免影响读数的稳定性。

②药品不能直接放在天平盘上称量;易挥发和具有腐蚀性的物品,要盛放在密闭的容器中,以免腐蚀和损坏电子天平。

③操作要小心,在秤盘上加载物品时要轻拿轻放,以免掉落药品。若不小心掉落,要及时清理干净,以免腐蚀天平。

④操作天平不可过载使用,以免损坏天平。

⑤经常对电子天平进行自校或定期外校,保证其处于最佳状态。

(三)称量方法

常用的称量方法有直接称量法、固定质量称量法和差减法称量法。

1. 直接称量法

此法适用于在空气中稳定、不吸潮、无腐蚀性的试样或称量某些器皿的质量等。称量方法是将被称物放在左边秤盘的中央,直接称量它的质量。

2. 固定质量称量法

此法又称增量法，此法适用于在空气中稳定、不易吸潮、在空气中能稳定存在的粉末状或小颗粒，如称量某一固定质量的试剂(如基准物质)或试样。称量方法是取一个洁净、干燥的接收器皿。先称量器皿的质量，将它与固定试样的质量相加得总质量后，先固定好砝码和圈码，然后向接收器皿中慢慢添加样品，直至微分标尺上的读数与要求的总质量相等。注意：若不慎加入样品超过了指定质量，应先关闭升降旋钮，然后用药勺取出多余试剂，重复上述操作，直至试剂质量符合指定要求为止[图 2-11(a)]。

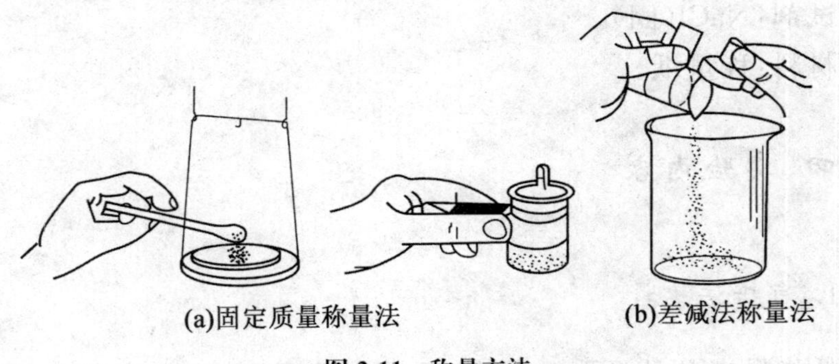

(a)固定质量称量法　　(b)差减法称量法

图 2-11　称量方法

3. 差减法称量法

由于称取试样的质量是由两次称量之差求得，故称差减法。它又称减量法，此法用于称量一定质量范围的样品或试剂，且样品在称量过程中易吸水、易氧化或易与 CO_2 等反应。称量方法如下。

(1)从干燥器中用纸片夹住洁净、干燥的称量瓶后取出，加入一定量的样品(量要大于待称量)，盖上瓶盖，放在分析天平的左盘上，称出称量瓶加试样后的准确质量，记为 m_1。

(2)取出该称量瓶，移至接收容器如小烧杯的上方，另一只手垫着一纸片捏住称量瓶盖，逐渐倾斜瓶身，轻轻用瓶盖敲击瓶口的上部，使样品慢慢落入烧杯内[图 2-11(b)]。当倾出的样品接近所需的量时，慢慢竖起称量瓶，并用称量瓶盖轻轻敲击瓶口的上部，使瓶口黏附的样品落回称量瓶内或落入烧杯内，盖好瓶盖，再将称量瓶放回分析天平，准确称其质量，记为 m_2，两次质量之差 m_1-m_2 即为倒出样品的质量。如果倒出的量小于要求的质量，则重复上述操作过程，直至倒出的样品质量（即质量 m_1 与最后一次的质量之差）等于所需的质量。

三、实验用品

仪器：台秤，分析天平（或电子天平），称量瓶，小烧杯。

试剂：NaCl（固）。

材料：称量纸。

四、实验内容

1. 直接法称量

从指导老师处领取一洁净、干燥的称量瓶，先在台秤上粗称。记录称量数据。然后再在天平上准确称量，记录称量数据，将结果报告老师。

2. 差减法称量

在上述已知质量的称量瓶中加入约 2 g 固体 NaCl（用台秤粗称），再在天平上称出称量瓶和 NaCl 的总质量（m_1）。取一干净小烧杯，从称量瓶中敲出 0.9～1.0 g NaCl 于小烧杯中，再准确称出余下的 NaCl 和称量瓶的总质量（m_2），记录称量数据。求出烧杯中 NaCl 的质量（m_3）。

3. 固定质量法称量

取一称量纸，准确称量后（若使用电子天平则在“除皮清零”

后)，将要称量的试样加到称量纸上。准确称取 0.200 0 g NaCl 固体。

五、思考题

(1)为了保护天平的玛瑙刀口，操作时应注意什么?

(2)用天平称量物品时，为什么要在左盘放称量物，右盘放砝码?

(3)天平读数时没有关闭天平门，会有什么影响?

(4)什么情况用直接法称量? 什么情况用差减法称量?

(5)用差减法时，若称量瓶中样品吸潮，将引起什么样的误差? 若在烧杯中吸潮，结果如何?

实验三　溶液的配制

一、实验目的

(1)学习用固体试剂和液体试剂配制一般溶液的方法，训练和掌握托盘天平和量筒的使用方法。

(2)学习基准物质配制精确浓度溶液的方法，训练和掌握移液管和容量瓶的使用。

(3)学习和了解缓冲溶液的性质，训练和掌握缓冲溶液的配制，学会使用酸度计测定溶液的 pH。

(4)熟练掌握有关溶液浓度的计算。

二、实验原理

溶液的配制包括由固体物质配制成一定浓度的溶液和浓溶

液通过稀释得到一定浓度的溶液两种方法。

由固体物质配制溶液的一般过程为：

称量→溶解→转移→定容

由浓溶液通过稀释得到一定浓度溶液的方法为：

量取或移取→稀释→转移→定容

缓冲溶液的配制则首先通过计算，得到所需组成缓冲溶液缓冲对的浓度和用量，然后按照溶液配制的方法分别配制一定浓度的两种溶液，再按照所需的量取用后混合，也可采用过量反应的方法配制缓冲溶液，即先在容器内加入一定量的一种成分，然后加入过量的另一种成分。

（一）量筒及其使用

量筒作为量出容器，是实验室最常用的度量液体体积的仪器。实际使用过程中可根据需要选择不同体积的量筒，一般选择的量筒容量略大于所需量取溶液的体积，若选择的量筒容积太大，则会造成较大的测量误差。如图 2-12 所示为量筒取液的方法和正确的读数方法。

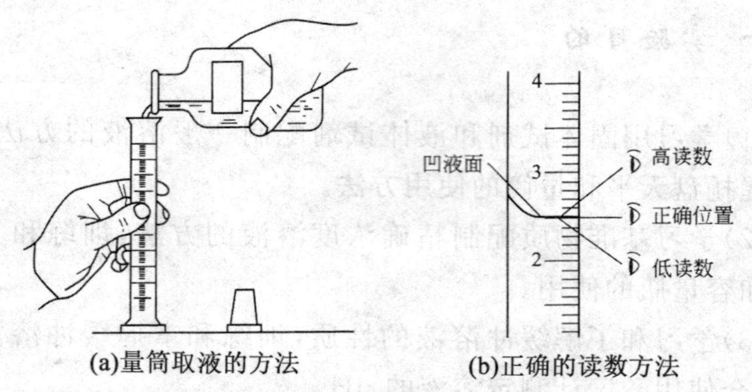

图 2-12　量筒取液的方法和正确的读数方法

将液体注入量筒时，试剂瓶嘴应紧贴量筒的管口非量筒嘴一边，保持量筒竖直，倾倒液体应缓慢，液体应顺着量筒内壁缓缓流入。量筒读数时同样应保持量筒竖直，视线方向保持与量筒内凹液面底的切线水平，正确进行读数。将量筒内的液体倒入容器，倒完后需多停留一会，不得立刻移走量筒，以使量筒内液体全部倒出，但不需用蒸馏水冲洗量筒，再将洗涤液一起倒入容器。

(二)容量瓶及其使用

容量瓶是一种细颈梨形平底玻璃瓶，带有磨口塞子，颈上有标线圈，表明在指定温度(一般为20℃)下，当液体充满到标线时，液体体积正好与瓶上所注明的体积相等，用于配制标准溶液或稀释溶液。

使用容量瓶前，应首先检查其是否漏水。具体做法是：先将容量瓶中加入1/2体积的水，盖上塞子，左手按瓶塞，右手拿瓶底，倒置容量瓶观察有无漏水现象，如图2-13所示，再转动瓶塞180°仍不漏水即可使用，否则需更换。

按玻璃仪器的清洗方法用冲洗或洗液洗涤法洗净容量瓶，注意容量瓶不能刷洗也不能用待装液洗涤。

从其他容器将溶液转移到容量瓶中时，应借助玻璃棒导引，一手拿玻璃棒，一手拿烧杯，在容量瓶上方慢慢将玻璃棒从烧杯中取出，插入容量瓶，注意不要碰到瓶口。烧杯嘴紧靠玻璃棒，使溶液沿着玻璃棒慢慢流入容量瓶(图2-14)。当溶液流完后，烧杯嘴紧贴着沿玻璃棒慢慢直立，使烧杯与玻璃棒间的液滴流回烧杯中。待烧杯恢复水平时，方能将玻璃棒从容量瓶中取出，再放入烧杯内，不得将玻璃棒随意放在桌面上。用少量蒸馏水淋洗烧杯和玻璃棒，淋洗液再次全部转移到容量瓶中。如此重复淋洗2～3次。然后，加蒸馏水稀释至容量瓶的标线下方1～2 cm处，最后用滴管滴加蒸馏水至弯月面正好与标线相切。盖上瓶盖，一手按住瓶盖，一手托住瓶底，将瓶倒立，让气泡上升到顶部后，摇荡数次，再倒转过来。如此反复多次，使溶液充分混匀(图2-15)。

如果要定量稀释溶液，只要用移液管量取一定体积的浓溶液放入容量瓶中，按以上操作准确稀释到一定体积。

配好的溶液如需保存，应转移到磨口试剂瓶中。不得将容量瓶当作试剂瓶使用。

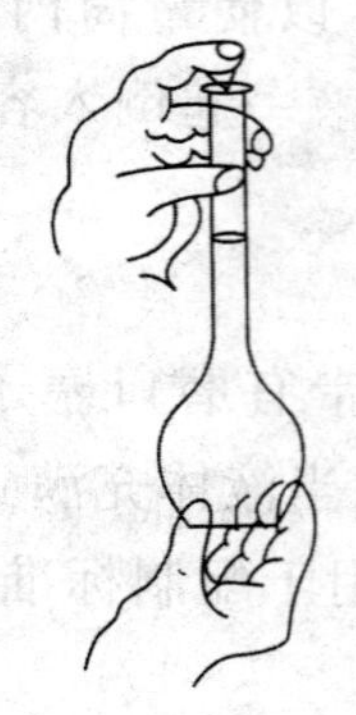

图 2-13 容量瓶的拿法

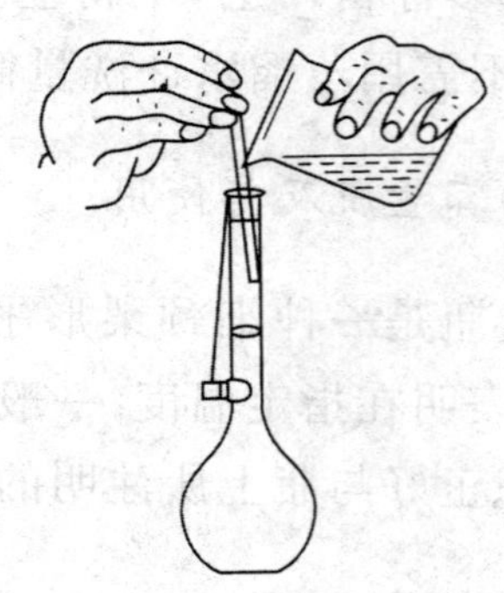

图 2-14 转移操作方法

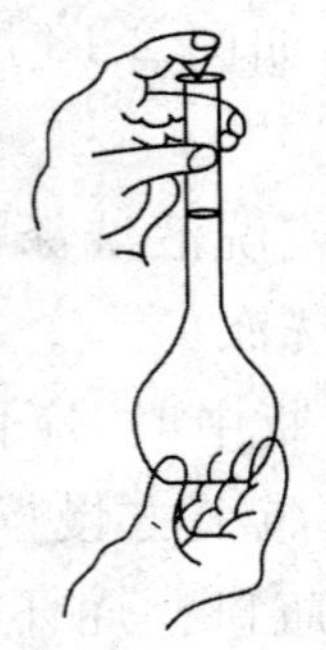

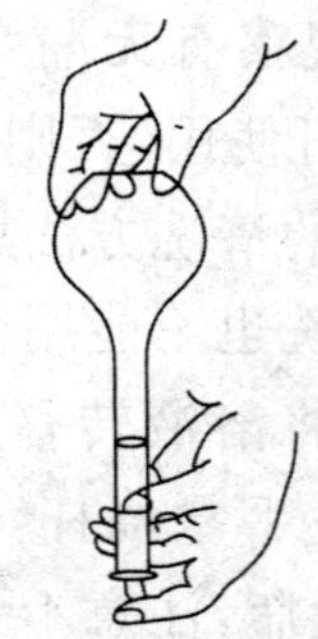

图 2-15 容量瓶内溶液的混匀操作

容量瓶用完后,应立即清洗干净。清洗后的容量瓶如长期不用,磨口处应擦干,并用纸将磨口隔开。

(三)移液管及其使用

移液管属于量出容器,用于精确量取一定体积液体。

移液管有两种。一种是中间为一球体的玻璃管,管颈上部刻有一标线环。移液管的容量是按吸入液体的弯月面下沿与标线相切后,液体自然流出的总体积确定的,有 50 mL、25 mL、20 mL、10 mL、5 mL、2 mL、1 mL 等数种。还有一种刻有分度的内径均匀的玻璃管所构成的移液管,又称吸量管,吸量管有 10 mL、5 mL、2 mL、1 mL 等数种,有些吸量管的分度一直刻到吸量管的下口,还有一种分度只刻到距下管口 1～2 cm 处,使用时应注意。图 2-16 为移液管和吸量管的示意图。

使用移液管前应依次用洗液、自来水、蒸馏水洗涤至内壁不挂水珠为止,最后用欲移取的溶液洗涤三次,具体做法是:用滤纸将移液管外壁水珠除去,将移液管尖端插入液体中,用洗耳球在移液管上端慢慢吸取液体到球部,立即用右手食指按住管口,注意勿使溶液流回,取出后将管横过来,用左右两手的拇指和食指分别拿住移液管球体上下两端,一边旋转一边降低上口,使溶液布满全管,当溶液流到距上口 2～3 cm 处时,将其直立放出溶液并弃去。

吸取液体时,用右手拇指和中指拿住移液管上端管口 2～3 cm 处,将管下口深入液体中(不可太浅,也不应将管口抵住容器底部),左手将洗耳球中空气赶走后,将洗耳球的小口对准移液管口并慢慢放松,使液体缓缓吸入移液管,如图 2-17 所示。随时注意液面情况,降低移液管高度,使移液管口始终在液面以下。当移液管中液面上升到标线以上 1～2 cm 处时,移开洗耳球,并迅速用右手食指堵住上端管口,轻轻提起移液管,将其下端靠在容器壁上,稍松食指,同时用拇指及中指轻轻转动管身,使液面缓慢平稳下降。直到溶液弯月面的下部与标线相切,立即停止转动并按紧食指,使液体不再流出,取出移液管并用滤纸擦去下管口外部液体后移至准备接受溶液的容器中,仍使其尖端接触容器器壁,并使接受容器倾斜而使移液管直立,右手拇指与中指拿紧移液管,抬起食指,使溶液沿器壁自由流下,待溶液全部流尽后,再转动移液管,使尖口接近管壁(靠 5～15 s)。注意不要将留在管尖的液体吹出(除非移液管上注明“吹”字)。

吸量管的使用方法与移液管基本相同,只是其可以取不同体积的溶液,即使用吸量管时,应尽可能在同一实验中使用同一吸量管,尽可能从最上端标线(即 0.00 刻度)开始。另外,在放液体时食指不能完全抬起,一直要轻轻地按住管口,以免到要求的刻度时来不及按住管口。

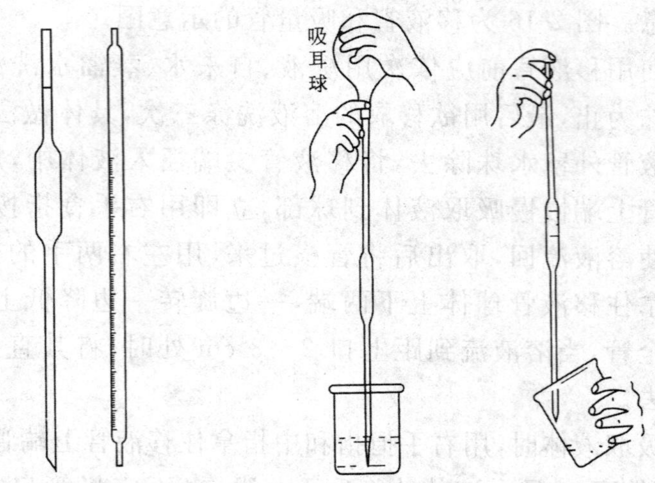

图 2-16　移液管和吸量管　　图 2-17　移液操作方法

（四）酸度计的使用

酸度计又叫 pH/mV 计，是一种能准确测量溶液 pH 的仪器，其种类很多，一般最小分度 pH 为 0.1，能测定各类溶液的 pH。图 2-18 为雷磁 25 型酸度计外形示意图，其测定原理是在待测液中插入两个电极，一个为指示电极，一个为参比电极，两个电极构成一个电池。一定条件下，参比电极的电极电势具有固定值，组成电池的电动势则取决于指示电极电势的大小，即取决于待测溶液 pH 的大小。

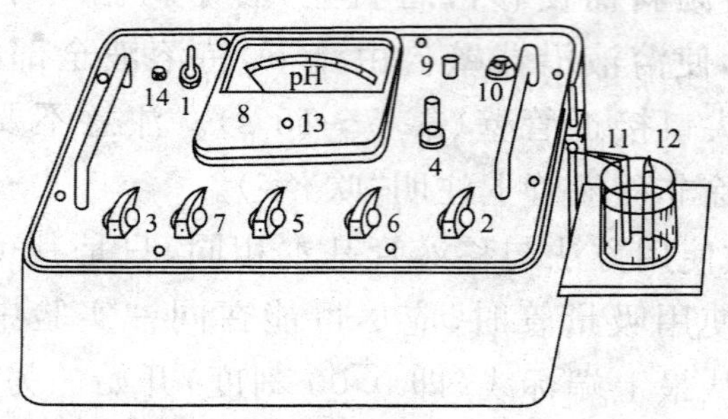

图 2-18　雷磁 25 型酸度计

1—电源开关；2—零点调节器；3—定位调节器；4—读数开关；5—pH/mV 开关；6—量程选择开关；7—温度补偿器；8—电流计；9—参比电极接线柱；10—玻璃电极插空；11—甘汞电极；12—玻璃电极；13—电表机械调节；14—指示灯

雷磁 25 型酸度计操作方法如下。

1. 电极安装

先把电极夹子固定在电极杆上，然后将玻璃电极和甘汞电极夹在电极夹上，指示电极线插入电极插孔内，并将小螺丝旋紧。参比电极线夹在接线柱上，玻璃电极安装时，下端玻璃球泡必须比甘汞电极的陶瓷芯端稍高，以免碰破玻璃球。甘汞电极在使用时应把上面的橡皮塞及下端的橡皮塞拔去，以保持足够的液压差，避免被测溶液进入电极内，不用时再塞住套好。

2. 零点检查

未接上电源前应检查电流计是否指在零点（即 pH＝7），如不在零点，可用电表上的机械调节器调节。

3. 接电源

接上 220 V 交流电源。打开电源开关，预热 15 min 左右，使仪器稳定。

4. 用已知 pH 的缓冲溶液进行校正

(1)置 pH/mV 开关于 pH 位置。

(2)在一个小烧杯中注入适量的标准缓冲溶液，把两电极插入溶液中并使玻璃电极的球部和甘汞电极的毛细管全部浸入溶液，轻轻摇动烧杯，使电极与溶液接触均匀。

(3)将温度补偿器旋到该溶液的温度刻度上。

(4)把量程选择开关拨到与待测溶液 pH 范围相应的一挡(7～0 或 7～14)。不用时应将开关转至“0”处，使电流计短路，以保护电流计。

(5)调节零点调节器，使指针指在 pH＝7 处。

(6)按下读数开关，调节定位调节器，使指针指在标准缓冲溶液的 pH 处，放开指针读数开关，指针即回到 pH＝7 处，若有变动，则再调节零点调节器。

重复(5)、(6)操作几次，直到放开读数开关指针指在 pH＝7 处，而按下读数开关，指针指在标准缓冲溶液的 pH 上。这时仪器已校正好，定位调节器不可再动，否则必须重新校正。

三、实验用品

仪器：托盘天平，电子天平，烧杯，量筒，容量瓶，移液管(吸量管)，雷磁 25 型酸度计，空试剂瓶等。

药品：氢氧化钠固体，浓盐酸，无水碳酸钠，2 mol · L^{-1}氨水，0.1 mol · L^{-1}盐酸溶液，0.1 mol · L^{-1}氢氧化钠溶液等。

四、实验内容

(一)一般溶液的配制

1. 由固体氢氧化钠配制 10 g 质量分数为 10%的氢氧化钠溶液

配制过程设计：

计算溶质、溶剂所需的量→托盘天平、量筒的准备→在一洁净小烧杯中称取所需固体试样的质量→量筒量取所需蒸馏水并倒入烧杯→充分溶解成溶液→装入试剂瓶→贴好标签备用。

2. 由浓盐酸配制 50 mL 2mol/L 盐酸溶液

配制过程设计：

计算溶质、溶剂的体积→量筒的准备→量取所需蒸馏水放入小烧杯→量取所需浓盐酸倒入烧杯→混匀成溶液→装入试剂瓶→贴上标签备用。

(二)准确浓度溶液的配制

配制 250 mL 0.200 0 mol/L 的无水碳酸钠溶液。

配制过程设计：

计算所需无水碳酸钠基准物质的质量→在一洁净小烧杯中精确称取所需的无水碳酸钠→加 25 mL 蒸馏水于小烧杯中完全溶解→转移至 250 mL 容量瓶→加少量蒸馏水润洗玻璃棒和小烧杯→淋洗液转移到容量瓶→重复淋洗、转移 3～4 次→在容量瓶继续加蒸馏水直至刻度线 1 cm 左右→滴管滴加蒸馏水至刻度线完成定容→混匀溶液→转移至试剂瓶，备用。

（三）缓冲溶液配制及其性质验证

1. 缓冲溶液的配制

在一洁净小烧杯中加入 10 mL 2 mol/L 氨水，再用移液管移取 20 mL 2 mol/L 盐酸溶液加入小烧杯，搅拌均匀，备用。

2. 测定小烧杯中溶液的 pH

取少量以上配制的溶液，用酸度计测定其 pH。

3. 缓冲作用验证

将配制的缓冲溶液分装三支洁净小试管，分别加入 2 滴蒸馏水、0.1 mol/L 盐酸、0.1 mol/L 氢氧化钠，然后分别测定三支试管溶液的 pH。

五、思考题

(1)为什么一般溶液的配制可以在烧杯中进行，而精确浓度溶液的配制则必须用容量瓶？

(2)量筒、移液管和容量瓶都是实验室常用的量具，三者在应用上有什么区别？

(3)洗净的容量瓶和移液管在使用前，是否都必须用待量的溶液润洗，为什么？

(4)缓冲溶液性质试验表明缓冲溶液有什么作用?你认为缓冲溶液可以在哪些方面得到应用?

实验四　酸碱滴定

一、实验目的

(1)了解滴定法测定溶液浓度的原理。

(2)练习滴定操作,学习滴定管的使用方法。

(3)标定盐酸和氢氧化钠溶液的浓度。

二、实验原理

酸碱滴定是利用酸碱中和反应,测定酸溶液或碱溶液浓度的一种定量分析方法。

酸碱中和反应有如下关系:

$$\frac{c_{酸}V_{酸}}{\nu_{酸}}=\frac{c_{碱}V_{碱}}{\nu_{碱}}$$

式中,c、V、ν 分别为酸溶液或碱溶液的浓度、体积以及它们在化学反应式中相应的化学计量系数。例如,用草酸($H_2C_2O_4$)标定 NaOH 的反应为:

$$H_2C_2O_4+2NaOH \longrightarrow Na_2C_2O_4+2H_2O$$

$$\nu(H_2C_2O_4)=1 \quad \nu(NaOH)=2$$

如已知酸溶液的浓度 $c_{酸}$,取一定体积待标定的碱溶液 $V_{碱}$,通过酸碱滴定,可测得所用酸溶液的体积 $V_{酸}$,由下式可求得碱溶液的浓度 $c_{碱}$:

$$c_{碱}=\frac{c_{酸}V_{酸}}{V_{碱}}\times\frac{\nu_{碱}}{\nu_{酸}}$$

同样,在已知碱溶液浓度的情况下,也可通过酸碱滴定求得

酸溶液浓度 $c_{酸}$。

中和反应的终点可以通过指示剂的变色来确定。

(一)滴定管及其使用

滴定管是用来进行滴定的仪器,用于测量在滴定中所用标准溶液的体积。滴定管是一种细长、内径均匀且具有精确刻度的玻璃管,管的下端有玻璃尖嘴,中间通过玻璃旋塞或乳胶管(配以玻璃珠)连接,以控制滴定速度。常用规格有 1 mL、2 mL、5 mL、10 mL、25 mL、50 mL 和 100 mL 等。

滴定管可分为两种:一种是酸式滴定管,另一种是碱式滴定管(图 2-19)。酸式滴定管的下端有玻璃活塞,可装入酸性、中性或氧化性滴定液(如 HCl、$AgNO_3$、$KMnO_4$、$K_2Cr_2O_7$ 溶液等),不能装入碱式滴定液,因为碱性滴定液可使活塞与活塞套黏合,难以转动。碱式滴定管用来盛放碱性或非氧化性溶液(如 NaOH、$Na_2S_2O_3$ 溶液等),它的下端连接一橡皮管,内放有玻璃珠以控制溶液流出,橡皮管下端再接有一尖嘴玻璃管。这种滴定管不能装入酸或氧化性等腐蚀橡皮的溶液(如高锰酸钾、碘和硝酸银等溶液)。

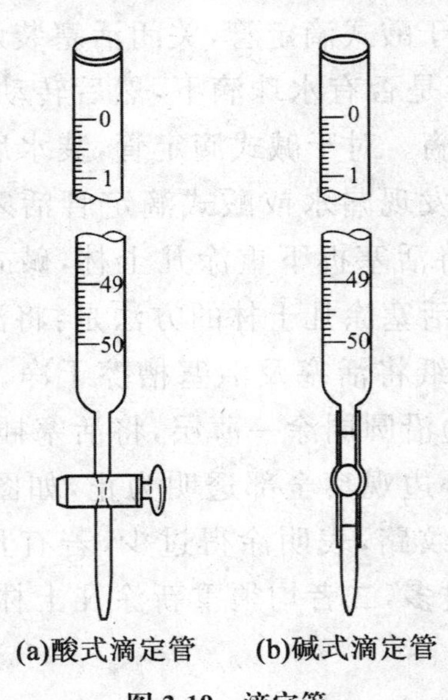

(a)酸式滴定管　(b)碱式滴定管

图 2-19　滴定管

1. 滴定管的准备

滴定管的选择与处理如下。

(1)滴定管的选择。若是用来盛放酸液，具有氧化性的溶液(如高锰酸钾溶液)，则选用酸式滴定管；若用来盛放碱液，则选用碱式滴定管。

(2)洗涤。当滴定管无明显污染时，可直接用自来水冲洗，或用滴定管刷蘸肥皂水刷洗，不能用去污粉洗。如果用肥皂洗不干净，则可用洗液浸泡清洗。具体做法是：洗涤酸式滴定管时，应预先关闭活塞，倒入5～10 mL洗液后，一手拿住滴定管上部无刻度部分，另一手拿住活塞上部无刻度部分，边转动边将管口倾斜，使洗液流经浸润全管内壁，然后将管竖起，打开活塞使洗液从下端放回洗液瓶中。洗涤碱式滴定管时，先去掉下端橡皮管，接上一小段塞有玻璃棒的橡皮管，再按上述方法洗涤。

用肥皂或用洗液洗涤后都须用自来水充分洗涤，并检查是否洗涤干净。

(3)检查是否漏水。经自来水洗涤后，应检查滴定管是否漏水，具体做法是：对于酸式滴定管，关闭活塞装水至“0”标线，直立约2 min，仔细观察是否有水珠滴下，然后转动活塞180°，再直立2 min，观察有无水滴。对于碱式滴定管，装水后直立2 min，观察是否漏水即可。如发现漏水或酸式滴定管活塞转动不灵活的现象，酸式滴定管应将活塞拆下重涂凡士林，碱式滴定管需要更换玻璃珠或橡皮管。活塞涂凡士林的方法是：将滴定管平放在台面上，取下活塞，用滤纸将活塞及活塞槽擦干净。用手指取少量凡士林，在活塞孔两边沿圆周涂一薄层，将活塞插入槽中，向同一方向转动活塞，直到外边观察全部透明为止，如图2-20所示。如果转动不灵活或出现纹路，表明涂得过少，若有凡士林从活塞隙缝中溢出，表明涂得过多，二者均须重新涂凡士林，然后再检查活塞是否漏水。

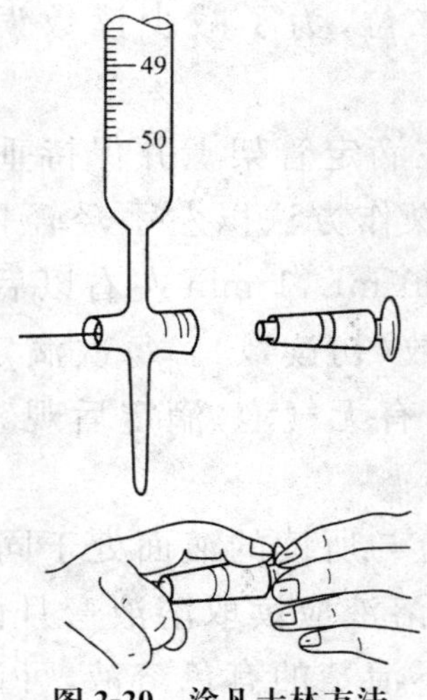

图 2-20　涂凡士林方法

(4)润洗。滴定管用自来水冲洗后,再用蒸馏水洗涤三次,每次约用 5 mL,方法同前,最后用待用溶液润洗三次,每次约5 mL,方法同前。

(5)装液及调零。将相应溶液加入洗干净并润洗过的滴定管中刻度为"0"以上的地方,开启活塞或挤压玻璃球,使液体流出,若下端留有气泡或未充满的部分,用右手拿住酸式滴定管的无刻度处,将滴定管倾斜 30°,左手迅速打开活塞让溶液快速冲出,从而使溶液布满滴定管下端。若是碱式滴定管,则将橡皮管向上弯曲,用食指和拇指挤压玻璃球上端部位,将橡皮与玻璃球之间挤开一个小的空隙,使溶液从管尖喷出,直到玻璃珠下气泡全部排出,液体充满为止(图 2-21)(注意:挤压玻璃球时,手指应放在球的上部,若放在下部,松手时仍会有气泡产生)。气泡排完后,再看一看滴定管上部液面是否位于"0"处,如不在"0"处,可再添加或排出使液面在"0"处。

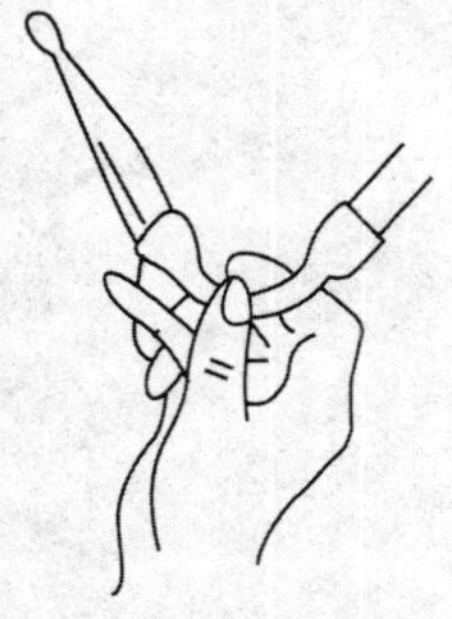

图 2-21　排气泡法

2. 滴定管的读数

读数应根据滴定管的具体情况确定,对于常量滴定管,一般应读至小数点后第二位，为了减少读数误差应注意下述几个问题：

(1)将滴定管夹在滴定管架上并保持垂直，把一个小烧杯放置在滴定管下方，按操作方法以左手轻轻打开酸式滴定管的活塞，使液面下降到 0.00 mL，1 min 左右以后检查液面有无变化，若无改变，则记下读数(初读数)。每次滴定前都应调节液面在"0"刻度，并检查管内有无气泡，滴定后观察管内壁是否挂有液珠，有无气泡等。

(2)读数时视线应与所读的液面处于同一水平面(图 2-22)。对于无色(或浅色)的溶液应读取溶液弯月面最低点所对应的刻度，而对于弯月面看不清楚的有色溶液，可读液面两侧的最高点处，初读数和终读数必须按同一方法读取。对于乳白色底板蓝线衬背的滴定管，即使无色溶液也应读取两个弯月面相交的最尖部分(山尖)，深色溶液还是读取液面两侧的最高点。

(3)读数时最好将滴定管从滴定管架上取下，移至与眼睛相平的位置再按上述方法读数。

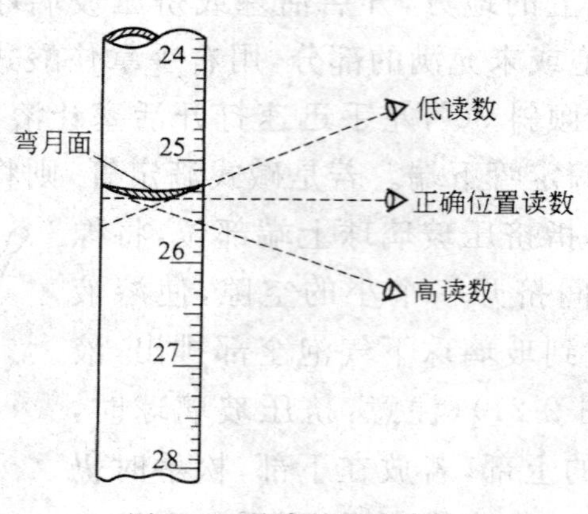

图 2-22　滴定管正确读数

3. 滴定管的操作

滴定管垂直地夹在滴定管架上。如使用酸式滴定管，左手无名指和小指向手心弯曲，用其余三指控制活塞的转动(图 2-23)。注意不要向外拉活塞，以免漏液；也不要过分往里扣，以免活塞转动困难。

如使用碱式滴定管，左手无名指和小指夹住管口，拇指和食指在玻璃珠右上方轻挤乳胶管（图 2-24），使溶液在玻璃珠旁空隙处流出。不要捏玻璃珠下方的乳胶管，以免带进气泡。

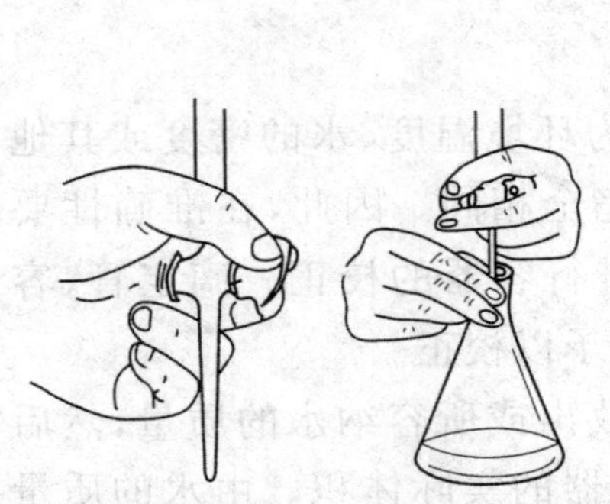

图 2-23　酸式滴定管操作方法

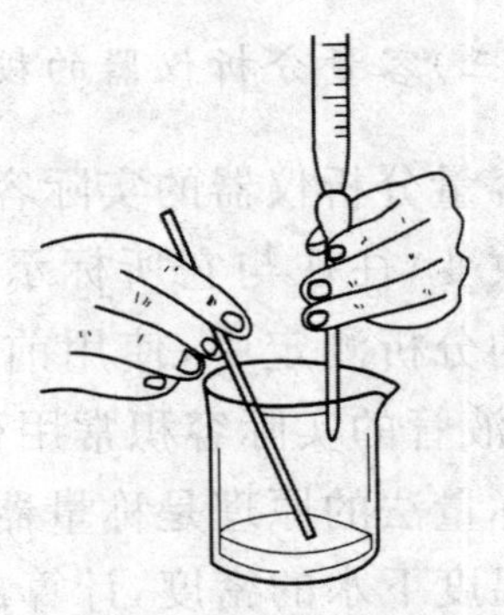

图 2-24　碱式滴定管操作方法

（二）滴定操作

滴定操作中，与滴定管配套使用的可以是锥形瓶，亦可以是烧杯。

用锥形瓶盛放滴定液，进行滴定时，右手前三指拿住锥形瓶颈，瓶底离滴定架瓷板 2～3 cm，将滴定管的下端伸入瓶口下约 1 cm。如图 2-23 所示，左手按前面滴定操作方法滴加溶液，右手运用腕力摇动锥形瓶，使溶液向同一方向作圆周运动。滴定时，左手不能离开活塞任其自流，并应注意观察溶液颜色的变化。

开始时，边摇边滴，滴定速度可以快一点，但不能流成直线。当接近终点时，应滴一滴，摇几下，直到加半滴使溶液出现明显的颜色变化停止滴定。加半滴的方法是先使溶液液滴悬挂在管口，以锥形瓶的内壁将其沾落，再用少量蒸馏水冲洗内壁。如果溶液颜色保持在半分钟内不变，即为滴定终点。

每次滴定应从“0”刻度开始。滴定结束后，弃去管内剩余溶液、洗净。用蒸馏水注满滴定管，或将滴定管倒挂在滴定架上风干，以备下次使用。

在烧杯中进行滴定时，把烧杯放在白瓷板上，使滴定管下端伸入烧杯内 1 cm 左右，不要碰到烧杯壁。右手持玻璃棒搅拌溶液，在左手滴加溶液的同时，玻璃棒应作圆周运动进行搅拌，但不得碰到烧杯壁和烧杯底。

（三）容量分析仪器的校正

容量分析仪器的实际容积因为环境温度、水的密度或其他因素的改变，往往与它所标示的不完全相同。因此，在准确性要求较高的分析测定中，使用前需要进行容器的校正。滴定管、容量瓶、移液管的实际容积常用称量法予以校正。

称量法的原理是称量器中所放出或所容纳水的质量，然后根据该温度下水的密度，计算出称量器的实际体积。由水的质量换算成体积时应考虑三个因素：一是温度对水密度的影响；二是空气浮力对称量水的质量的影响；三是温度对玻璃容器的影响。为方便起见，将三个因素综合校正后得到的值列于表 2-1 中，根据表中的校正数据，将称取的质量换算成体积就比较方便了。

表 2-1　不同温度下纯水的密度(ρ)和校正密度(ρ')

温度/℃	ρ/(g/cm^3)	ρ'/(g/cm^3)	温度/℃	ρ/(g/cm^3)	ρ'/(g/cm^3)
9	0.999 78	0.998 45	20	0.998 21	0.997 15
10	0.999 70	0.998 37	21	0.997 99	0.996 95
11	0.999 61	0.998 33	22	0.997 77	0.996 76
12	0.999 50	0.998 24	23	0.997 54	0.996 55
13	0.999 38	0.998 15	24	0.997 36	0.99 634
14	0.999 25	0.99 04	25	0.997 05	0.996 12
15	0.999 10	0.997 92	26	0.996 79	0.995 88
16	0.998 94	0.997 78	27	0.996 52	0.995 66
17	0.998 778	0.997 64	28	0.996 24	0.995 39
18	0.998 60	0.997 49	29	0.995 95	0.995 12
19	0.998 41	0.997 33	30	0.995 65	0.994 85

如，15℃时校正某移液管，称得仪器量出的水的质量是 9.97 g，查表得 15℃时已作校正的水的密度是 0.997 92 g/cm^3，则该移液管的实际体积为：

$$\frac{9.97\ g}{0.997\ 9\ g/cm^3}=9.99\ cm^3=9.99\ mL$$

三、实验用品

仪器：酸式滴定管（50 mL），碱式滴定管（50 mL），移液管，洗耳球，滴定管架，锥形瓶，洗瓶。

药品：标准草酸溶液（0.100 0 mol·L^{-1}，实验室准备），HCl（0.1 mol·L^{-1}），NaOH（0.1 mol·L^{-1}），酚酞（1%），甲基橙（0.1%）。

四、实验内容

（一）仪器使用基本练习

练习滴定管的洗涤、试漏、涂油，用自来水练习排气泡、读数以及滴定管的滴速控制，分别用锥形瓶和烧杯练习滴定过程中的两手配合操作。

（二）溶液滴定练习

1. 氢氧化钠溶液浓度的标定

（1）用移液管吸取 25.00 mL 草酸标准溶液于锥形瓶中，再加入 2 滴酚酞作指示剂，摇匀。

（2）将待标定的 NaOH 溶液装入已洗净的碱式滴定管内。除气泡，调整液面位置，记下初读数，然后进行滴定。溶液由无色变为淡红色（30 s 不褪色）即为终点，读取碱液用量。再重复滴定两次。三次所用碱的体积相差小于 0.05 mL，把数据记入表 2-2 中。

表 2-2 NaOH 溶液浓度的测定

实验序号		Ⅰ	Ⅱ	Ⅲ
V(草酸)/mL				
c(草酸)/($mol \cdot L^{-1}$)				
V(NaOH)/mL	最后读数			
	最初读数			
	净用量			
c(NaOH)/($mol \cdot L^{-1}$)				
$c_{平均}$(NaOH)/($mol \cdot L^{-1}$)				
相对平均偏差/%				

2. 盐酸溶液的标定

(1)用移液管吸取 25.00 mL 已标定的 NaOH 溶液于锥形瓶中,加入 2～3 滴甲基橙指示剂,摇匀。

(2)在酸式滴定管内加入待标定的 HCl 溶液,除气泡,调整液面位置,记下初读数,然后进行滴定。溶液颜色由黄色变为橙色时即为终点,记下滴定管中液面的读数。再重复滴定两次。三次所用酸的体积相差小于 0.05 mL。把数据记入表 2-3 中。

表 2-3 HCl 溶液浓度的测定

实验序号		Ⅰ	Ⅱ	Ⅲ
V(NaOH)/mL				
c(NaOH)/($mol \cdot L^{-1}$)				
V(HCl)/mL	最后读数			
	最初读数			
	净用量			

续表

实验序号	Ⅰ	Ⅱ	Ⅲ
$c(HCl)/(mol\cdot L^{-1})$			
$c_{平均}(HCl)/(mol\cdot L^{-1})$			
相对平均偏差/%			

注：(1)碱滴定酸，使用酚酞作指示剂，至终点时酚酞变红，由于酚酞的变色范围是pH为8.2～10.0，溶液略显碱性。到终点的溶液久放后，会吸收空气中的CO_2，又使溶液呈微酸性，酚酞又变为无色。

(2)到滴定终点时，甲基橙由黄→橙。颜色转变不易判断，可用已达橙色的溶液进行对照。

五、思考题

(1)滴定管和移液管为什么要用待盛溶液润洗2～3遍？锥形瓶是否也要这样洗？

(2)为什么用碱滴定酸达终点后，放置一段时间后酚酞指示剂的颜色会消失？

(3)以下情况对实验结果有何影响？

①滴定后，尖嘴外留有液滴；

②滴定后，滴定管内壁挂有液滴；

③滴定后，尖嘴处有气泡；

④滴定过程中，往锥形瓶中加少量蒸馏水。

六、注意事项

(1)最好每次滴定都从0.00 mL开始或接近0的任一刻度开始，可以减少滴定误差。

(2)滴定时，左手不能离开旋塞，而任溶液自流。

(3)摇瓶时，应微动腕关节，使溶液向同一方向旋转(左、右旋转均可)，不能前后振动，以免造成溶液溅出。摇瓶时，一定要使溶液旋转出现旋涡，因此，要求有一定速度，不要摇得太慢，影响化学反应的进行。

(4)滴定要观察滴落点周围颜色的变化。不要去看滴定管上的刻度变化，而不顾滴定反应的进行。

第三章　基本原理与常数测定实验

实验一　化学反应速率和活化能的测定

一、实验目的

(1)验证浓度、温度及催化剂对化学反应速率的影响。

(2)测定$(NH_4)_2S_2O_8$与KI的反应速率、反应级数和速率系数。

(3)根据Arrhenius方程，掌握作图法求反应的活化能。

(4)培养综合应用基础知识的能力。

二、实验原理

(一)浓度对反应速率的影响

水溶液中过二硫酸铵与碘化钾发生如下反应：

$$(NH_4)_2S_2O_8 + 3KI \xlongequal{\quad} (NH_4)_2SO_4 + K_2SO_4 + KI_3$$

离子方程式为

$$S_2O_8^{2-} + 3I^- \xlongequal{\quad} 2SO_4^{2-} + I_3^- \tag{1}$$

此反应的反应速率与反应物浓度的关系可用下式表示：

$$\upsilon = -\frac{\Delta[S_2O_8^{2-}]}{\Delta t} = k[S_2O_8^{2-}]^{\alpha} \cdot [I^-]^{\beta}$$

式中，$\Delta[S_2O_8^{2-}]$为$S_2O_8^{2-}$在Δt时间内摩尔浓度的改变值，

$[S_2O_8^{2-}]$、$[I^-]$分别为两种离子测定时的摩尔浓度，k 为反应速率常数。

为了能够测出在一定时间(Δt)内 $S_2O_8^{2-}$ 浓度的改变量，先向KI溶液中加入一定体积的已知浓度并含有淀粉指示剂的 $Na_2S_2O_3$ 溶液，然后与$(NH_4)_2S_2O_8$ 溶液混合。这样在反应(1)进行的同时，也发生如下反应：

$$2S_2O_3^{2-}+I_3^- \longrightarrow S_4O_6^{2-}+3I^- \qquad (2)$$

反应(2)进行得非常快，几乎瞬间就完成了。而反应(1)却慢得多，由反应(1)生成的 I_3^- 或 I_2(I_3^- 即 $I_2 \cdot I^-$)立刻与 $S_2O_3^{2-}$ 作用，生成了无色的 $S_4O_6^{2-}$ 和 I^-。因此在开始一段时间内，看不到碘与淀粉作用所显示的特有的蓝色。但一旦 $Na_2S_2O_3$ 耗尽，由反应(1)继续生成的微量碘，就很快与淀粉作用，使溶液显出蓝色。从反应(1)和(2)的关系可以看出，$S_2O_8^{2-}$ 浓度减少的量等于 $S_2O_3^{2-}$ 减少量的一半，即

$$[S_2O_8^{2-}]=\frac{\Delta[S_2O_3^{2-}]}{2}$$

由于在 Δt 时间内 $S_2O_3^{2-}$ 全部耗尽，所以 $\Delta[S_2O_3^{2-}]$实际上可认为是 $Na_2S_2O_3$ 的起始(测定)浓度。这样，只要记下从反应开始到出现蓝色所需时间 Δt 就可算出反应速率：

$$v=-\frac{\Delta[S_2O_8^{2-}]}{\Delta t}=\frac{[Na_2S_2O_3]}{2\Delta t}$$

本反应速率方程式的 α、β 数值可由实验测得的反应速率按照初始速率法求出，进而求出总反应级数，再由 $k=\frac{v}{[S_2O_8^{2-}]^{\alpha}\cdot[I^-]^{\beta}}$求出反应速率系数 k。

(二)温度对反应速率的影响

温度升高，反应速率增大，反应所需时间 Δt 减少。由 Arrhenius 方程

$$\lg k=A-\frac{E_a}{2.303RT}$$

式中，E_a 为反应的活化能，J/mol；R 为摩尔气体常数，8.314 $J \cdot mol^{-1} \cdot K^{-1}$；$T$ 为热力学绝对温度，K；$A = \lg k_0$，k_0 为 E_a 为 0 时的速率常数。

求出不同温度时的速率系数后，用 $\lg k$ 对 $\frac{1}{T}$ 作图可得一直线，由直线斜率可求得反应的活化能 E_a。

(三)催化剂对反应速率的影响

催化剂能使反应速率增大，反应所需时间 Δt 减少。Cu^{2+} 可以加快 $(NH_4)_2S_2O_8$ 与 KI 的反应速率，Cu^{2+} 的加入量不同，加快的反应速率也不相同。

三、实验用品

仪器：恒温水浴锅，烧杯(50 mL)5 只，量筒(10 mL 4 只，50 mL 2 只)，玻璃棒或者电磁搅拌器。

药品：KI(0.2 $mol \cdot L^{-1}$)，$(NH_4)_2S_2O_8$(0.2 $mol \cdot L^{-1}$)，$Na_2S_2O_3$(0.05 $mol \cdot L^{-1}$)，KNO_3(0.2 $mol \cdot L^{-1}$)，$(NH_4)_2SO_4$(0.2 $mol \cdot L^{-1}$)，$Cu(NO_3)_2$(0.02 $mol \cdot L^{-1}$)，淀粉溶液(0.2%)。

其他：坐标纸。

四、实验内容

(一)浓度对反应速率的影响

在室温下，用量筒分别量取 10 mL 0.20 $mol \cdot L^{-1}$ KI 溶液，1 mL 0.2%淀粉溶液，3 mL 0.05 $mol \cdot L^{-1}$ $Na_2S_2O_3$ 溶液，倒入 50 mL 烧杯中，用玻璃棒搅拌或放到电磁搅拌器上搅拌，然后用另一支量筒再准确量取 10 mL 0.20 $mol \cdot L^{-1}$ $(NH_4)_2S_2O_8$ 溶液，迅速倒入烧杯中，立即计时。到溶液刚出现蓝色时，立即停止计时，将反应时间记录在表 3-1 中。

用上述方法按照表 3-1 中实验标号 2～5 的试剂用量进行实验，为使每次实验中的溶液离子强度和总体积不变，不足的量分别用 KNO_3（0.2 mol·L^{-1}）和 $(NH_4)_2SO_4$（0.2 mol·L^{-1}）溶液补足。

表 3-1　浓度对反应速率的影响

实验序号	1	2	3	4	5
KI/mL	10	10	10	5	2.5
$(NH_4)_2S_2O_8$/mL	10	5	2.5	10	10
$Na_2S_2O_3$/mL	3	3	3	3	3
淀粉溶液/mL	1	1	1	1	1
KNO_3/mL				5	7.5
$(NH_4)_2SO_4$/mL		5	7.5		
反应时间/s					

（二）温度对反应速率的影响

按表 3-1 中实验序号 1 的用量，向烧杯中加入 KI 溶液、0.2% 淀粉、$Na_2S_2O_3$ 溶液。向另一支试管中加入 $(NH_4)_2S_2O_8$ 溶液，同时放入比室温高 10℃ 的恒温水浴锅中，待烧杯和试管中溶液温度均比室温高 10℃ 时，将小试管中的 $(NH_4)_2S_2O_8$ 溶液迅速倒入烧杯中，立即记录时间，不断搅拌，到溶液开始出现蓝色时，立即停表，同时记录温度。

在高于室温 20℃、30℃ 的温度条件下重复上述实验，将所得结果填入表 3-2 中。

表 3-2　温度对反应速率的影响

实验序号	1	6	7	8
反应温度/℃				
反应时间/s				

(三)催化剂对反应速率的影响

按照表 3-1 中序号 1 的用量,在混合液中加 1 滴、5 滴、10 滴 0.02 $mol \cdot L^{-1}Cu(NO_3)_2$ 溶液,混匀,然后迅速加入$(NH_4)_2S_2O_8$溶液,记录反应时间于表 3-3 中。与实验标号 1 的结果比较,做出结论。

表 3-3　催化剂对反应速率的影响

实验序号	1	9	10	11
加入 0.02 $mol \cdot L^{-1}$ $Cu(NO_3)_2$ 溶液的滴数				
反应时间/s				

五、数据记录和处理

(一)求反应速率常数 k

见表 3-4。

表 3-4　反应速率常数的数据处理

实验序号	1	2	3	4	5
$-\Delta[S_2O_3^{2-}]/(mol \cdot L^{-1})$					
$-\Delta[S_2O_8^{2-}]/(mol \cdot L^{-1})$					
反应时间 Δt					
反应速率 v					
$[I^-]/(mol \cdot L^{-1})$					
$[S_2O_8^{2-}]/(mol \cdot L^{-1})$					
反应级数					
反应速率常数 k					
k 平均值					

(二)求反应活化能

见表 3-5。

表 3-5　反应活化能的数据处理

实验序号	1	6	7	8
反应温度/K				
$\left(\frac{1}{T}\right)\times10^3$				
速率常数 k				
活化能 E_a				

(三)催化剂的影响

见表 3-6。

表 3-6　催化剂对反应速率的影响

实验序号	1	9	10	11
加入 0.02 mol·L^{-1} $Cu(NO_3)_2$ 溶液的滴数				
反应速率 v				

六、思考题

(1)若不用 $S_2O_8^{2-}$ 而用 I^-(或 I_3^-)的浓度变化来表示该反应的速率,则 v 和 k 是否一样?

(2)实验中为什么可以由反应溶液出现蓝色的时间长短来计算反应速率?反应溶液出现蓝色后,反应是否就终止了?

(3)本实验 $Na_2S_2O_3$ 的用量过多或者过少,对实验结果有何影响?

(4)实验 2～5 号反应液中为什么要加入 KNO_3 或 $(NH_4)_2SO_4$

溶液？

(5)取$(NH_4)_2S_2O_8$试剂的量筒没有专用，对实验结果有何影响？

(6)$(NH_4)_2S_2O_8$缓慢加入KI混合溶液中，对实验结果有何影响？

七、注意事项

(1)本实验对试剂有一定的要求。KI溶液应为无色透明的溶液，不能使用有碘析出的浅黄色溶液。$(NH_4)_2S_2O_8$溶液要新配制，因为时间长了$(NH_4)_2S_2O_8$易分解，如所配制的$(NH_4)_2S_2O_8$溶液其pH小于3，说明该试剂已分解，不适合本实验使用。所用试剂中如混有少量Cu^{2+}、Fe^{2+}等杂质，对反应有催化作用，需滴加几滴0.1 mol/L EDTA溶液。

(2)本实验成败的关键是所用溶液的浓度要准确，因此取用试剂的量筒千万不能混淆，以免污染试剂，从而改变了试剂的浓度。尤其是量取$(NH_4)_2S_2O_8$的量筒必须专用，千万不能量取其他试剂。

(3)为了使每次实验中溶液的离子强度和总体积保持不变，在进行编号2～5的实验中所减少的KI或$(NH_4)_2S_2O_8$的用量可分别用0.2 mol/L KNO_3和0.2 mol/L $(NH_4)_2SO_4$溶液来补足。

(4)因本实验在Δt时间内反应物的浓度变化很小，所以近似地用平均反应速率代替初始反应速率v_0。

(5)做温度对反应速率影响时，KI、$Na_2S_2O_3$和淀粉三种试剂的混合溶液以及$(NH_4)_2S_2O_8$溶液要分别加热至所需的温度。温度计必须分开，不能搞混。反应时也要保持所需的反应温度。

(6)加试剂顺序：KI→$Na_2S_2O_3$→淀粉溶液→加$(NH_4)_2S_2O_8$(计时)→蓝色(停止计时)。

实验二　化学平衡常数的测定

一、实验目的

(1)了解比色法测定化学平衡常数的方法。
(2)学习分光光度计的使用方法。

二、实验原理

有色物质溶液颜色的深浅与浓度有关。浓度越大,颜色越深。因而可通过比较溶液颜色的深浅来测定溶液中该种有色物质的浓度,这种测定方法叫作比色分析法。用分光光度计进行比色分析的方法称为分光光度法。

根据朗伯－比尔定律,有色溶液对光的吸收程度(即吸光度 A)与溶液中有色物质的浓度 c 和液层厚度 b 的乘积成正比。其数学表达式为

$$A=\kappa bc$$

式中,κ 称为摩尔吸收系数。当波长一定时,摩尔吸收系数是有色物质的一个特征常数。

若同一种有色物质的两种不同浓度的溶液厚度相同,则可得:

$$\frac{A_1}{A_2}=\frac{c_1}{c_2},c_2=\frac{A_2}{A_1}c_1$$

如果已知标准溶液中有色物质的浓度为 c_1,并测得标准溶液的吸光度为 A_1,未知溶液的吸光度为 A_2,则从上式就可求出未知溶液中有色物质的浓度 c_2。

本实验通过分光光度法测定下列化学反应的平衡常数。

$$Fe^{3+}+HNCS\rightleftharpoons[Fe(NCS)]^{2+}+H^+$$

$$K_c=\frac{c[Fe(NCS)]^{2+}\cdot c(H^+)}{c(Fe^{3+})\cdot c(HNCS)}$$

由于反应中 Fe^{3+}、HNCS 和 H^+ 都是无色的，而$[Fe(NCS)]^{2+}$呈红色，所以平衡时溶液中$[Fe(NCS)]^{2+}$的浓度可以用已知浓度的$[Fe(NCS)]^{2+}$标准溶液通过比色测得。然后根据反应方程式和 Fe^{3+}、HNCS、H^+ 的初始浓度，求出平衡时各物质的浓度，即可根据上式算出化学平衡常数 K_c。

在本实验中，已知浓度$[Fe(NCS)]^{2+}$标准溶液可以根据下面的假设配制：当 $c(Fe^{3+})\geqslant c(HNCS)$时，反应中 HNCS 可以假设全部转化为$[Fe(NCS)]^{2+}$。因此$[Fe(NCS)]^{2+}$的标准浓度就是所用 HNCS 的初始浓度。实验中作为标准溶液的初始浓度为：

$c(Fe^{3+})=0.100\ mol\cdot L^{-1}$，$c(HNCS)=0.000\ 200\ mol\cdot L^{-1}$

由于 Fe^{3+} 的水解会产生一系列有色离子，例如棕色的$[Fe(OH)]^{2+}$，因此溶液必须保持较大的 $c(H^+)$以阻止 Fe^{3+} 的水解。较大的 $c(H^+)$还可以使 HNCS 基本上保持未电离状态。本实验中的溶液用 HNO_3 保持 $c(H^+)=0.5\ mol\cdot L^{-1}$。

三、实验用品

仪器：721 型分光光度计，吸量管（10 mL），烧杯（50 mL，洁净、干燥），洗耳球。

药品：Fe^{3+}溶液[$0.200\ mol\cdot L^{-1}$，$0.002\ 00\ mol\cdot L^{-1}$；用 $Fe(NO_3)_3\cdot 9H_2O$ 溶液在 $1\ mol\cdot L^{-1}\ HNO_3$ 中配成，HNO_3 的浓度必须标定]，KNCS（$0.002\ 00\ mol\cdot L^{-1}$）。

四、实验内容

（一）$[Fe(NCS)]^{2+}$ 标准溶液的配制

在洁净干燥的 1 号烧杯中加入 10.0 mL $0.200\ mol\cdot L^{-1}$

Fe^{3+}溶液(用 1 mol·L^{-1} HNO_3 溶液配制)、2.00 mL 0.002 00 mol·L^{-1} KNCS 溶液和 8.00 mL H_2O，得到$[Fe(NCS)]^{2+}$浓度为 0.000 2 mol·L^{-1}的溶液。

(二)待测溶液的配制

见表 3-7。

表 3-7　化学平衡常数测定的待测溶液

烧杯编号	0.002 00 mol·L^{-1} Fe^{3+} 溶液的体积/mL	0.002 00 mol·L^{-1} KNCS 溶液的体积/mL	H_2O的体积/mL
2	5.00	5.00	0.00
3	5.00	4.00	1.00
4	5.00	3.00	2.00
5	5.00	2.00	3.00

在 2～5 号洁净干燥的烧杯中分别按表 3-7 中的剂量配制溶液，混合均匀。

(三)比色

用 722 型分光光度计，在波长 447 nm 下，以蒸馏水作参比溶液，测定 1～5 号溶液的吸光度。

分光光度计是一种利用物质分子对光有选择性吸收而进行定性、定量分析的光学仪器，根据选择光源的波长不同，分为可见分光光度计(波长在 380～780 nm)、紫外分光光度计(波长在 185～385 nm)、红外分光光度计(波长在 780～30 000 nm)。

1. 722 型分光光度计外形与结构

722 型分光光度计的外形及后视图分别见图 3-1 和图 3-2。

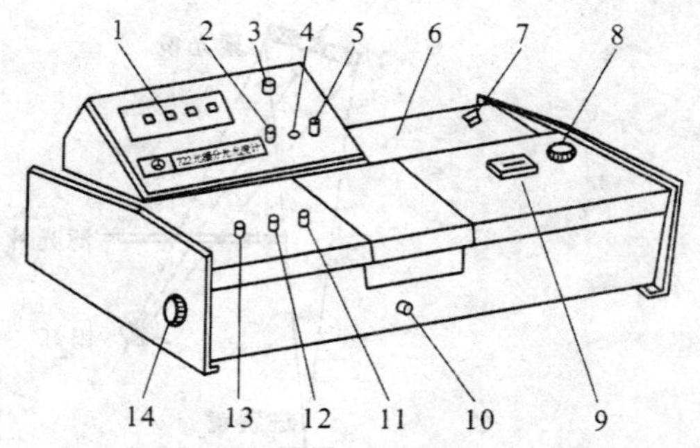

图 3-1　722 型分光光度计外形

1—数字显示器；2—吸光度调零旋钮；3—选择开关；4—吸光度调斜率电位器；5—浓度旋钮；6—光源室；7—电源开关；8—波长手轮；9—波长刻度窗；10—试样架拉手；11—"100％*T*"旋钮；12—"0％*T*"旋钮；13—灵敏度调节旋钮；14—干燥器

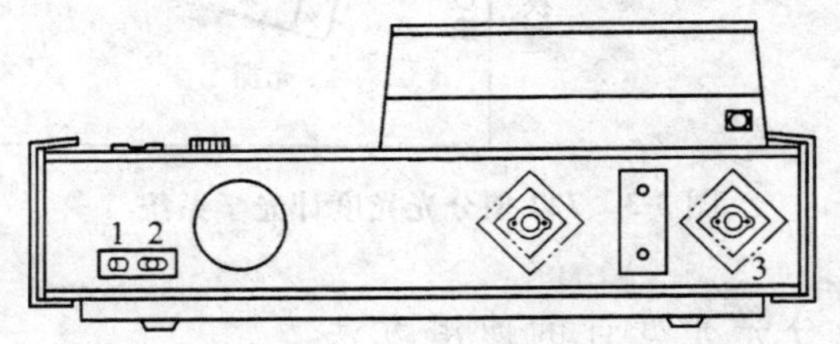

图 3-2　722 型分光光度计后视图

1—SA 保险丝；2—电源插头；3—外接插头

2. 722 型分光光度计光学系统

722 型分光光度计采用光栅自准式色散系统和单光束结构光路，如图 3-3 所示。

钨灯发出的连续辐射光经滤光片、聚光镜聚光后投向单色器进狭缝，此狭缝正好处于聚光镜及单色器内准直镜的焦平面上，因此进入单色器的复合光通过平面反射镜反射到准直镜，转换成平行光射向色散元件光栅，光栅将入射的复合光通过衍射作用形成按照一定顺序排列的连续单色光谱，此光谱经准直镜后利用聚光原理成像在出射狭缝上，出射狭缝选出指定带宽的单色光通过聚光镜入射在被测试样上，经试样吸收后的透射光经光门射向光电管阴极面。为防止灰尘进入单色器设保护玻璃。

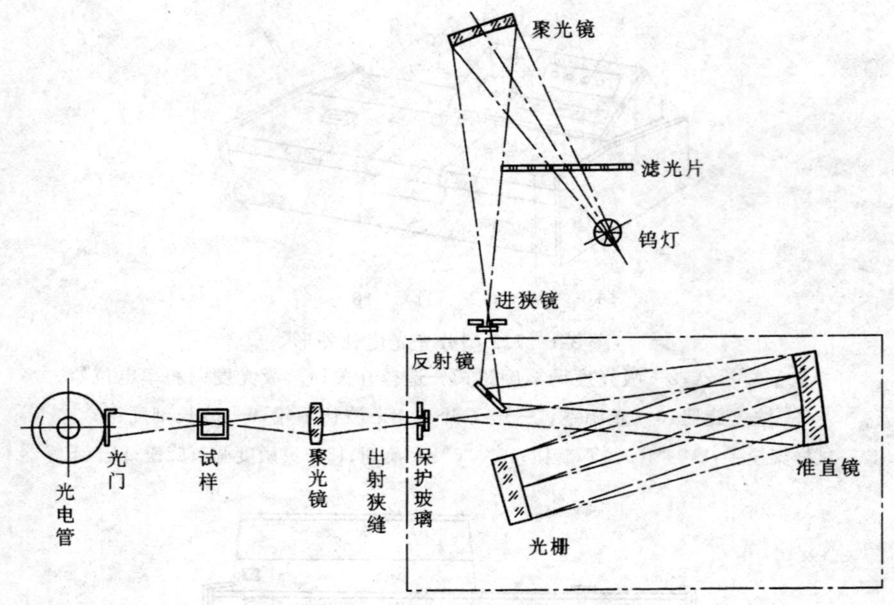

图 3-3　722 型分光光度计光学系统

3. 722 型分光光度计的使用方法

(1)打开电源,预热 20 min。

(2)将灵敏度调节旋钮调至放大倍率最小的"1"挡,选择开关置于"*T*",调至所需的波长。

(3)放入参比液,打开试样盖,调节"0% *T*"旋钮,使数字显示为"0.00",盖上试样盖,调节"100% *T*"旋钮,使数字显示为"100.0"。如此反复校正,直至仪器稳定。

若调不到"100.0",则可加大一挡灵敏度,以增加微电流放大器的倍率,但尽可能使倍率置于低挡,在改变灵敏度挡后,应重新校正"0.00"和"100.0"。

(4)再将选择开关置于"A"挡,数字应显示为"0.00",若不是,则调节"吸光度调零旋钮",使显示值为"0.00"。

(5)将被测液移入光路,显示值即为被测液的吸光度。

(6)测量完毕,应取出比色皿,洗净擦干,将各旋钮恢复到起始位置,关闭电源。

4. 注意事项

(1)仪器使用时,注意每改变一次波长,都要用参比液重新校正透光率为"0"和"100%"。

(2)比色皿装液不宜太满,液体量应为比色皿容量的 4/5,若溢在外面应擦干。拿取比色皿时,手指只能与比色皿的毛玻璃处接触。

(3)为了减少误差,标准溶液与试液应使用同一个比色皿。

五、数据记录和处理

将溶液的吸光度、初始浓度、计算得到的各平衡浓度和 K_c 值记录在表 3-8 中。

表 3-8 化学平衡常数测定实验数据及结果处理

烧杯编号		1	2	3	4	5
吸光度 A						
初始浓度/($mol \cdot L^{-1}$)	$c_{起始}(Fe^{3+})$					
	$c_{起始}(KNCS)$					
平衡浓度/($mol \cdot L^{-1}$)	$c_{平衡}(H^{+})$					
	$c_{平衡}\{[Fe(NCS)]^{2+}\}$					
	$c_{平衡}(HNCS)$					
	$c_{平衡}(Fe^{3+})$					
K_c						
K_c 平均值						

由下列式子计算各物质的平衡浓度和平衡常数。

$$c_{平衡}(H^{+}) = \frac{1}{2} c_{平衡}(HNO_3)$$

$$c_{平衡}\{[Fe(NCS)]^{2+}\} = \frac{A_2}{A_1} c_{标准}\{[Fe(NCS)]^{2+}\}$$

$$c_{平衡}(HNCS)=c_{起始}(Fe^{3+})-c_{标准}\{[Fe(NCS)]^{2+}\}$$

$$c_{平衡}(Fe^{3+})=c_{起始}(HNCS)-c_{平衡}\{[Fe(NCS)]^{2+}\}$$

将上面求得的各平衡浓度代入平衡常数的表达式中，求出：

$$K_c=\frac{c\{[Fe(NCS)]^{2+}\}\cdot c(H^+)}{c(Fe^{3+})\cdot c(HNCS)}$$

六、思考题

(1)配制溶液时，试剂用量应用吸量管量取，各支吸量管应严格区分，若不这样做将会对实验产生什么影响？

(2)在配制 Fe^{3+} 溶液时，用纯水和用 HNO_3 溶液来配有何不同？本实验中 Fe^{3+} 溶液为何要维持很大的 $c(H^+)$？

(3)如何正确使用 722 型分光光度计？

(4)为什么计算所得的 K_c 为近似值？怎样求得精确的 K_c？

实验三　醋酸解离常数的测定

一、缓冲溶液法

(一)实验目的

(1)学会用 pH 计测定缓冲溶液 pH 的方法来测定弱电解质 HAc 的解离平衡常数。

(2)学习溶液的配制以及移液管、容量瓶和 pH 计的正确使用。

(二)实验原理

酸性缓冲溶液 pH 的计算公式：

$$pH=pK_a^{\ominus}(HAc)-\lg\frac{c(HAc)}{c(Ac^-)}=pK_a^{\ominus}(HAc)-\lg\frac{c_0(HAc)}{c_0(NaAc)}$$

在 HAc 和 NaAc 组成的缓冲溶液中，由于同离子效应，当解离达到平衡时，溶液中 $c(HAc) \approx c_0(HAc)$，$c(Ac^-) \approx c_0(NaAc)$，由于溶液是由等浓度的 HAc 和 NaAc 组成的缓冲溶液，所以 $pH = pK_a^\ominus(HAc)$，用酸度计测定等浓度 HAc 和 NaAc 混合溶液的 pH，即可得到弱电解质 HAc 的解离平衡常数。

（三）实验用品

仪器：pHS-3C 型酸度计，pH 复合电极，50 mL 烧杯 4 只，洗瓶，洗耳球，50 mL 容量瓶 3 个，10 mL 刻度吸管，25 mL 移液管，10 mL 量筒。

药品：0.10 $mol \cdot L^{-1}$ HAc，0.10 $mol \cdot L^{-1}$ NaOH，1%酚酞指示剂，标准缓冲溶液（pH=4.00；pH=6.86）。

材料：碎滤纸。

（四）实验步骤

1. 配制不同浓度的 HAc 溶液

用 4 号烧杯盛 0.10 $mol \cdot L^{-1}$ HAc 溶液，用 10 mL 刻度吸管从 4 号烧杯中分别吸取 5.00 mL、10.00 mL HAc 溶液于 1 号和 2 号容量瓶中，用 25 mL 移液管从 4 号烧杯中吸取 25.00 mL HAc 溶液于 3 号容量瓶中，分别用蒸馏水定容至刻度，上下混匀。

2. 配制等浓度 HAc 和 NaAc 混合溶液及 pH 的测定（由稀到浓）

用 10 mL 量筒量取 1 号容量瓶中已知浓度的醋酸溶液 10 mL 于 1 号烧杯中，加 2 滴 1%酚酞指示剂，用滴管滴入 0.10 $mol \cdot L^{-1}$ NaOH 溶液至溶液变成淡粉红色且半分钟内不褪色。再用 10mL 量筒量取 1 号容量瓶中已知浓度的醋酸溶液 10 mL 于 1 号烧杯中，用玻璃棒混合均匀，用 pH 计测定 1 号烧杯中等浓度 HAc 和 NaAc 混合溶液的 pH。再根据反对数即可求得 HAc 的解离平衡常数。实验数据记录在表 3-9 中。

按照上述步骤，用 2 号、3 号容量瓶中已知浓度的醋酸溶液和 0.10 mol·L^{-1}醋酸溶液，分别在 2 号、3 号和 4 号烧杯中配制等浓度 HAc 和 NaAc 混合溶液，并分别测定其 pH。

由于仪器自身的误差和配制溶液的误差，实验结果可能不完全相同，最后取其平均值作为实验结果，并计算相对误差和标准偏差 s。

$$相对误差=\frac{K_{HAc实验}-K_{HAc理论}}{K_{HAc理论}}$$

$$s=\sqrt{\frac{1}{n-1}\sum_{i=1}^{n}(K_{HAc,i}-\overline{K}_{HAc})^2}$$

表 3-9　等浓度 HAc 和 NaAc 混合溶液 pH 的测定

实验编号	吸取 0.10 mol·L^{-1} HAc 溶液的体积/mL	[HAc]	pH	$K_a^{\ominus}$(HAc)
1				
2				
3				
4				
$K_a^{\ominus}$(HAc)=	相对误差=		标准偏差 s=	

（五）思考题

(1)分析该实验产生误差的主要来源。

(2)实验所用的容量瓶是否要用 0.10 mol·L^{-1}醋酸溶液润洗？烧杯是否要润洗？

（六）注意事项

(1)烧杯保持干燥，操作时溶液不能溅到外面。

(2)四个烧杯在同一仪器上测量其 pH。

二、pH 法

(一)实验目的

(1)加深对弱电解质解离平衡的理解。

(2)了解 pHS-3C 型酸度计的原理及其使用。

(3)掌握标定醋酸标准溶液浓度及用 pH 计测定醋酸解离度和解离平衡常数。

(二)实验原理

醋酸(HAc)是弱电解质,在水溶液中存在下列解离平衡:

$$HAc \rightleftharpoons H^+ + Ac^-$$

平衡常数表达式为:

$$K_a^{\ominus} = \frac{[H^+][Ac^-]}{[HAc]}$$

若 c 为 HAc 的起始浓度,$[H^+]$、$[Ac^-]$、$[HAc]$分别为氢离子、醋酸根、醋酸的平衡浓度,$K_a^{\ominus}$ 为解离平衡常数,则在纯水中$[H^+]=[Ac^-]$,$[HAc]=c-[H^+]$。当解离度 $\alpha<5\%$时,可以近似处理为$[HAc]\approx c$。

实验中用酸度计测出已知浓度 HAc 溶液的 pH,即可求出 HAc 的解离常数和解离度。这种方法称为 pH 法。

(三)实验用品

仪器:pHS-3C 型酸度计,pH 复合电极,100 mL 的烧杯 5 只(分别编为 1、2、3、4、5 号),酸式滴定管,碱式滴定管,玻璃棒,洗瓶,250 mL 锥形瓶,25 mL 移液管,洗耳球。

药品:0.100 0 mol·L^{-1} HAc 标准溶液(待标定),0.100 0 mol·L^{-1} NaOH 标准溶液(实验室给出准确浓度),甲基橙指示剂,pH=4.00 和 pH=6.86 的 pH 标准缓冲溶液。

材料:碎滤纸。

(四)实验内容

1. 0.100 0 mol·L^{-1}醋酸标准溶液浓度的标定

同时准确地取三份已知准确浓度的 NaOH 标准溶液 25.00 mL 分别于 3 只 250 mL 锥形瓶中,加 2 滴甲基橙指示剂,用待标定的醋酸溶液滴定至溶液刚出现橙红色,轻轻摇荡后半分钟内不褪色即为滴定终点,根据下面的计算公式,即可计算出待标定的醋酸标准溶液的准确浓度。实验数据记录在表 3-10 中。

$$c(NaOH)\cdot V(NaOH)=c(HAc)\cdot V(HAc)$$

式中,$c(NaOH)$为 NaOH 标准溶液的浓度, mol·L^{-1};$V(NaOH)$为取 NaOH 标准溶液的体积,25.00 mL;$V(HAc)$为标定时所消耗的 HAc 溶液的体积,mL。

表 3-10 标定醋酸标准溶液的原始实验数据

项目 \ 测定次数	1	2	3
$c(NaOH)/(mol\cdot L^{-1})$			
移取 NaOH 标准溶液的体积/mL	25.00	25.00	25.00
HAc 溶液初读数/mL			
HAc 溶液终读数/mL			
$V(HAc)/mL$			
$c(HAc)/(mol\cdot L^{-1})$			
$\bar{c}(HAc)$			
相对平均偏差			

2. 配制不同浓度的醋酸溶液

(1)取 5 只洁净干燥小烧杯依次编成 1~5 号。

(2)从酸式滴定管中分别向 1、2、3、4、5 号小烧杯中准确地放入 3.00 mL、6.00 mL、12.00 mL、24.00mL、48.00 mL 已知准确

浓度的 HAc 标准溶液。

(3)用碱式滴定管分别向上述烧杯中依次准确地放入 45.00 mL、42.00 mL、36.00 mL、24.00 mL、0.00 mL 的蒸馏水，并用玻璃棒将烧杯中的溶液搅拌均匀。

3. 不同浓度醋酸溶液 pH 的测定

用 pHS-3C 型酸度计分别依次测定 1～5 号烧杯中醋酸溶液的 pH，并如实地将实验数据填入表 3-11 中。

由于实验误差，实验测得的 5 个 $K_a^{\ominus}$(HAc)可能不完全相同，取其平均值并计算其标准偏差 s。

表 3-11　实验结果温度

温度____℃，醋酸标准溶液的浓度____ mol·L^{-1}

烧杯编号	V(HAc)/mL	$V(H_2O)$/mL	[HAc]	pH	[H^+]	解离度 α	$K_a^{\ominus}$(HAc)
1							
2							
3							
4							
5							
$K_a^{\ominus}$(HAc)＝					标准偏差 s＝		

使用 pHS-3C 型酸度计的使用方法如下。

(1)打开电源开关，按“pH/mV”键，使仪器进入 pH 测量状态(pH 指示灯亮)。

(2)按“温度”按钮，调至并显示为溶液温度值(此时温度指示灯亮)，然后按“确认”键，仪器确定溶液温度后回到 pH 测量状态。

(3)将用蒸馏水清洗过并吸干的 pH 复合电极插入 pH＝6.86 的 pH 标准缓冲溶液中，待读数稳定后按“定位”键(此时 pH 指示灯慢闪烁，表明仪器在定位标定状态)调至该温度下标准溶液的 pH，然后按“确认”键，使仪器回至 pH 测量状态（pH 指示灯停止闪烁）。

（4）将用蒸馏水清洗过并吸干的 pH 复合电极插入 pH＝4.00（或 pH＝9.18）的 pH 标准缓冲溶液中，待读数稳定后按“斜率”键（此时 pH 指示灯快闪烁，表明仪器在斜率标定状态）调至该温度下标准溶液的 pH，然后按“确认”键，使仪器回至 pH 测量状态（pH 指示灯停止闪烁），标定完成。

（5）用蒸馏水清洗电极并吸干后即可对被测溶液进行测量。

（6）如果被测溶液温度与标定溶液的温度不一致，用温度计测量出被测溶液的温度。然后按“温度”键，使仪器显示为被测溶液的温度值，然后再按“温度”键，即可对被测溶液进行测量。

（7）pH 计标定错误后的补救措施

①如果在标定过程中操作失误或按键按错而使仪器测量不正常，可关闭电源，然后按住“确认”键再开启电源，使仪器恢复初始状态，然后重新标定。

②标定后，“定位”键及“斜率”键不能再按，如果触动此键，此时仪器 pH 指示灯闪烁，请不要按“确认”键，而是按“pH/mV”键，使仪器重新进入 pH 测量即可，而无须再进行标定。

③标定的缓冲溶液一般第一次用 pH＝6.86 的溶液，第二次用接近被测溶液 pH 的缓冲溶液，如被测溶液为酸性时，缓冲溶液应选 pH＝4.00；如被测溶液为碱性时则选 pH＝9.18 的缓冲溶液。

（五）思考题

（1）烧杯是否必须烘干？如果搅拌结束后玻璃棒上带出了部分溶液对测定结果有无影响？

（2）用 pHS-3C 型酸度计测定溶液的 pH 时，各用什么标准溶液定位？

（3）测定不同浓度 HAc 溶液的 pH 时，为什么要按由稀到浓的顺序？

(4)不同浓度的 HAc 溶液的解离度 α 是否相同,为什么?

(5)使用酸度计的主要步骤有哪些?

(六)注意事项

(1)pH 复合电极要轻拿轻放,避免损坏。每次测量前都要清洗干净并用滤纸吸干。实验结束后电极上塞上盛有饱和氯化钾的塑料帽。

(2)测定 pH 之前,烧杯必须洗涤干净并干燥。

三、电导率法

(一)实验目的

(1)掌握电导法测定一元弱酸的解离度和解离平衡常数。

(2)学会 DDS-11A 型电导率仪的使用方法。

(3)熟悉溶液电导、电导率、摩尔电导率 Λ_m、极限摩尔电导率 Λ_∞ 等基本概念。

(二)实验原理

醋酸是一元弱酸,其解离平衡常数 $K_a^\ominus$ 和解离度 α 有如下关系:

$$\mathrm{HAc} \rightleftharpoons \mathrm{H^+} + \mathrm{Ac^-}$$

	HAc	H^+	Ac^-
起始浓度	c	0	0
平衡浓度	$c-c\alpha$	$c\alpha$	$c\alpha$

$$K_a^\ominus(\mathrm{HAc})=\frac{c(\mathrm{H^+})\cdot c(\mathrm{Ac^-})}{c(\mathrm{HAc})}=\frac{(c\alpha)^2}{c(1-\alpha)}=\frac{c\alpha^2}{1-\alpha} \qquad (1)$$

其解离度可通过电导法测定,从而求得 HAc 的解离平衡常数。

对电解质溶液,常用电导 G 和电导率 κ 表示其导电能力的大小。电导 G 为电阻 R 的倒数,即

$$G=\frac{1}{R} \qquad (2)$$

电导的单位为S(西[门子])。

根据欧姆定律,溶液的电阻与两电极的距离l成正比,与电极的面积A成反比,即

$$R=\rho\frac{l}{A}$$

式中的ρ为电阻率,单位为$\Omega\cdot m$,代入式(2)即得

$$G=\kappa\frac{A}{l},\kappa=G\frac{l}{A}$$

式中的$\kappa=\frac{1}{\rho}$,称为电导率。对电解质溶液,电导率相当于在电极面积为1 m^2、电极距离为1 m的立方体中盛有该溶液时的电导,单位为$S\cdot m^{-1}$。$\frac{l}{A}$称为电导池常数,可由已知电导率的电解质溶液确定。

摩尔电导率Λ_m是指含有1 mol电解质溶液且厚度为1 m时所具有的电导。单位为$S\cdot m^2\cdot mol^{-1}$。它与电导率κ的关系为

$$\Lambda_m=\frac{\kappa}{c} \tag{4}$$

式中,c为电解质溶液的浓度,$mol\cdot m^{-3}$。

对于弱电解质来说,在无限稀释时,可看作完全解离,此时溶液的摩尔电导率称为无限稀释摩尔电导率Λ_m^∞。在一定温度下,弱电解质的无限稀释摩尔电导率是一定的。表3-12列出了无限稀释时醋酸的无限稀释摩尔电导率Λ_m^∞。

表3-12 无限稀释时醋酸的无限稀释摩尔电导率Λ_m^∞

温度/℃	0	18	25	30
$\Lambda_m^\infty/(S\cdot m^2\cdot mol^{-1})$	254×10^{-4}	349×10^{-4}	390.7×10^{-4}	421.8×10^{-4}

对于弱电解质来说,某浓度时的解离度等于该浓度时的摩尔电导率与无限稀释摩尔电导率之比,即

$$\alpha=\frac{\Lambda_m}{\Lambda_m^\infty} \tag{5}$$

将式(5)代入式(1),得

$$K_a^{\ominus}(\mathrm{HAc})=\frac{c\alpha^2}{1-\alpha}=\frac{c\Lambda_m^2}{\Lambda_m^{\infty}(\Lambda_m^{\infty}-\Lambda_m)} \quad (6)$$

这样,可以由实验测定浓度为 c 的醋酸的电导率 κ,代入式(4),算出 Λ_m,将 Λ_m 的值代入式(6),即可算出 $K_a^{\ominus}(\mathrm{HAc})$。

（三）实验用品

仪器:DDS-11A 型电导率仪,滴定管(酸式),烧杯(50 mL,洁净、干燥)。

试剂:HAc(0.1 $\mathrm{mol \cdot L^{-1}}$ 标准溶液)。

（四）实验内容

1. 配制不同浓度的 HAc 溶液

将 4 只干燥洁净的烧杯编成 1～4 号,然后按下表的烧杯编号用两支滴定管分别准确放入已知浓度的 HAc 溶液和去离子水。

2. 醋酸溶液电导率的测定

用电导率仪由稀到浓测定 1～4 号 HAc 溶液的电导率,实验数据记录在表 3-13 中。

表 3-13　电导率法实验结果

烧杯编号	$V(\mathrm{HAc})$/mL	$V(\mathrm{H_2O})$/mL	$c(\mathrm{HAc})$/$\mathrm{mol \cdot L^{-1}}$	κ/$\mathrm{S \cdot m^{-1}}$	Λ_m/$\mathrm{S \cdot m^2 \cdot mol^{-1}}$	α	$K_a^{\ominus}(\mathrm{HAc})$
1							
2							
3							
4							

测定时温度____℃,$\Lambda_{m,\mathrm{HAc}}^{\infty}$____ $\mathrm{S \cdot m^2 \cdot mol^{-1}}$,HAc 标准溶液的浓度____,HAc 的解离平衡常数 $K_{平均}$____。

DDS-11A 型电导率仪如图 3-4 所示，是常用的电导率测量仪器。它除了能测量一般液体的电导率外，还能测量高纯水的电导率。

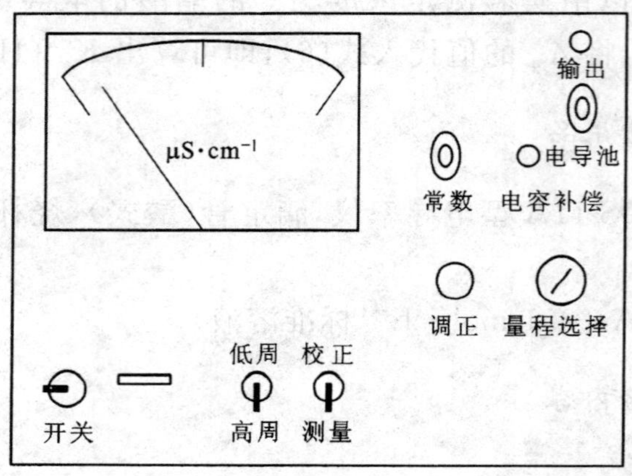

图 3-4　DDS-11A 型电导率仪示意图

根据被测溶液电导率的大小可选用不同的电极。若被测溶液的电导率很小（$\kappa < 10^{-3}\ S \cdot m^{-1}$），一般选用光亮铂电极；若被测溶液的电导率较大（$10^{-3}\ S \cdot m^{-1} < \kappa < 1\ S \cdot m^{-1}$），则一般选用铂黑电极。

电导率仪的使用方法如下。

(1)先将选用的电极放在盛有去离子水的小烧杯中数分钟。

(2)未开电源开关前，先检查指针是否指在零刻度；如果指针不指在零刻度，需调节表头上的螺丝至指针指零。

(3)将“校正/测量”开关扳到“校正”位置。

(4)打开电源开关，预热数分钟后，调节“调正”旋钮，使指针指在满刻度上。

(5)将“高周/低周”开关扳向“低周”位置。

(6)将“量程选择”开关扳到所需的测量范围。

(7)将电极“常数”旋钮调节在所用电极常数相对应的位置上。

(8)将电极插在电极插口内，用少量待测溶液将电极冲洗两三次，将电极浸入待测溶液中。再调节“调正”旋钮，使指针指在满刻度上，然后将“校正/测量”开关扳到“测量”位置，读得指针的指示数，再乘上“量程选择”开关所指的倍率，即为被测溶液的实际电导率。重复测定一次，取其平均值。

(9)将“校正/测量”开关扳到“校正”位置，取出电极。

(10)实验完毕后，拔去电源，取下电极，用去离子水冲洗后，保存。

(五)思考题

(1)电解质溶液导电的特点是什么？

(2)什么叫溶液的电导、电导率和摩尔电导率？为什么 Λ_m 与 Λ_m^∞ 之比即为弱电解质的解离度？

(3)测定 HAc 溶液的电导率时，测定顺序为什么应由稀到浓？

实验四　碘化铅溶度积常数的测定

一、实验目的

(1)了解用分光光度计测定难溶盐溶度积常数的原理和方法。

(2)学习分光光度计的使用方法。

二、实验原理

PbI_2 是难溶电解质，其饱和溶液中存在如下沉淀一溶解平衡：

$$PbI_2(s) \rightleftharpoons Pb^{2+}(aq) + 2I^-(aq) \qquad (1)$$

其溶度积常数表示式为：

$$K_{sp}^{\ominus}(PbI_2)=\frac{c(Pb^{2+})}{c^{\ominus}}\cdot\left[\frac{c(I^-)}{c^{\ominus}}\right]^2 \quad (2)$$

在一定温度下，测得溶液中的 $c(Pb^{2+})$ 和 $c^2(I^-)$，即可求得 $K_{sp}^{\ominus}(PbI_2)$。

若将已知浓度的 $Pb(NO_3)_2$ 溶液和 KI 溶液按不同体积比混合，当生成的 PbI_2 沉淀与溶液达到平衡时，测定溶液中的 $c(I^-)$，再根据体系的原始组成及沉淀一溶解平衡反应方程式(1)中 Pb^{2+} 与 I^- 的化学计量关系，计算出溶液中的 $c(Pb^{2+})$，最终可求得 $K_{sp}^{\ominus}(PbI_2)$。

本实验通过分光光度法测得体系中的 $c(I^-)$。由于 I^- 是无色的，利用 I^- 的还原性，以 KNO_2 作氧化剂在微酸性条件下将 I^- 氧化成 I_2，I_2 在水溶液中呈棕黄色，用分光光度计在 525 nm 波长下测定一系列样品中 I_2 溶液的吸光度 A，然后从标准吸收曲线查出相对应的 $c(I^-)$，则可计算出饱和溶液中的 $c(I^-)$。

三、实验用品

仪器：721 型分光光度计，2 cm 比色皿，10 mL 比色管，比色管架，5 mL 刻度吸管 4 支(分别贴上 0.003 5 mol·L^{-1} KI、0.035 mol·L^{-1} KI、水、0.015 mol·L^{-1} $Pb(NO_3)_2$ 标签)，2 mL 刻度吸管 4 支(贴上 0.020 mol·L^{-1} $NaNO_2$，1 号、2 号、3 号 PbI_2 饱和溶液标签)，小漏斗，洗瓶，洗耳球。

药品：6.0 mol·L^{-1} HCl，0.015 mol·L^{-1} $Pb(NO_3)_2$，0.035 mol·L^{-1} KI，0.003 5 mol·L^{-1} KI，0.020 mol·L^{-1} $NaNO_2$。

材料：滤纸，镜头纸。

四、实验内容

1. 绘制 $A-c(I^-)$ 标准曲线

取 5 支干净、干燥的 10 mL 比色管，按表 3-14 用 5 mL 刻度吸管分别加入 1.00 mL、1.50 mL、2.00 mL、2.50 mL、3.00 mL

0.035 mol · L^{-1} KI 溶液，加去离子水使每个比色管中溶液的总体积为 4.00 mL，再分别加入 2.00 mL 0.020 mol · L^{-1} $NaNO_2$ 溶液及 1 滴 6.0 mol · L^{-1} HCl 溶液。摇匀后，分别倒入 2 cm 比色皿中。以水为参比溶液，在 525 nm 波长下分别测定各溶液的吸光度 A。以测得的吸光度 A 为纵坐标，以相应的 $c(I^-)$ 浓度为横坐标，绘制出 $A-c(I^-)$ 标准曲线。实验数据记录在表 3-14 中。

表 3-14　绘制 $A-c(I^-)$ 标准曲线的原始实验数据

比色管编号	V(KI)/mL	$V(H_2O)$/mL	$c(I^-)\times10^{-4}$	A
1	1.00	3.00		
2	1.50	2.50		
3	2.00	2.00		
4	2.50	1.50		
5	3.00	1.00		

2. 制备 PbI_2 饱和溶液和吸光度 A 的测定

(1)取 3 支干净、干燥的 10 mL 比色管，按表 3-14 用 5 mL 刻度吸管分别加入 0.015 mol · L^{-1} $Pb(NO_3)_2$ 溶液、0.035 mol · L^{-1} KI 溶液和去离子水，使每个比色管中溶液的总体积为 10.00mL。

(2)塞紧比色管塞，上下摇匀 2 min，静置 1 min 后过滤。

(3)另取 3 支干净、干燥的 10 mL 比色管，接取上述制得的含有 PbI_2 固体的饱和溶液的滤液，弃去沉淀。

(4)分别用 2 mL 的刻度吸管吸取上述 1 号、2 号、3 号 PbI_2 饱和溶液 2.00 mL 于另外 3 支干净、干燥的 10 mL 比色管中，再分别加入 2.00 mL 去离子水和 2.00 mL 0.020 mol · L^{-1} $NaNO_2$ 溶液，最后再加入 1 滴 6.0 mol · L^{-1} HCl 溶液。上下摇匀后，分别倒入 2 cm 比色皿中，以水做参比溶液，在 525 nm 波长下测定各溶液的吸光度 A。实验数据的记录、处理和计算均填在

表 3-15 中。

表 3-15 PbI_2 饱和溶液的制备和吸光度 A 的测定

比色管编号	1	2	3
$V[Pb(NO_3)_2]$/mL	5.00	5.00	5.00
$V(KI)$/mL	3.00	4.00	5.00
$V(H_2O)$/mL	2.00	1.00	0.00
$V_{总}$/mL	10.00	10.00	10.00
稀释后溶液的吸光度 A			
由标准曲线查得 $c(I^-)/(mol \cdot L^{-1})$			
平衡时饱和溶液中 $c(I^-)/(mol \cdot L^{-1})$			
初始 $c(Pb^{2+})/(mol \cdot L^{-1})$			
初始 $c(I^-)/(mol \cdot L^{-1})$			
变化中 $c(I^-)/(mol \cdot L^{-1})$			
变化中 $c(Pb^{2+})/(mol \cdot L^{-1})$			
平衡时饱和溶液中 $c(Pb^{2+})/(mol \cdot L^{-1})$			
$K_{sp}^{\ominus}(PbI_2)$			
$K_{sp}^{\ominus}(PbI_2)=$		标准偏差 $s=$	

五、思考题

(1)如果使用湿的比色管配制标准曲线溶液和 PbI_2 饱和溶液,对实验结果分别产生什么影响?

(2)比色时间过长,对测定的吸光度有无影响?

(3)使用分光光度计应注意什么?

六、注意事项

(1)制得的含有 PbI_2 固体的饱和溶液一定要干过滤。

(2)配制 $A-c(I^-)$标准曲线用 0.003 5 $mol \cdot L^{-1}$ KI 溶液;配

制 PbI_2 饱和溶液用 0.035 mol·L^{-1}KI 溶液。

(3)吸每种溶液都要用相应的刻度吸管，千万不能混淆。

实验五　配位化合物的生成和性质

一、实验目的

(1)了解有关配合物的生成及配离子和简单离子的区别。

(2)加深对配合物特性的理解，比较并解释配离子的稳定性。

(3)了解螯合物的形成及应用。

二、实验原理

当一个中心离子同几个中性分子或其他离子以配位键方式结合起来，形成具有一定特性的复杂化学质点，称为配离子。在任何状态中，凡是由配离子所组成的化合物，称为配合物。

配离子在水溶液中存在着配位平衡，例如：

$$K_f=\frac{[Cu(NH_3)_4^{2+}]}{[Cu^{2+}][NH_3]^4}$$

K_f 称为配合物的稳定常数。不同的配离子具有不同的 K_f，对同类型的配离子来说，K_f 越大，配离子越稳定。

配位平衡也是一种动态平衡，改变中心离子或配位体的浓度会使配位解离平衡发生移动，如加沉淀剂、氧化剂或还原剂，改变溶液酸度，加入另一种配位能力更强的配位剂等。

螯合物是中心离子与多基配位体形成的具有环状结构的配合物，它们大多具有特征颜色，稳定性较高，但在水中溶解度较小。

三、实验用品

仪器：试管，滴管。

药品：$AgNO_3$，NaCl，$CuSO_4$，$FeCl_3$，KSCN，$K_3[Fe(CN)_6]$，Na_2S，KI，NaF，$FeSO_4$，以上各物质的浓度均为 0.1 $mol \cdot L^{-1}$。

2 $mol \cdot L^{-1}$ $NH_3 \cdot H_2O$，饱和 $(NH_4)_2C_2O_4$，6 $mol \cdot L^{-1}$ HNO_3，6 $mol \cdot L^{-1}$ NaOH，0.01 $mol \cdot L^{-1}$ EDTA，0.1%邻二氮菲。

四、实验内容

(一)配离子的生成

(1)在小试管中加入 1 滴 0.1 $mol \cdot L^{-1}$ $AgNO_3$ 溶液，再加入 1 滴 0.1 $mol \cdot L^{-1}$ NaCl 溶液，观察有无沉淀生成。然后逐滴加入 2 $mol \cdot L^{-1}$ $NH_3 \cdot H_2O$ 至沉淀刚好溶解，试解释之。写出反应式。(溶液留用)

(2)在试管中加入 5 滴 0.1 $mol \cdot L^{-1}$ $CuSO_4$ 溶液，再逐滴加入 2 $mol \cdot L^{-1}$ $NH_3 \cdot H_2O$，观察沉淀的生成。继续滴加 $NH_3 \cdot H_2O$，又有何现象？写出有关反应式。(溶液留用)

(二)简单离子与配离子的区别

(1)在 2 滴 0.1 $mol \cdot L^{-1}$ $FeCl_3$ 溶液中，加入 1 滴 0.1 $mol \cdot L^{-1}$ KSCN 溶液，观察现象。(溶液留用。)

(2)以 $K_3[Fe(CN)_6]$代替 $FeCl_3$ 做同样试验，观察现象。根据两次试验结果，说明配离子与简单离子的区别。

(三)配位平衡移动

1. 配位平衡与沉淀平衡

取实验(一)(2)制得的溶液 5 滴，加入 2 滴 0.1 $mol \cdot L^{-1}$ Na_2S 溶液，有何现象？写出反应式，并解释之。

2. 配位平衡与氧化还原平衡

在试管中加入 2 滴 0.1 mol·L^{-1} KI 溶液，再加入 2 滴 0.1 mol·L^{-1} $FeCl_3$ 溶液，振荡试管，观察溶液颜色的变化，发生了什么反应？再往溶液中滴加饱和$(NH_4)_2C_2O_4$ 溶液，边加边振荡，溶液颜色又有什么变化？发生了什么反应？由此表明配位平衡与氧化还原平衡的关系何在？写出反应式。(本实验冬天可用水浴加热。)

3. 配位平衡与酸碱平衡

(1)将实验(一)(1)制得的溶液逐滴加入 6 mol·L^{-1} HNO_3 溶液，观察现象，写出反应式？

(2)将实验(二)(1)制得的血红色溶液逐滴加入 6 mol·L^{-1} NaOH 溶液，观察现象，写出反应式。

4. 配离子的转化

在试管中加入 1 滴 0.1 mol·L^{-1} $FeCl_3$ 溶液，加水稀释至无色，加入 1 滴 0.1 mol·L^{-1} KSCN 溶液，再逐滴加入 0.1 mol·L^{-1} NaF 溶液，观察现象，写出反应式，并解释之。

(四)螯合物的形成

(1)取实验(一)(2)制得的深蓝色溶液 5 滴，逐滴加入 0.01 mol·L^{-1} EDTA 溶液，观察现象并解释之。

(2)在小试管中加入 2 滴 0.1 mol·L^{-1} $FeSO_4$ 溶液和 2 滴 0.1%邻二氮菲溶液，观察产生的现象。

五、思考题

(1)配离子与简单离子有什么区别？如何用实验证明？

(2)影响配位平衡的因素有哪些？

(3)螯合物有什么特征？配位剂和螯合剂有何区别？

实验六　银氨配离子配位数及稳定常数的测定

一、实验目的

(1)掌握配位平衡和沉淀－溶解平衡原理测定$[Ag(NH_3)_n]^+$的配位数n和稳定常数$K_f^\ominus$(稳)的方法。

(2)熟练掌握滴定管的使用和滴定操作。

(3)练习作图法处理实验数据。

二、实验原理

在硝酸银水溶液中加入过量的氨水，即生成稳定的银氨配离子$[Ag(NH_3)_n]^+$。再往溶液中加入溴化钾溶液，直到刚出现溴化银沉淀消失为止，这时混合液中同时存在着如下平衡：

$$Ag^+ + nNH_3 \rightleftharpoons [Ag(NH_3)_n]^+$$

$$\frac{[Ag(NH_3)_n^+]}{[Ag^+][NH_3]^n} = K_f^\ominus \tag{1}$$

$$AgBr(s) \rightleftharpoons Ag^+ + Br^-$$

$$[Ag^+][Br^-] = K_{sp} \tag{2}$$

式(1)×式(2)得：

$$\frac{[Ag(NH_3)_n^+][Br^-]}{[NH_3]^n} = K_f^\ominus \cdot K_{sp} = K \tag{3}$$

整理式(3)得：

$$[Ag(NH_3)_n^+][Br^-] = K \cdot [NH_3]^n \tag{4}$$

$[Br^-]$、$[NH_3]$和$[Ag(NH_3)_n^+]$皆是平衡时的浓度($mol \cdot L^{-1}$)，它们可以近似地计算如下：

设最初取用的$AgNO_3$溶液的体积为$V(Ag^+)$，浓度为$[Ag^+]_0$，加入的氨水(过量)和滴定时所需溴化钾溶液的体积分别为

$V(NH_3)$和$V(Br^-)$，其浓度分别为$[NH_3]_0$和$[Br^-]_0$，混合溶液的总体积为$V_{总}$，则平衡时体系各组分的浓度近似为：

$$[Br^-]=[Br^-]_0\times\frac{V(Br^-)}{V_{总}} \tag{5}$$

$$[Ag(NH_3)_n^+]=[Ag^+]_0\times\frac{V(Ag^+)}{V_{总}} \tag{6}$$

$$[NH_3]=[NH_3]_0\times\frac{V(NH_3)}{V_{总}} \tag{7}$$

将式(4)两边取对数

$$\lg[Ag(NH_3)_n^+][Br^-]=n\lg[NH_3]+\lg K$$

以$\lg[Ag(NH_3)_n^+][Br^-]$为纵坐标，$\lg[NH_3]$为横坐标作图，直线的斜率便是$[Ag(NH_3)_n]^+$的配位数n。

三、实验用品

仪器：锥形瓶(250 mL)，酸式滴定管(25.00 mL)

药品：$Ag(NO_3)$(0.010 mol·L^{-1})，KBr(0.010 mol·L^{-1})，$NH_3\cdot H_2O$(2.0 mol·L^{-1})

四、实验内容

按照表3-16各编号所列数量依次加入$Ag(NO_3)$溶液、$NH_3\cdot H_2O$和蒸馏水于各号锥形瓶中，在不断缓慢摇荡下从滴定管中逐滴加入KBr溶液，直到溶液开始出现浑浊不再消失为止(沉淀为何物?)，记下所用KBr溶液的体积$V(Br^-)$。

表3-16 银氨配离子配位数测定的数据记录和处理

编号	$V(Ag^+)$/mL	$V(NH_3)$/mL	$V(H_2O)$/mL	$V(Br^-)$/mL	$V_{总}$/mL	$\lg[Ag(NH_3)_n^+][Br^-]$	$\lg[NH_3]$
1							
2							

续表

编号	$V(Ag^+)$ /mL	$V(NH_3)$ /mL	$V(H_2O)$ /mL	$V(Br^-)$ /mL	$V_总$ /mL	$\lg[Ag(NH_3)_n^+][Br^-]$	$\lg[NH_3]$
3							
4							
5							
6							
7							

根据有关数据作图，求出$[Ag(NH_3)_n]^+$配离子的配位数 n。查出 K_{sp}，并求出 $K_f^{\ominus}$ 值。

五、思考题

(1)测定$[Ag(NH_3)_n]^+$的配位数 n 和稳定常数 $K_f^{\ominus}$(稳)的理论依据是什么？如何利用作图法处理实验数据？

(2)影响配合物稳定常数的因素有哪些？

(3)由 $K_f^{\ominus}$(稳)和初始浓度求$[Ag(NH_3)_n^+]$、$[Br^-]$和$[NH_3]$平衡浓度，并求出 $K^{\ominus}$。

(4)$Ag(NO_3)$溶液为什么要放在棕色瓶中？还有哪些试剂应放在棕色瓶中？

六、注意事项

(1)实验中所用的锥形瓶开始时必须是干燥的，而且在滴定过程中，也不要用水洗瓶壁。

(2)$NH_3 \cdot H_2O$ 必须新标定，若放置过久要重新标定。

(3)本实验的成功关键是滴定终点浑浊的观察和判断，1 号测定的准确性最为重要，可先练习 1～2 次，以熟悉滴定终点的判断。

(4)往锥形瓶中滴加溴化钾溶液时，要逐滴加入，不能成线，同时要不断地摇动锥形瓶。当锥形瓶中刚产生的 AgBr 沉淀(浑浊)不再消失时要立即停止滴定，防止溴化钾溶液过量加入。

(5)作图法处理实验数据要：①选择合适的坐标系；②点要清晰；③求 n 时从线上取点。

实验七　水溶液中的解离平衡

一、实验目的

(1)加深理解弱电解质的解离平衡，同离子效应的基本原理。

(2)掌握缓冲溶液的配制及其性质。

(3)学习快速测量溶液 pH 的方法和操作技术。

二、实验原理

(一)酸碱的概念

酸碱质子理论认为，凡是能够给出质子(H^+)的物质都是酸，凡是能够接受质子(H^+)的物质都是碱，酸、碱既可以是中性分子，也可以是带正负电荷的离子。酸给出质子后变为该酸的共轭碱，碱接受质子后变为该碱的共轭酸，其关系式可表示如下：

$$酸 \rightleftharpoons 质子 + 碱$$

(二)弱电解质的解离平衡及其移动

弱电解质在水溶液中发生部分解离，在一定温度下，弱电解质(如 HAc)存在下列解离平衡：

$$HAc + H_2O \rightleftharpoons H_3O^+ + Ac^-$$

若在平衡体系中,加入与弱电解质含有相同离子的另一强电解质,解离平衡向生成弱电解质的方向移动,使弱电解质的解离度降低,这种现象称为同离子效应。

(三)缓冲溶液

弱酸及其共轭碱(如 HAc-NaAc)或弱碱及其共轭酸(如 $NH_3 \cdot H_2O$-NH_4Cl)所组成的混合溶液,在一定程度上可以抵抗外加的少量酸、碱或稀释,而溶液的 pH 不发生显著变化,这种溶液称为缓冲溶液。缓冲溶液的 pH 由下式近似计算:

$$pH = pK_a - \lg \frac{c(HA)}{c(A^-)}$$

三、实验用品

仪器及用品:试管,点滴板,pH 试纸。

药品:NaOH,HCl,HAc,$NH_3 \cdot H_2O$,NaCl,NH_4Cl,NH_4Ac,NaAc,NaH_2PO_4,Na_2HPO_4,Na_3PO_4,以上试剂浓度均为 0.1 mol·L^{-1}。

HNO_3(6 mol·L^{-1}),甲基橙,酚酞,$Fe(NO_3)_3 \cdot 9H_2O$,锌粒。

四、实验内容

(一)强、弱电解质的比较

在点滴板上用 pH 试纸依次测定浓度均为 0.1 mol·L^{-1} 的 HCl、HAc、$NH_3 \cdot H_2O$、NaOH、NH_4Ac、NH_4Cl、NaAc、NaCl 溶液的 pH,并与计算值比较。见表 3-17。

表 3-17 强弱电解质 pH 的比较

试剂	HCl	HAc	$NH_3 \cdot H_2O$	NaOH	NH_4Ac	NH_4Cl	NaAc	NaCl
pH(测定)								
pH(计算)								

(二)同离子效应

(1)取 1 mL 0.1 mol·L^{-1} HAc 溶液于试管中,加 1 滴甲基橙,混合均匀,观察溶液的颜色。然后加入少量 NaAc 固体,振摇试管使其溶解,观察现象并解释。

(2)取 1 mL 0.1 mol·L^{-1}的 $NH_3 \cdot H_2O$ 于试管中,加 1 滴酚酞,混合均匀,观察溶液的颜色。然后加入少量 NH_4Cl 固体,振摇试管使其溶解,观察现象并解释。

(三)缓冲溶液

(1)在 2 支试管中各加入 5 mL 蒸馏水,用 pH 试纸测其 pH,然后往一支中加 2 滴 0.1 mol·L^{-1}的 HCl 溶液,另一支中加入 2 滴 0.1 mol·L^{-1}的 NaOH 溶液,摇匀后测其 pH,观察 pH 的变化。

(2)在 1 支试管中加入 5 mL 0.1 mol·L^{-1}的 HAc 和 5mL 0.1 mol·L^{-1}的 NaAc 溶液,摇匀后用 pH 试纸测其 pH。将溶液分成 2 份,一份加入 2 滴 0.1 mol·L^{-1}的 HCl 溶液,另一份加入 2 滴 0.1 mol·L^{-1}的 NaOH 溶液,摇匀后测其 pH,观察 pH 的变化。

比较两组实验结果,可得出什么结论?

(四)弱电解质的解离平衡

(1)取一支试管,加入少量固体 NaAc,滴加少量蒸馏水使其溶解,加入 1 滴酚酞,观察溶液颜色。在小火上将溶液加热,观察酚酞颜色有何变化。

(2)取一支试管,加入少量固体 $BiCl_3$,加蒸馏水使其溶解,观察现象,测定溶液的 pH。往该溶液中滴加 6 mol·L^{-1} HCl 溶液,观察现象,再加水稀释,观察现象。用平衡移动原理解释这一系列现象。

五、思考题

(1)使用 pH 试纸测定溶液的 pH,如何正确操作?

(2)什么是同离子效应?

(3)通过计算说明下列溶液是否具有缓冲能力:

①20 mL 0.2 mol·L^{-1} NaAc 溶液和 10 mL 0.2 mol·L^{-1} HCl 溶液混合;

②20 mL 0.2 mol·L^{-1} HAc 溶液和 10 mL 0.2 mol·L^{-1} NaOH 溶液混合。

六、注意事项

(1)看清滴瓶上的标签再取用试剂,取用后立即把胶头滴管放回原滴瓶。

(2)加热试管中液体时要小心操作,不能将试管口朝向他人或自己。

(3)实验后的含金属离子的废液倒入指定废液桶内,统一处理。

实验八　酸碱反应与缓冲溶液

一、实验目的

(1)进一步理解和巩固酸碱反应的有关概念和原理(如同离子效应和盐类的水解及其影响因素)。

(2)学习缓冲溶液的配制及其 pH 的测定,了解缓冲溶液的缓冲性能。

(3)学习 pHS-3C 酸度计的使用方法。

二、实验原理

(一)同离子效应

在一定温度下,弱电解质在水中部分解离,其解离平衡如下:

$$HA(aq)+H_2O(l) \rightleftharpoons H_3O^+(aq)+A^-(aq)$$

$$B(aq)+H_2O(l) \rightleftharpoons BH^+(aq)+OH^-(aq)$$

向弱电解质溶液中加入与弱电解质含有相同离子的易溶强电解质,解离平衡向生成弱电解质的方向移动,使弱电解质的解离度下降。这种现象称为同离子效应。

(二)缓冲溶液

能抵抗外来少量强酸、强碱或适当稀释而保持 pH 基本不变的溶液叫缓冲溶液。缓冲溶液一般是由弱酸及其盐、弱碱及其盐、多元弱酸的酸式盐及其次级盐组成的(如 HAc-NaAc、$NH_3 \cdot H_2O$-NH_4Cl、H_3PO_4-NaH_2PO_4、NaH_2PO_4-Na_2HPO_4、Na_2HPO_4-Na_3PO_4 等)。

由弱酸－弱酸盐组成的缓冲溶液的 pH 可由下列公式来计算:

$$pH=pK_a(HA)-\lg\frac{c(HA)}{c(A^-)}$$

由弱碱－弱碱盐组成的缓冲溶液的 pH 可用下式来计算:

$$pH=14-pK_b(BOH)+\lg\frac{c(B^+)}{c(BOH)}$$

缓冲溶液的 pH 可以用 pH 试纸或酸度计来测定。缓冲溶液的缓冲能力与组成缓冲溶液的弱酸(或弱碱)及其盐的浓度有关,当弱酸(或弱碱)与它的盐的浓度较大时,其缓冲能力较强。此外,缓冲能力还与$\frac{c(HA)}{c(A^-)}$或$\frac{c(B^+)}{c(BOH)}$有关,当比值为 1 时,缓冲能力最强。此比值通常选在 0.1～10 之间。

(三)盐的水解

强酸强碱盐在水中不水解。强酸弱碱盐(如 NH_4Cl)水解,溶液显酸性;强碱弱酸盐(如 NaAc)水解,溶液显碱性;弱酸弱碱盐(如 NH_4Ac)水解,溶液的酸碱性取决于相应弱酸及弱碱的相对强弱。例如:

$$Ac^-(aq)+H_2O(l)\rightleftharpoons HAc(aq)+OH^-(aq)$$

$$NH_4^+(aq)+H_2O(l)\rightleftharpoons NH_3\cdot H_2O(aq)+H^+(aq)$$

$$NH_4^+(aq)+Ac^-(aq)+H_2O(l)\rightleftharpoons NH_3\cdot H_2O(aq)+HAc(aq)$$

水解反应是酸碱中和反应的逆反应。中和反应是放热反应,水解反应是吸热反应,因此,升高温度有利于盐类的水解。

三、实验用品

仪器:pHS-3C 型(或其他型号)酸度计,量筒(10 mL)5 只,烧杯(50 mL 4 只,100 mL 2 只),点滴板,试管,试管架,石棉网,煤气灯。

药品:HCl(0.1 $mol\cdot L^{-1}$,2 $mol\cdot L^{-1}$),HAc(0.1 $mol\cdot L^{-1}$,1 $mol\cdot L^{-1}$),NaOH(0.1 $mol\cdot L^{-1}$),$NH_3\cdot H_2O$(0.1 $mol\cdot L^{-1}$,1 $mol\cdot L^{-1}$),NaCl(0.1 $mol\cdot L^{-1}$),Na_2CO_3(0.1 $mol\cdot L^{-1}$),NH_4Cl(0.1 $mol\cdot L^{-1}$,1 $mol\cdot L^{-1}$),NaAc(1 $mol\cdot L^{-1}$),NH_4Ac(s),$BiCl_3$(0.1 $mol\cdot L^{-1}$),$CrCl_3$(0.1 $mol\cdot L^{-1}$),$Fe(NO_3)_3$(0.5 $mol\cdot L^{-1}$),未知液 A、B、C、D。

其他:pH 试纸,酚酞,甲基橙。

四、实验内容

(一)同离子效应

(1)用 pH 试纸、酚酞试剂测定和检查 0.1 $mol\cdot L^{-1}$ $NH_3\cdot H_2O$ 的 pH 及其酸碱性;再加入少量 NH_4Ac(s),观察现象,写出

反应方程式，并简要解释之。

(2)用 0.1 mol・L^{-1}HAc 代替 0.1 mol・$L^{-1}$$NH_3$・$H_2O$，用甲基橙代替酚酞，重复实验(1)。

(二)缓冲溶液

(1)按表 3-18 中的试剂用量配制 4 种缓冲溶液，并用酸度计分别测定其 pH，与计算值进行比较。

表 3-18　4 种缓冲溶液的 pH

编号	配置缓冲溶液	pH 计算值	pH 测定值
1	10.0 mL 1 mol・L^{-1} HAc-10.0 mL 1 mol・L^{-1}NaAc		
2	10.0 mL 0.1 mol・L^{-1} HAc-10.0 mL 1 mol・L^{-1}NaAc		
3	10.0 mL 0.1 mol・L^{-1}HAc 中加入 2 滴酚酞，滴加 0.1 mol・L^{-1}NaOH 溶液至酚酞变红，半分钟不消失，再加入 10.0 mL 0.1 mol・L^{-1}HAc		
4	10.0 mL 1 mol・$L^{-1}$$NH_3$・$H_2O$-10.0 mL 1 mol・$L^{-1}$$NH_4Cl$		

(2)在 1 号缓冲溶液中加入 0.5 mL(约 10 滴) 0.1 mol・L^{-1} HCl 溶液摇匀，用酸度计测其 pH；再加入 1 mL(约 20 滴) 0.1 mol・L^{-1} NaOH 溶液，摇匀，测定其 pH，并与计算值比较。

(三)盐类的水解

(1)A、B、C 是三种失去标签的盐溶液，只知它们是 0.1 mol・L^{-1}的 NaCl、NaAc、NH_4Cl 溶液，试通过测定其 pH 并结合理论计算确定 A、B、C 各为何物。

(2)在常温和加热情况下试验 0.5 mol・$L^{-1}$$Fe(NO_3)_3$ 的水解情况，观察现象。

(3)在 3 mL H_2O 中加 1 滴 0.1 mol・$L^{-1}$$BiCl_3$ 溶液，观察现

象。再滴加 2 mol·L^{-1} HCl 溶液，观察有何变化，写出离子方程式。

(4) 在试管中加入 2 滴 0.1 mol·L^{-1} $CrCl_3$ 溶液和 3 滴 0.1 mol·L^{-1} Na_2CO_3 溶液，观察现象，写出反应方程式。

实验九 氧化还原反应

一、实验目的

(1) 了解氧化还原反应的实质和氧化剂、还原剂的相对性。

(2) 了解电极电势与氧化还原反应的关系以及浓度、介质的酸碱性对氧化还原反应的影响。

二、实验原理

氧化还原反应是反应物分子间发生电子得失或偏移的反应。某种元素的原子得失电子能力的大小，或者说某物质氧化还原能力的强弱，可用电对的标准电极电势 E 来衡量。E 愈大，其氧化型的氧化能力愈强，还原型的还原能力愈弱。反之，E 愈小，其还原型的还原能力愈强，氧化型的氧化能力愈弱。

氧化还原反应总是从较强的氧化剂和较强的还原剂向着生成较弱的还原剂和较弱的氧化剂的方向进行。

物质的氧化性和还原性强弱是相对的，中间价态化合物(如 H_2O_2)既可作氧化剂，又可作还原剂。

介质的酸碱性对含氧酸盐的氧化性有很大影响。例如，高锰酸钾在不同的介质中还原产物有所不同，其氧化性随介质酸性的减小而减弱。

在酸性介质中：

$$MnO_4^- + 8H^+ + 5e^- \rightleftharpoons Mn^{2+} + 4H_2O \quad E = +1.51\ V$$

在中性或弱碱性介质中：

$$MnO_4^- + 2H_2O + 3e^- \rightleftharpoons MnO_2 + 4OH^- \quad E = +0.588\ V$$

在弱碱性介质中：

$$MnO_4^- + e^- \rightleftharpoons MnO_4^{2-} \quad E = +0.564\ V$$

三、实验用品

仪器：试管，滴管，酒精灯。

药品：3 mol·L^{-1} H_2SO_4，浓 HNO_3，6 mol·L^{-1} HNO_3，2 mol·L^{-1} HNO_3，3% H_2O_2，3 mol·L^{-1} NaOH，0.5 mol·L^{-1} KI，0.1 mol·L^{-1} KI，0.1 mol·L^{-1} KBr，饱和 $KBrO_3$，0.2 mol·L^{-1} K_2CrO_4，0.1 mol·L^{-1} $KMnO_4$，0.1 mol·L^{-1} Na_2SO_3，1 mol·L^{-1} $FeSO_4$，0.1 mol·L^{-1} 碘溶液，氯水，CCl_4，锌粒。

四、实验内容

(一)氧化剂、还原剂及氧化还原反应

取 3 支试管，各加 0.5 mol·L^{-1} KI 溶液 10 滴，3 mol·L^{-1} H_2SO_4 溶液 5 滴，然后在第一支试管中加入饱和 $KBrO_3$ 溶液 1 滴，在第二支试管中加入 0.2 mol·L^{-1} K_2CrO_4 溶液 1 滴，在第三支试管中加入 6 mol·L^{-1} HNO_3 10 滴，摇动，观察反应前后发生的变化。反应慢的可以在水浴中加热几分钟。写出离子反应式，并指出氧化剂和还原剂。

(二)氧化剂和还原剂的相对性

(1)在试管中加入 0.5 mol·L^{-1} KI 溶液 5 滴和 3 mol·L^{-1} H_2SO_4 溶液 5 滴，然后加入 3% H_2O_2 溶液 3 滴，摇动，观察其现象，写出反应式。

(2)在试管中加入 0.1 mol·L^{-1} $KMnO_4$ 溶液 2 滴和 3 mol·L^{-1} H_2SO_4 溶液 1 滴，然后滴加 3% H_2O_2 溶液，振荡并观察溶液颜色的变化，说明 H_2O_2 的性质，写出反应式。

(三)氧化还原反应的方向

在一支试管中加入 0.5 mol·L^{-1} KI 溶液 10 滴和 3 mol·L^{-1} H_2SO_4 溶液 5 滴，然后加入 1 mol·L^{-1} $FeSO_4$ 溶液 5 滴，摇匀，观察其现象。

在另一支试管中加入 0.1 mol·L^{-1} I_2 溶液 5 滴，3 mol·L^{-1} H_2SO_4 溶液 5 滴，然后加入 1 mol·L^{-1} $FeSO_4$ 溶液 5 滴，观察其变化。

比较上面实验，说明 Fe^{3+}/Fe^{2+} 电对与 I_2/I^- 电对的电极电势的相对大小，指出电极电势与氧化还原反应进行方向的关系。

(四)氧化还原反应的次序

在试管中加入 0.1 mol·L^{-1} KBr 溶液 1 mL 和 0.1 mol·L^{-1} KI 溶液 1 mL，再加入 CCl_4 1 mL，逐滴加入氯水，每加 1 滴氯水振荡一次试管，观察 CCl_4 层的颜色，并加以解释。

(五)浓度对氧化还原反应的影响

在 2 支盛有大小相同锌粒的试管中，分别加入浓 HNO_3 2 mL 和 2 mol·L^{-1} HNO_3 溶液 2 mL，观察其现象，写出反应方程式。

(六)介质对氧化还原反应的影响

向 3 支试管中各加入 0.1 mol·L^{-1} $KMnO_4$ 溶液 2 滴，在第一支试管中加入 3 mol·L^{-1} H_2SO_4 溶液 2 滴，使溶液酸化；在第二支试管中加入蒸馏水 2 滴；在第三支试管中加入 3 mol·L^{-1} NaOH 溶液 2 滴，使溶液碱化。然后在 3 支试管中各加入 0.1 mol·L^{-1} Na_2SO_3 溶液 10 滴，观察所发生的现象，并写出有关反应方程式。

五、思考题

(1)怎样判断氧化还原反应的方向?

(2)为什么 H_2O_2 既可作为氧化剂,又可作为还原剂?在何种情况下作为氧化剂?何种情况下作为还原剂?

(3)介质的酸碱性对氧化还原反应有何影响?

实验十　直接碘量法测定维生素C的含量

一、实验目的

(1)掌握直接碘量法测定维生素C含量的原理和方法。

(2)进一步掌握碘量法的操作。

二、实验原理

维生素C又叫抗坏血酸,分子式为 $C_6H_8O_6$,由于其中的烯二醇基具有还原性,能被 I_2 定量地氧化为二酮基:

```
                  H  OH                          H  OH
┌───O───┐         |   |           ┌───O───┐       |   |
C─C═C─C─C─CH  + I₂ ══ C─C─C─C─C─CH  + 2HI
‖  |  |  |    |   |               ‖  ‖  ‖  |    |   |
O  OH OH H   OH H                 O  O  O  H   OH H
```

因此可以用 I_2 标准溶液直接测定,反应在稀酸性溶液中进行得很完全。

维生素C的还原性相当强,极易被空气氧化,特别是在碱性介质中,因此测定时加入HAc使溶液呈弱酸性,以减少维生素C的副反应。

三、实验用品

仪器：台秤，分析天平，250 mL 烧杯，250 mL 锥形瓶，棕色试剂瓶，50 mL 酸式滴定管。

药品：维生素 C(s)，HAc(1∶1)，I_2(s)，KI(s)，0.1 mol·L^{-1} $Na_2S_2O_3$ 标准溶液，淀粉指示剂(0.5%)。

四、实验内容

1. 0.05 mol·L^{-1} I_2 标准溶液的配制与标定

用台秤称取已研细的 I_2 约 3.2 g，置于 250 mL 烧杯中，加6 g KI，再加少量蒸馏水，搅拌，待 I_2 全部溶解后，加蒸馏水稀释到 250 mL，混合均匀，储存在棕色试剂瓶中，放置于暗处。

准确移取 25.00 mL I_2 溶液于 250 mL 锥形瓶中，加 50 mL 蒸馏水，用 $Na_2S_2O_3$ 标准溶液滴定至浅黄色后，加入 2 mL 淀粉指示剂，继续滴定至溶液蓝色刚好消失，即为终点。记录消耗的 $Na_2S_2O_3$ 标准溶液的体积。平行测定三次，计算 I_2 溶液准确浓度。

2. 试样测定

准确称取试样 0.2 g 于锥形瓶中，加 10 mL HAc(1∶1)及新煮沸并冷却的蒸馏水 100 mL 使其溶解，加淀粉指示剂 3 mL，立即用 I_2 标准溶液滴定至呈现稳定的蓝色。平行测定 3 次，计算维生素 C 的含量。

五、数据记录与处理

1. I_2 溶液的标定

见表 3-19。

表 3-19　I_2 溶液标定的实验数据

项目	1	2	3
标定时加入的 I_2 溶液的体积/mL	25.00	25.00	25.00
$Na_2S_2O_3$ 标准溶液的初读数/mL			
$Na_2S_2O_3$ 标准溶液的终读数/mL			
标定时消耗 $Na_2S_2O_3$ 标准溶液的体积/mL			
标定后 I_2 溶液的浓度 $c/(mol \cdot L^{-1})$			
标定后 I_2 溶液的浓度平均值/$(mol \cdot L^{-1})$			
相对平均偏差/%			

2. 维生素 C 含量的测定

见表 3-20。

表 3-20　维生素 C 含量测定的实验数据

项目	1	2	3
称量瓶和试样的质量/g			
倾倒后称量瓶和试样的质量/g			
试样的质量 m/g			
I_2 标准溶液的初读数/mL			
I_2 标准溶液的终读数/mL			
消耗 I_2 标准溶液的体积 V/mL			
维生素 C 含量/%			
维生素 C 平均含量/%			
相对平均偏差/%			

六、思考题

(1)测定维生素 C 试样为何要在 HAc 介质中进行?

(2)维生素 C 试样溶解时为什么要用新煮沸并冷却的蒸馏水?

第四章　无机化合物的制备实验

实验一　氯化钠的提纯

一、实验目的

(1)了解提纯 NaCl 的基本方法。

(2)学习溶解、常压过滤、减压过滤、蒸发、结晶、干燥等基本操作技术。

(3)学会溶液中 Ca^{2+}、Mg^{2+}、SO_4^{2-} 的定性检验方法。

二、实验原理

粗食盐中常含有难溶性杂质以及可溶性杂质(如 Ca^{2+}、Mg^{2+}、K^+、SO_4^{2-} 等),将粗食盐溶于水,通过常压过滤即可将难溶性杂质(如沙、石和难溶盐等)除去。可溶性杂质则需经过化学处理,因为 NaCl 溶解度随温度变化不大,所以不能用重结晶的方法。粗食盐的提纯一般是在溶液中加入 $BaCl_2$ 以除去 SO_4^{2-},再用饱和 Na_2CO_3 沉淀 Ca^{2+}、Mg^{2+} 以及多余的 Ba^{2+},过量的 Na_2CO_3 可用 HCl 中和生成 H_2CO_3 和 NaCl,H_2CO_3 煮沸分解为 CO_2 释放出去。实验中有关的化学反应如下:

$$Ba^{2+} + SO_4^{2-} = BaSO_4 \downarrow$$

$$Ca^{2+} + CO_3^{2-} = CaCO_3 \downarrow$$

$$2Mg^{2+} + 2CO_3^{2-} + H_2O \xlongequal{} Mg_2(OH)_2CO_3 \downarrow + CO_2 \uparrow$$

$$Ba^{2+} + CO_3^{2-} \xlongequal{} BaCO_3 \downarrow$$

$$Na_2CO_3 + 2HCl \xlongequal{} 2NaCl + CO_2 \uparrow + H_2O$$

少量的 K^+ 等可溶性杂质，由于它们量少且溶解度较大，在最后的浓缩结晶过程中仍留在母液中而与 NaCl 分开，最终得到纯净 NaCl 晶体。

三、实验用品

仪器：烧杯，量筒，布氏漏斗，吸滤瓶，循环水式多用真空泵，台秤，三脚架，石棉网，泥三角，坩埚钳，蒸发皿，表面皿，试管。

药品：HCl(6 $mol \cdot L^{-1}$)，HAc(2 $mol \cdot L^{-1}$)，NaOH(6 $mol \cdot L^{-1}$)，$BaCl_2$(1 $mol \cdot L^{-1}$)，Na_2CO_3(饱和)，$(NH_4)_2C_2O_4$(饱和)，乙醇(95%)，镁试剂，粗食盐。

材料：滤纸，pH 试纸。

四、实验内容

(一)粗食盐溶解

在台秤上称取 10 g 粗食盐，放入 100 mL 烧杯中，加入 35 mL 水，加热搅拌使粗食盐完全溶解。

(二)除去 SO_4^{2-}

加热溶液接近沸腾，边搅拌边滴加 1 $mol \cdot L^{-1}$ 的 $BaCl_2$ 溶液 4 mL 左右。滴完以后继续加热 5 min，使沉淀颗粒长大，易于沉淀。将烧杯从石棉网上取下，静置待沉淀沉降后，在上层清液中加 2 滴 1 $mol \cdot L^{-1}$ $BaCl_2$ 溶液，如果出现浑浊，表示 SO_4^{2-} 尚未除尽，需要继续滴加 $BaCl_2$ 溶液以除尽 SO_4^{2-}，如果不出现浑浊，表示 SO_4^{2-} 已经除尽。减压过滤，弃去沉淀。

(三)除去 Mg^{2+}、Ca^{2+} 和过量的 Ba^{2+} 等阳离子

加热所得滤液接近沸腾，边搅拌边滴加饱和 Na_2CO_3 溶液，直至不产生沉淀为止。再多加 0.5 mL 饱和 Na_2CO_3 溶液，静置待沉淀沉降后，在上层清液中加几滴饱和 Na_2CO_3 溶液，如果出现浑浊，表示 Ba^{2+} 等阳离子尚未除尽，需要继续滴加饱和 Na_2CO_3 溶液直至除尽为止。然后吸滤，弃去沉淀。

(四)除去过量的 CO_3^{2-}

在滤液中滴加 6 mol · L^{-1} 的 HCl，加热搅拌，调节溶液的 pH 约为 2～3(用 pH 试纸测试)。

(五)浓缩和结晶

把滤液倒入蒸发皿中蒸发浓缩，当液面出现晶膜时，改用小火加热并不断搅拌，防止溶液溅出，一直浓缩到出现大量 NaCl 晶体(此时溶液的体积约为原体积的四分之一)，冷却，吸滤。用少量 95％的乙醇淋洗产品 2～3 次，抽干。

将 NaCl 晶体再转移到蒸发皿中，在石棉网上用小火烘干(可在石棉网上放置泥三角防止蒸发皿晃动)。此时应不断搅拌，以免结块，一直烘干到 NaCl 晶体不沾玻璃棒为止。冷却后称量，计算产率。

(六)产品纯度的检验

取产品和原料各 1 g，加 5 mL 蒸馏水溶解，进行下列离子的定性检验。

1. SO_4^{2-}

各取溶液 1 mL 于小试管中，分别加入 2 滴 6 mol · L^{-1} 的 HCl 和 2 滴 1 mol · L^{-1} 的 $BaCl_2$。比较两溶液中沉淀产生的情况。

2. Ca^{2+}

各取溶液 1 mL 于小试管中，加 2 mol·L^{-1}的 HAc 使溶液呈现酸性，再分别加入饱和$(NH_4)_2C_2O_4$ 溶液 3～4 滴，若有白色沉淀产生，表示有 Ca^{2+} 存在。比较两溶液中沉淀产生的情况。

3. Mg^{2+}

各取溶液 1 mL 于小试管中，加 6 mol·L^{-1}的 NaOH 溶液 5 滴和镁试剂 2 滴，若有天蓝色沉淀生成，表示有 Mg^{2+} 存在。比较两溶液的颜色。

4. Fe^{3+}

各取溶液 1 mL 于试管中，分别加入 2 滴 2 mol·L^{-1} HCl 溶液和 1 滴 25％的 KSCN 溶液，观察现象。

(七)实验结果分析

1. 产品外观

①粗盐：________；②精盐：________。

2. 产品纯度检验

实验现象记录及结论见表 4-1。

表 4-1 实验现象记录及结论

检验项目	检验方法	被检溶液	实验现象	结论
SO_4^{2-}	加入 6 mol·L^{-1} HCl，1 mol·L^{-1} $BaCl_2$	1 mL 粗 NaCl 溶液		
		1 mL 纯 NaCl 溶液		
Ca^{2+}	加入饱和 $(NH_4)_2C_2O_4$ 溶液	1 mL 粗 NaCl 溶液		
		1 mL 纯 NaCl 溶液		

续表

检验项目	检验方法	被检溶液	实验现象	结论
Mg^{2+}	加入 6 mol·L^{-1}NaOH，镁试剂	1 mL 粗 NaCl 溶液		
		1 mL 纯 NaCl 溶液		
Fe^{3+}	加入 2 mol·L^{-1}HCl 溶液，KSCN	1 mL 粗 NaCl 溶液		
		1 mL 纯 NaCl 溶液		

五、思考题

(1)能否用重结晶的方法提纯 NaCl？为什么？

(2)在 NaCl 提纯过程中，K^+在哪一步中除去？

(3)为什么要先加入 $BaCl_2$，后加入 Na_2CO_3？相反行不行？

六、注意事项

(1)粗食盐颗粒要研细。

(2)食盐溶液浓缩时不可蒸干。

(3)要注意普通过滤与减压过滤的正确使用与区别。

(4)在布氏漏斗洗涤沉淀时，应停止吸滤，让少量洗涤剂缓慢流过，使沉淀全部浸润，然后打开水泵进行吸滤。

(5)不要来回调溶液的 pH，以免影响产率。

(6)搅拌磁子必须冲洗干净，放置和取出磁子时应停止搅拌，以免打破玻璃容器。

实验二　硫酸铜的提纯

一、实验目的

(1)了解用重结晶法提纯物质的原理和方法。

(2)进一步熟悉学习溶解、过滤、蒸发、结晶等基本操作。

二、实验原理

可溶性晶体物质中的杂质可用重结晶法除去。重结晶的原理是基于晶体物质的溶解度一般随温度的降低而减小，当提纯物质的热饱和溶液冷却时，溶质会以结晶析出，而少量杂质由于尚未达到饱和，仍留在母液中。

五水硫酸铜俗名胆矾或蓝矾，溶于水和氨水，难溶于乙醇。粗硫酸铜中含有可溶性杂质 $FeSO_4$、$Fe_2(SO_4)_3$ 等和不溶性杂质。不溶性杂质可在溶解、过滤等过程中除去。杂质 $FeSO_4$ 可用氧化剂 H_2O_2 或 Br_2 氧化为 Fe^{3+}，然后调节溶液的 $pH \approx 4$，使 Fe^{3+} 水解成为 $Fe(OH)_3$ 沉淀而除去。

$$2Fe^{2+} + H_2O_2 + 2H^+ = 2Fe^{3+} + 2H_2O$$

$$Fe^{3+} + 3H_2O \xlongequal{pH \approx 4} Fe(OH)_3 \downarrow + 3H^+$$

三、实验用品

仪器：台秤，布氏漏斗，吸滤瓶，普通漏斗，酒精灯，铁架台，蒸发皿，烧杯(25 mL)2 只，量筒(10 mL)1 只，石棉网，坩埚钳。

药品：粗硫酸铜，H_2SO_4(2 mol·L^{-1})，HCl(2 mol·L^{-1})，H_2O_2(3%)，NaOH(2 mol·L^{-1})，$NH_3 \cdot H_2O$(6 mol·L^{-1})，KSCN(1 mol·L^{-1})。

其他：滤纸，pH 试纸，精密 pH 试纸(0.5～5.0)。

四、实验内容

(一)粗硫酸铜的提纯

1. 称量和溶解

用台秤称取粗硫酸铜晶体 2 g，放入 25 mL 烧杯中，用量筒量取 10 mL 去离子水加入烧杯中。将烧杯放在石棉网上加热，搅拌使晶体溶解。加几滴 2 mol·L^{-1} H_2SO_4 酸化。

2. 沉淀和过滤

离火，滴加 1 mL 3% H_2O_2 溶液后，不断搅拌，继续加热。滴加 2 mol·L^{-1} NaOH 溶液至 pH＝3.5～4.0(用 pH 试纸检验)。再加热片刻，静置，使 $Fe(OH)_3$ 沉降。趁热在普通漏斗上用倾析法过滤，滤液转移到蒸发皿中，用少量水淋洗沉淀、烧杯及玻璃棒，洗涤液也全部转入蒸发皿中。

3. 蒸发、结晶和减压过滤

往滤液中加入 2 滴 2 mol·L^{-1} H_2SO_4 溶液，调 pH＝1～2，然后在泥三角或石棉网上蒸发，浓缩至溶液表面出现结晶膜时立即停止加热(切不可蒸干)。冷至室温，使 $CuSO_4 \cdot 5H_2O$ 晶体析出。将晶体转移到布氏漏斗上，减压过滤，尽量抽干，并用干净滤纸轻轻挤压漏斗上的晶体，以除去其中少量的水分。停止抽滤，母液倒入瓶中回收。取出晶体，将其夹入两张滤纸中，用手指在纸上轻压以吸干母液。

在台秤上称出产品质量，计算收率。

产品质量/g__________

理论产量/g__________

产率/g__________

(二)硫酸铜纯度检验

用台秤称取 0.5 g 粗硫酸铜晶体和 0.5 g 提纯后的硫酸铜晶体，分别倒入小烧杯中加 5 mL 水溶解，再分别加几滴 2 mol·L^{-1} H_2SO_4 酸化，调 pH＝1～2，加入 1 mL 3% H_2O_2 氧化，煮沸片刻，使其中的 Fe^{2+} 全部转化为 Fe^{3+}。

溶液冷却后，在搅拌下分别滴入 6 mol·L^{-1} 氨水至生成的浅蓝色沉淀全部溶解，溶液呈深蓝色，用普通漏斗过滤，在取出的滤纸上滴加 6 mol·L^{-1} 氨水至蓝色褪去。弃去滤液，此时如

有 $Fe(OH)_3$ 沉淀留在滤纸上，呈黄色。

用滴管滴加 1 mL 2 mol・L^{-1} HCl 溶液至滤纸上，使 $Fe(OH)_3$ 沉淀溶解。然后在溶解液中滴加 2 滴 1 mol・L^{-1} KSCN 溶液，根据红色的深浅，评定提纯后硫酸铜溶液的纯度。

五、思考题

(1)硫酸铜提纯实验中为什么要将 Fe^{2+} 氧化为 Fe^{3+}，其他氧化剂，如 $KMnO_4$、$K_2Cr_2O_7$、Br_2 等都能将 Fe^{2+} 氧化为 Fe^{3+}，为什么本实验采用 H_2O_2 作为氧化剂？

(2)除去时，溶液的 pH 调节为 3.5～4.0，若 pH 太大或太小有什么影响？

(3)为何要将除去 Fe^{3+} 后的滤液的 pH 调节至 1～2，再进行蒸发浓缩？

实验三　碳酸钠的制备

一、实验目的

(1)了解联合制碱法的反应原理。

(2)学习利用盐类溶解度的差异，通过复分解反应制取化合物的方法。

二、实验原理

碳酸钠又名苏打，工业上叫纯碱，是一种重要的化工原料，应用广泛。工业上的联合制碱法是将二氧化碳和氨气通入氯化钠溶液中，先生成碳酸氢钠，再在高温下灼烧，转化为碳酸钠，反应如下：

$$NH_3 + CO_2 + H_2O + NaCl \xlongequal{} NaHCO_3 + NH_4Cl$$

$$2NaHCO_3 \xlongequal{} Na_2CO_3 + CO_2\uparrow + H_2O$$

上述第一个反应中,实质上是碳酸氢铵与氯化钠在水溶液中的复分解反应,因此可直接用碳酸氢铵与氯化钠作用制取碳酸氢钠:

$$NH_4HCO_3 + NaCl \xlongequal{} NaHCO_3 + NH_4Cl$$

NaCl、NH_4HCO_3、$NaHCO_3$ 和 NH_4Cl 四种盐在不同温度下溶解度数据见表 4-2,若反应体系的温度低于 30℃,原料 NH_4HCO_3 的溶解度较小而影响反应的进行,若高于 35℃,NH_4HCO_3 将会分解,而且在 30～35℃范围内,$NaHCO_3$ 的溶解度在四种盐中最低,因此在该条件下即可达到析出目标产物 $NaHCO_3$ 的目的。

表 4-2　四种盐在不同温度(℃)下水中的溶解度

单位:g・(100 g)$^{-1}$

盐	0	10	20	30	40	50	60	70
NaCl	35.7	35.8	36.0	36.3	36.6	37.0	37.3	37.8
NH_4HCO_3	11.9	15.8	21.0	27.0	—	—	—	—
$NaHCO_3$	6.9	8.2	9.6	11.1	12.7	14.5	16.4	—
NH_4Cl	29.4	33.3	37.2	41.4	45.8	50.4	55.2	60.2

本实验就是通过碳酸氢铵与氯化钠的复分解反应,控制 30～35℃的反应温度条件,将研细的 NH_4HCO_3 固体粉末,溶于浓的 NaCl 溶液中,在充分搅拌下制取 $NaHCO_3$ 晶体。再加热分解 $NaHCO_3$ 晶体可制得纯碱。

三、实验用品

仪器:量筒,烧杯,温度计,布氏漏斗,吸滤瓶,循环水式多用真空泵,电热恒温水浴锅,蒸发皿,电子台秤。

药品:NaOH(3 mol・L^{-1}),Na_2CO_3(3 mol・L^{-1}),HCl(6 mol・L^{-1}),碳酸氢铵,粗食盐。

材料:滤纸,pH 试纸。

四、实验内容

（一）化盐与精制

150 mL 烧杯中加入 50 mL 25%的粗食盐水溶液，用 3 mol·L^{-1} 的 NaOH 与等体积的 3 mol·L^{-1} 的 Na_2CO_3 组成混合溶液，调溶液的 pH 约等于 11，得到大量胶状沉淀[$Mg_2(OH)_2CO_3 \cdot CaCO_3$]，加热至沸腾，减压抽滤，沉淀弃之，滤液用 6 mol·L^{-1} 的 HCl 调 pH 等于 7。

（二）制备 $NaHCO_3$

将盛有滤液的烧杯用水浴加热，控制溶液温度在 30～35℃之间，持续搅拌下，分数次把 21 g 研细的碳酸氢铵固体加到滤液中。加完后继续保持反应温度搅拌 30 min。保证反应的充分进行。静置，抽滤，用少量水洗涤 $NaHCO_3$ 产品，称量。

（三）制备 Na_2CO_3

将 $NaHCO_3$ 转移至蒸发皿中，用酒精灯大火灼烧，使之分解转化为 Na_2CO_3，冷却至室温后，称量，计算产率，产品回收。

五、思考题

（1）粗盐为何要精制？

（2）本实验中影响 $NaHCO_3$ 产率的主要因素有哪些？

实验四　硫酸亚铁铵的制备

一、实验目的

（1）掌握制备复盐硫酸亚铁铵的方法，了解复盐的特性。

（2）进一步熟悉并掌握水浴加热、溶解、过滤、蒸发、结晶等基本操作。

(3)了解产品检验的一些方法。

二、实验原理

硫酸亚铁铵[$(NH_4)_2Fe(SO_4)_2 \cdot 6H_2O$]又称摩尔盐，是浅绿色透明晶体，易溶于水但不溶于乙醇，在空气中比一般亚铁盐稳定，不易被空气中的 O_2 氧化，在定量分析中常用作氧化还原滴定的基准物质。

铁能溶于稀硫酸中生成硫酸亚铁：

$$Fe(s)+2H^+(aq) = Fe^{2+}(aq)+H_2(g)$$

通常，亚铁盐在空气中容易被氧化。例如，硫酸亚铁在中性溶液中能被溶于水中的少量氧气氧化并进而与水作用，甚至析出棕黄色的碱式硫酸铁(或氢氧化铁)沉淀。

$$4Fe^{2+}(aq)+2SO_4^{2-}(aq)+O_2(g)+6H_2O(l) = 2[Fe(OH)_2]_2SO_4(s)+4H^+(aq)$$

若向硫酸亚铁溶液中加入与 $FeSO_4$ 相等物质的量的硫酸铵，则生成复盐硫酸亚铁铵。像所有复盐那样，硫酸亚铁铵在水中的溶解度比组成它的每一组分 $FeSO_4$ 或 $(NH_4)_2SO_4$ 的溶解度都小，三种盐的溶解度数据见表 4-3。蒸发浓缩所得溶液，可制得浅蓝绿色的硫酸亚铁铵(六水合物)晶体。

$$Fe^{2+}(aq)+2NH_4^+(aq)+2SO_4^{2-}(aq)+6H_2O(l) = (NH_4)_2Fe(SO_4)_2 \cdot 6H_2O(s)$$

表 4-3　三种盐的溶解度　　单位：$g \cdot 100\ g^{-1}$ 水

温度/℃	0	10	20	30	40	50	60
$FeSO_4 \cdot 7H_2O$	15.6	20.5	26.5	32.9	40.2	48.6	…
$(NH_4)_2SO_4$	70.6	73.0	75.4	78.0	81.0	…	88.0
$(NH_4)_2Fe(SO_4)_2 \cdot 6H_2O$	12.5	17.2	21.6	28.1	33.0	40.0	…

用目视比色法可估计产品中所含杂质 Fe^{3+} 的量。Fe^{3+} 与 SCN^- 能生成红色物质 $[Fe(SCN)]^{2+}$，红色深浅与 Fe^{3+} 含量相关。将所制备的硫酸亚铁铵晶体与 KSCN 溶液在比色管中配制成待测溶液，将它所呈现的红色与含一定 Fe^{3+} 量所配制成的标准 $[Fe(SCN)]^{2+}$ 溶液的红色进行比较，确定待测溶液中杂质 Fe^{3+} 的含量范围，进而评定产品等级。

三、实验用品

仪器：台秤，烧杯（100 mL，500 mL），量筒（50 mL），温度计（0～100℃），布氏漏斗，吸滤瓶，表面皿，蒸发皿，比色管（25 mL），玻璃棒，酒精灯，三脚架，石棉网。

药品：铁屑（或铁粉），$(NH_4)_2SO_4$（固），H_2SO_4（3 mol·L^{-1}），Na_2CO_3[10%（质量分数）]，KSCN[25%（质量分数）]，$KMnO_4$（0.01 mol·L^{-1}），NaOH（2 mol·L^{-1}），HCl（2 mol·L^{-1}），$BaCl_2$（1 mol·L^{-1}），Fe^{3+} 标准溶液（实验室提供）。

材料：pH 试纸，滤纸。

四、实验内容

（一）铁屑的净化

称取 3 g 铁屑，放入 100 mL 烧杯中，加入 20 mL 10% Na_2CO_3 溶液，小火加热约 10 min，以除去铁屑表面的油污。用倾析法倾去碱液，再用蒸馏水洗净铁屑，直至中性。如直接选用纯铁粉，这一步可以省去。

（二）硫酸亚铁的制备

在盛有 3 g 已净化铁屑的小烧杯中，加入 3 mol·L^{-1} H_2SO_4 约 25 mL，记下液面位置，水浴加热，控制反应温度在 70～80℃范围之内，不要超过 90℃。反应装置应靠近通风口。

加热反应过程中，可适当补充其中被蒸发掉的水分(加热不要过猛，反应不要太快，尽可能维持原来的液面刻度水平)。反应过程中略加搅拌，使铁屑同 H_2SO_4 反应完全及防止反应物底部过热而产生白色沉淀。当反应物呈灰绿色溶液及不冒气泡时，加入 1 mL 3 mol·L^{-1} H_2SO_4 溶液，然后趁热(为什么?)进行减压过滤。滤渣可用少量热水洗涤，洗涤液和滤液一起转移至蒸发皿中，留待下一步使用。

(三)硫酸亚铁铵的制备

根据溶液中生成 $FeSO_4$ 的量。按 $m(FeSO_4):m[(NH_4)_2SO_4]=1:0.8$(质量比)的比例。称取 $(NH_4)_2SO_4$ 固体，加入盛有上述制备的 $FeSO_4$ 溶液的蒸发皿中，加热，搅拌至 $(NH_4)_2SO_4$ 完全溶解。用小火缓慢均匀加热(最好用水浴加热)。蒸发浓缩至液面出现晶膜为止(浓缩开始时可适当搅拌，后期则不宜搅拌)。静置，冷却至室温，硫酸亚铁铵即结晶析出。抽滤，将晶体夹在两张滤纸中吸干。称量，计算产率。

(四)产品的质量检验

(1)试用实验方法证明产品中含有 NH_4^+、Fe^{2+} 和 SO_4^{2-}。

(2)Fe^{3+} 的限量分析：称取 1.0 g 产品，置于 25 mL 比色管中，用 15 mL 不含氧的蒸馏水溶解，加入 1 mL 3 mol·L^{-1} H_2SO_4 和 1 mL 25%KSCN 溶液，再加入不含氧的蒸馏水至比色管刻度线，摇匀，并与标准色阶(标准溶液由实验室提供)进行比较，确定产品含 Fe^{3+} 的纯度级别。

标准色阶(实验室配制)：

Ⅰ级试剂　含 Fe^{3+} 0.05 mg/25 mL

Ⅱ级试剂　含 Fe^{3+} 0.10 mg/25 mL

Ⅲ级试剂　含 Fe^{3+} 0.20 mg/25 mL

五、思考题

(1)为什么要首先除去铁屑表面的油污?

(2)为什么在制备过程中溶液要始终保持酸性?

(3)如何正确使用比色管?

(4)分析产品中 Fe^{3+} 含量时,为什么要用不含氧的去离子水?

实验五　硫代硫酸钠的制备

一、实验目的

(1)掌握硫代硫酸钠制备的原理。

(2)掌握过滤、蒸发结晶等操作。

(3)学习气体制备与仪器连接操作。

二、实验原理

硫代硫酸钠($Na_2S_2O_3$)是一种无色透明单斜晶体,俗称“海波”或“大苏打”,是一种重要的还原剂,用途广泛,在照相业中作定影剂,在纺织和造纸工业中作脱氯剂,在医药中用作急救解毒剂。

用硫化钠制备硫代硫酸钠的方法是,将含有硫化钠和碳酸钠的溶液,用二氧化硫气体饱和,反应完毕后过滤,将硫代硫酸钠滤液浓缩蒸发,冷却,常温下从溶液中结晶出来的硫代硫酸钠为 $Na_2S_2O_3 \cdot 5H_2O$(海波),干燥后即得产品。反应如下:

$$2Na_2S + Na_2CO_3 + 4SO_2 \xlongequal{} 3Na_2S_2O_3 + CO_2\uparrow$$

该反应主要分为三步进行。碳酸钠与二氧化硫中和生成亚硫酸钠：

$$Na_2CO_3 + SO_2 = Na_2SO_3 + CO_2 \uparrow$$

硫化钠与二氧化硫反应生成亚硫酸钠和硫：

$$2Na_2S + 3SO_2 = 2Na_2SO_3 + 3S$$

亚硫酸钠溶液在沸腾温度下与硫粉化合生成硫代硫酸钠：

$$Na_2SO_3 + S \xlongequal{\triangle} Na_2S_2O_3$$

为了保证反应中析出的硫全部生成硫代硫酸钠，就要保证中间产物亚硫酸钠的量，因此碳酸钠的用量不可过少，以硫化钠和碳酸钠 2∶1 的摩尔比取量为宜。

三、实验用品

仪器：锥形瓶，蒸馏烧瓶，量筒，碱吸收瓶，酒精灯，分液漏斗，布氏漏斗，吸滤瓶，循环水式多用真空泵，蒸发皿，电磁搅拌器，电子台秤，铁架台。

药品：H_2SO_4（浓），NaOH（6 $mol \cdot L^{-1}$），乙醇，$Na_2S \cdot 9H_2O$，Na_2CO_3，Na_2SO_3（无水）。

材料：滤纸，pH 试纸，橡皮管，螺旋夹，橡皮塞。

四、实验内容

(1)称取 21.4 g$Na_2S \cdot 9H_2O$ 和 4.8 gNa_2CO_3 放入 250 mL 锥形瓶中，加入 120 mL 蒸馏水使其溶解(可微热)。

(2)按图 4-1 组装仪器。

蒸馏烧瓶中加入 13 gNa_2SO_3(比理论值稍高)，分液漏斗中加入 25 mL 浓 H_2SO_4 以反应产生 SO_2 气体。碱吸收瓶中加入约 1/3 体积的 6 $mol \cdot L^{-1}$的 NaOH 溶液以吸收多余的 SO_2 气体。

(3)先打开电磁搅拌器，然后打开分液漏斗使浓硫酸缓慢滴落，使反应产生的 SO_2 气体均匀地通入盛有硫化钠—碳酸钠溶液的锥形瓶中，以均匀冒泡为准，反应过程中要认真观察反应溶液的变化并注意防止倒吸，反应进行约 1 h 后，测定反应溶液的 pH，pH 约等于 8 即可停止反应。

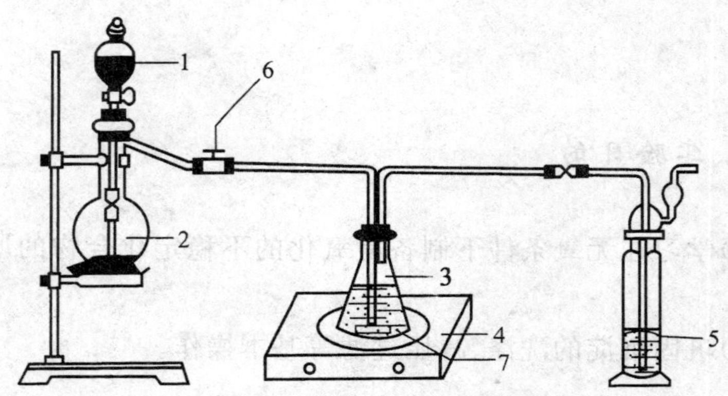

图 4-1　制备硫代硫酸钠的装置

1—分液漏斗（内装浓 H_2SO_4）；2—蒸馏烧瓶（内装 Na_2SO_3）；

3—锥形瓶；4—电磁搅拌器；5—碱吸收瓶；6—螺旋夹；7—小磁铁

(4)减压抽滤制得的 $Na_2S_2O_3$ 溶液，滤液转移至蒸发皿中，浓缩到溶液中出现晶膜，停止加热，冷却后 $Na_2S_2O_3 \cdot 5H_2O$ 析出，再减压抽滤，并用少量乙醇淋洗产品 2～3 次，最后放入烘箱，在 40～50℃下干燥 30 min，冷却，称量，计算产率，产品回收。

五、思考题

(1)为了提高 $Na_2S_2O_3 \cdot 5H_2O$ 的产率与纯度，实验中应注意哪些问题？

(2)减压抽滤产品时用什么溶剂洗涤晶体？与水相比有何优点？

(3) $Na_2S_2O_3 \cdot 5H_2O$ 晶体的干燥一般只能于 40～60℃烘干，若温度高了，会发生什么现象？

(4)在停止通 SO_2 时，为什么必须控制溶液的 pH 不能小于 7？

实验六　醋酸铬(Ⅱ)水合物的制备

一、实验目的

(1)学习在无氧条件下制备易氧化的不稳定化合物的原理与方法。

(2)巩固沉淀的洗涤、减压过滤等基本操作。

二、实验原理

通常二价铬的化合物非常不稳定,它们能迅速被空气中的氧氧化为三价铬的化合物。只有铬(Ⅱ)的卤素化合物、磷酸盐、碳酸盐和醋酸盐可存在于干燥状态下。

醋酸铬(Ⅱ)是淡红棕色结晶性物质,不溶于水,但易溶于盐酸。这种溶液亦与其他所有铬酸盐相似,能吸收空气中的氧气。

含有三价铬的化合物通常是绿色或紫色,且都溶于水。紫色氯化铬不溶于酸,但迅速溶于含有微量二氯化铬的水中。

醋酸铬(Ⅲ)为灰色粉末状或蓝绿色的糊状晶体,溶于水,不溶于醇。

制备容易被氧气氧化的化合物不能在大气气氛下进行,常用 N_2 或惰性气体如 Ar 作保护性气氛,有时也在还原性气氛下合成。

本实验在封闭体系中利用金属锌作还原剂,将三价铬还原为二价,再与醋酸钠溶液作用制得醋酸铬(Ⅱ)。反应体系中产生的氢气除了增大体系压强使 Cr(Ⅱ)溶液进入 NaAc 溶液中外,还起到隔绝空气使体系保持还原性气氛的作用。

制备反应的离子方程式如下:

$$2Cr^{3+} + Zn = 2Cr^{2+} + Zn^{2+}$$

$$2Cr^{2+} + 4CH_3COO^- + 2H_2O = [Cr(CH_3COO)_2]_2 \cdot 2H_2O$$

三、实验用品

仪器：锥形瓶，具支试管，量筒，烧杯，分液漏斗，布氏漏斗，吸滤瓶，循环水式多用真空泵，表面皿，电子台秤。

药品：HCl（浓），去氧水，$CrCl_3 \cdot 6H_2O$，锌粒，无水醋酸钠。

材料：滤纸，橡皮管，螺旋夹，两孔橡皮塞。

四、实验内容

（1）制备去氧水，用锥形瓶将 100 mL 蒸馏水煮沸 10 min 后塞上塞子备用。

（2）称取 10 g 无水醋酸钠置于锥形瓶中，用 24 mL 去氧水溶解得到溶液。

（3）称取 16 g 锌粒与 10 g 三氯化铬晶体于具支试管中，加入 12 mL 去氧水，塞紧双孔塞，摇动溶液成深绿色混合物。按图 4-2 组装好仪器，分液漏斗中加入 15 mL 浓盐酸，烧杯中放入自来水。

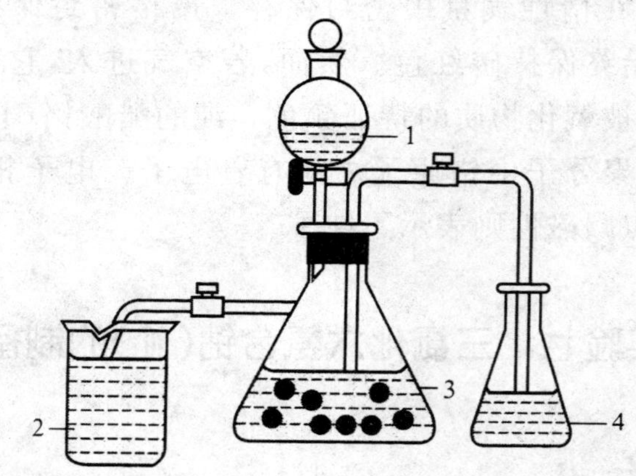

图 4-2　制备醋酸铬（Ⅱ）装置图

1—滴液漏斗内装浓盐酸；2—水封；3—抽滤瓶内装 Zn 粒、$CrCl_3$ 和去氧水；4—锥形瓶内装醋酸钠水溶液

(4)首先夹住通往醋酸钠溶液的橡皮管，松开通入水封的橡皮管，缓慢滴加浓盐酸，并不停地摇动具支试管，观察溶液的颜色变化，由深绿色过渡到蓝绿色。最后形成亮蓝色溶液，此时仍然继续保持氢气的较快放出，松开通往醋酸钠溶液橡皮管的夹子，夹紧通往水封橡皮管的夹子，利用氢气将二氯化铬溶液压入醋酸钠溶液的锥形瓶中，可立刻观察到暗红色醋酸亚铬沉淀的生成，铺双层滤纸减压抽滤，用少量去氧水和乙醚洗涤沉淀。将沉淀平铺于表面皿上，在室温下使其干燥。称量，计算产率。

五、思考题

(1)醋酸亚铬的制备为什么要在封闭体系中进行？

(2)为什么在该反应中锌粒要过量？

(3)产物为什么要用去氧水和乙醚洗涤？

六、注意事项

(1)反应物锌应当过量，浓盐酸适量。

(2)滴酸的速度不宜太快，反应时间要足够长(约 1 h)。

(3)产品必须洗涤干净。

(4)产品在惰性气氛中密封保存。严格密封保存的醋酸铬(Ⅱ)样品可始终保持砖红色。然而，若空气进入，它就逐渐变成灰绿色，这是被氧化物质的特征颜色。纯的醋酸铬(Ⅱ)是反磁性的，因为在二聚分子中铬原子之间有着电子—电子相互作用，所以样品有一点顺磁性则表示不纯了。

实验七　三氯化六氨合钴(Ⅲ)的制备

一、实验目的

(1)学习三氯化六氨合钴(Ⅲ)的制备方法。

(2)加深理解配合物的形成对 Co^{3+} 稳定性的影响。

(3)学习测定配合物组成的方法。

(4)学习水蒸气蒸馏的操作。

(5)进一步掌握无机合成的基本步骤和熟练掌握容量分析的基本操作技术。

(6)了解 Co^{2+}、NH_3、Cl^- 等各组分的定量分析。

二、实验原理

(一)三氯化六氨合钴(Ⅲ)的性质

Co 为正三价离子，d^2sp^3 杂化，内轨型配合物。$[Co(NH_3)_6]Cl_3$ 为橙黄色单斜晶体，20℃在水中的溶解度为 0.26 mol · L^{-1}。

$[Co(NH_3)_6]^{3+}$ 离子是很稳定的，其 $K_{稳}=1.6\times10^{35}$，因此在冷的强碱作用下或强酸作用下基本不被分解，只有加入强碱并在煮沸的条件下才分解。

已知有关电对的电极反应和标准电极电势分别为

$$Co^{3+}+e^- = Co^{2+} \quad \varphi^\ominus=1.80\ V(在酸性介质中)$$

$$[Co(NH_3)_6]^{3+}+e^- = [Co(NH_3)_6]^{2+} \quad \varphi^\ominus=0.10\ V$$

$$O_2+2H_2O+4e^- = 4OH^- \quad \varphi^\ominus=0.41\ V$$

$$H_2O_2+2e^- = 2OH^- \quad \varphi^\ominus=0.88\ V$$

可知 Co^{3+} 氧化性很强，不稳定，在酸性溶液中容易被还原成 Co^{2+}，所以钴盐在溶液中都是以 Co^{2+} 形式存在。但当钴离子与氨水生成可溶性氨合配合物后，它们的稳定性发生了变化，$[Co(NH_3)_6]^{2+}$ 变得不稳定，很容易被氧化，以至于空气中的氧就能把 $[Co(NH_3)_6]^{2+}$ 氧化成 $[Co(NH_3)_6]^{3+}$，而 $[Co(NH_3)_6]^{3+}$ 变得相对稳定。

(二)三氯化六氨合钴(Ⅲ)的制备

本实验是以活性炭为催化剂，在 $CoCl_2$、$NH_3\cdot H_2O$、NH_4Cl

溶液中通入空气或加入过氧化氢。其反应式为：

$$2CoCl_2+2NH_4Cl+10NH_3+H_2O_2 = 2[Co(NH_3)_6]Cl_3+2H_2O$$

将粗产物溶解在酸性溶液中除去其中混有的催化剂，再抽滤除去活性炭，然后在较浓的盐酸存在下使产物结晶析出。

(三)三氯化六氨合钴(Ⅲ)组成的确定

所得产品$[Co(NH_3)_6]Cl_3$ 的 $K_{不稳}=2.2\times10^{-34}$，在过量强碱存在且煮沸的条件下会分解：

$$2[Co(NH_3)_6]Cl_3+6NaOH \xlongequal{煮沸} 2Co(OH)_3+12NH_3\uparrow+6NaCl$$

利用上述反应可以测定配合物的组成：

(1)用过量标准酸吸收反应中逸出的氨，再用标准碱反滴剩余的酸，根据加入标准酸和消耗标准碱的体积和浓度，即可测出氨的含量。

(2)配合物溶解后，游离的 Cl^- 与 $AgNO_3$ 标准溶液作用，定量生成 AgCl 沉淀，由 $AgNO_3$ 标准溶液的消耗量和浓度，可以计算样品中 Cl^- 离子的含量。

(3)配合物经完全分解反应后的溶液，在酸性介质中与 KI 作用，定量析出 I_2，用标准 $Na_2S_2O_3$ 溶液滴定，根据消耗标准 $Na_2S_2O_3$ 溶液的体积和浓度，即可计算 Co 的含量。其反应式如下：

$$Co(OH)_3+3H^++I^- = Co^{2+}+\frac{1}{2}I_2+3H_2O$$

$$I_2+2S_2O_3^{2-} = 2I^-+S_4O_6^{2-}$$

三、实验用品

仪器：台秤，电子分析天平(0.1 mg)，烘箱，恒温水浴，减压过滤装置一套，漏斗和漏斗架，0～100℃酒精温度计，酸、碱式滴定管。

药品：$0.1\ mol\cdot L^{-1}$ HCl 标准溶液，($6\ mol\cdot L^{-1}$，浓)HCl，$0.1\ mol\cdot L^{-1}$ NaOH 标准溶液，10% NaOH 溶液，(浓)NH·

H_2O，0.01 mol·L^{-1} $Na_2S_2O_3$ 标准溶液，0.01 mol·L^{-1} $AgNO_3$ 标准溶液。5% K_2CrO_4 溶液，$CoCl_2 \cdot 6H_2O$，NH4Cl，KI，KIO_3，活性炭，60 g·L^{-1} H_2O_2 溶液，无水 C_2H_5OH，1%淀粉溶液，冰块，pH 试纸。

四、实验内容

(一)制备三氯化六氨合钴(Ⅲ)

在 100 mL 锥形瓶内加入 9 g 研细的氯化钴 $CoCl_2 \cdot 6H_2O$、6 g 氯化铵和 10 mL 水，加热溶解。稍冷，加 0.5 g 活性炭，加热煮沸。冷却后，加 20 mL 浓氨水，进一步冷却至 10℃以下，缓慢加入 20 mL 60 g·L^{-1}过氧化氢溶液。在 60℃的恒温水浴上恒温加热 20 min。流水冷却后，再以冰水浴冷却之，减压过滤。将沉淀溶于含有 3 mL 浓盐酸的 80 mL 沸水中，趁热过滤。滤液中加 10 mL 浓盐酸，再以冰水冷却，即有晶体析出，等析出完全后，减压过滤，并用少量 C_2H_5OH 洗涤抽干。将固体置于真空干燥器中干燥或在 105℃以下烘干，称量，计算产率。

(二)三氯化六氨合钴(Ⅲ)组成的测定

1. 氨的测定

用减量法精确称取所得产品 0.1 g 左右，用少量水溶解，完全转入 250 mL 三口烧瓶中，加入 10 mL 10% NaOH 溶液。在另一洁净的锥形瓶中准确加入 40 mL 0.1 mol·L^{-1} HCl 标准溶液吸收，安装水蒸气蒸馏装置如图 4-3 所示，加热水蒸气发生器，产生的蒸汽加热样品溶液，蒸出的氨通过导管被 HCl 标准溶液吸收。约 1 h 可将氨全部蒸出，用 pH 试纸加以检验。取出并拔掉插入 HCl 溶液中的导管，用少量水将导管内外可能黏附的溶液洗入锥形瓶内。以酚酞为指示剂，用 0.1 mol·L^{-1} NaOH 标准溶液反滴定过量 HCl 溶液。根据加入的 HCl 溶液体积及浓度和滴定所用 NaOH 标准溶液的体积和浓度，计算样品中氨的质量分数，与理论值比较。氨的质量分数计算式如下：

$$NH_3\% = \frac{[c(\mathrm{HCl})V(\mathrm{HCl}) - c(\mathrm{NaOH})V(\mathrm{NaOH})] \times 17.03}{1\,000 \times m} \times 100\%$$

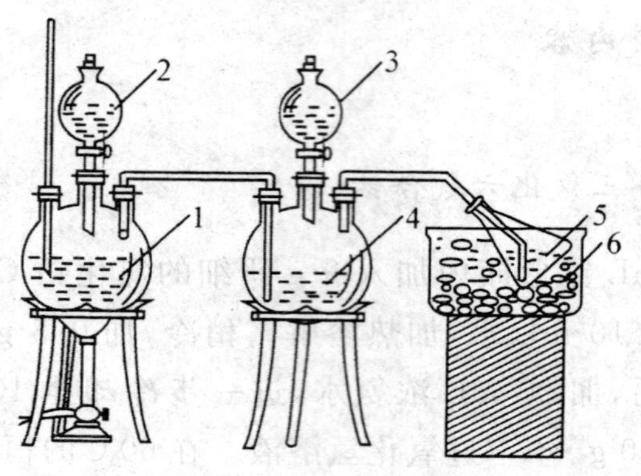

图 4-3 水蒸气蒸馏

1，2—水；3—10% NaOH；4—样品溶液；

5—0.1 $mol \cdot L^{-1}$ 标准 HCl；6—冰盐水

2. 钴的测定

精确称取 0.1 g 的产品于 250 mL 锥形瓶中，加 20 mL 水溶解。加入 10 mL 10% 氢氧化钠溶液。将锥形瓶放在水浴上加热，间隙振荡，待氨全部被赶走后冷却，加入 1 g 碘化钾固体及 10 mL 6 $mol \cdot L^{-1}$ HCl 溶液，放置暗处 5 min 左右。用 0.01 $mol \cdot L^{-1}$ $Na_2S_2O_3$ 溶液滴定至溶液呈浅黄色，加入 5 滴新配制的 1 $g \cdot L^{-1}$ 的淀粉溶液，再滴至蓝色消失，溶液为淡粉红色即为终点。其反应式：

$$2Co(OH)_3 + 6H^+ + 3I^- \xlongequal{} 2Co^{2+} + I_3^- + 6H_2O$$

$$I_3^- + 2S_2O_3^{2-} \xlongequal{} 3I^- + S_4O_6^{2-}$$

按下式计算钴的质量分数，与理论值比较。

$$Co\% = \frac{c(Na_2S_2O_3) \times V(Na_2S_2O_3) \times 58.93}{1\,000 \times m} \times 100\%$$

式中，m 为样品重量，g。

3. 氯的测定

采用莫尔法测定样品中的氯含量。准确称取样品 0.2 g 于小烧杯中，加适量水溶解，完全转入 250 mL 容量瓶中，准确移取 25 mL 样液，以 2 mL 5% K_2CrO_4 为指示剂，在不断摇动下，滴入 0.01 mol·L^{-1} $AgNO_3$ 标准溶液，直至溶液呈砖红色，即为终点（土黄色时已到终点，再加半滴）。记下 $AgNO_3$ 标准溶液的体积，样品中氯的百分含量按下式计算：

$$Cl\% = \frac{c \times V \times 35.45}{100m} \times 100$$

式中，c、V 分别是 $AgNO_3$ 标液的浓度和体积，m 为样品重。

4. 产品实验式的计算

由以上分析可得钴、氨、氯的质量百分含量，计算其摩尔比，写出产品的实验简式。

（三）实验中各标准溶液的配制与标定

1. 0.1 mol·L^{-1} HCl 标准溶液的标定

在电子分析天平上，准确称取已在 170℃下烘干的无水碳酸钠 3 份，置于 3 只 250 mL 锥形瓶中，加水约 30 mL，温热，摇动使之溶解，以甲基橙为指示剂，以 0.1 mol·L^{-1} HCl 标准溶液滴定至溶液由黄色变为橙色，即为终点。记下 HCl 标准溶液的耗用量，重复测定 3 次，并计算出 HCl 标准溶液的浓度。

2. 0.1 mol·L^{-1} NaOH 标准溶液浓度的标定

准确称取 3 份已在 105～110℃烘干 1 h 以上的邻苯二甲酸氢钾（A. R），每份 1～1.5 g，放入 250 mL 锥形瓶中，用 50 mL 煮沸后刚刚冷却的水使之溶解（若没有完全溶解，可微热）。冷却后加入 2 滴酚酞指示剂，用 NaOH 标准溶液滴定至溶液呈微红色 30 s 内不褪，即为终点。计算出 NaOH 标准溶液的浓度。

3. 0.01 mol·L^{-1} $AgNO_3$ 标准溶液的配制与标定

(1)0.01 mol·L^{-1} NaCl 标准溶液的配制。精确称取预先在400℃下干燥的 0.15 g 基准 NaCl 于小烧杯中,加少量水溶解,完全转移至 250 mL 容量瓶中,加水稀释至刻度,摇匀。

(2)0.01 mol·L^{-1} $AgNO_3$ 标准溶液的配制。在台秤上称取 1.69 g $AgNO_3$ 溶解于水中,稀释至 1 L,摇匀,储于棕色试剂瓶中。

(3)0.01 mol·L^{-1} $AgNO_3$ 标准溶液浓度的标定。准确移取 25 mL 0.010 0 mol·L^{-1} NaCl 标准溶液于 250 mL 锥形瓶中,加 1 mL 5% K_2CrO_4 溶液,在不断摇动下用 $AgNO_3$ 标准溶液滴定,直至溶液由黄色变为稳定的砖红色,即为终点。同时作空白实验。

$AgNO_3$ 标准溶液的浓度可按下式计算:

$$c(AgNO_3)=\frac{c(NaCl)V_1}{V-V_0}$$

式中,$c(AgNO_3)$为 $AgNO_3$ 标准溶液的浓度, mol·L^{-1};V 为滴定用去 $AgNO_3$ 标准溶液的总体积,mL;$c(NaCl)$为 NaCl 标准溶液的浓度, mol·L^{-1};V_1 为 NaCl 标准溶液的体积,mL;V_0 为空白滴定用去的 $AgNO_3$ 标准溶液的总体积,mL。

(4)0.01 mol·L^{-1} $Na_2S_2O_3$ 溶液的配制与标定。

①0.01 mol·L^{-1} $Na_2S_2O_3$ 溶液的配制:称取 1.3 g $Na_2S_2O_3\cdot 5H_2O$ 溶于 500 mL 新煮沸的纯水中,加入约 0.1g Na_2CO_3,冷却后,保存于棕色细口瓶中,放暗处 1~2 周后再进行标定。

②0.01 mol·L^{-1} $Na_2S_2O_3$ 溶液的标定。$Na_2S_2O_3$ 标准溶液的标定:可用 KIO_3、$K_2Cr_2O_7$ 作基准物,通常用 KIO_3,其反应式:

$$IO_3^- + 5I^- + 6H^+ \xlongequal{} 3I_2 + 3H_2O$$

析出碘再用 $Na_2S_2O_3$ 滴定:$I_2 + 2S_2O_3^{2-} \xlongequal{} S_4O_6^{2-} + 2I^-$。

在分析天平上用减量法准确称取约 0.1 g KIO_3 于小烧杯中,加少量水溶解,完全转入 250 mL 容量瓶中,用水定容至刻度,摇匀,用移液管准确移取 25 mL 该溶液于 250 mL 碘量瓶中,加入

4 mL 10%KI 溶液、1 mL 6 mol・L^{-1} HCl 溶液，摇匀后，立即用 0.01 mol・L^{-1} $Na_2S_2O_3$ 标准溶液滴定至淡黄色，然后加入 1%淀粉溶液 3～5 滴至溶液呈深蓝色，继续滴定至蓝色刚好褪去时为终点。记录 $Na_2S_2O_3$ 体积读数，平行滴定 3 次。根据消耗 $Na_2S_2O_3$ 标准溶液的体积数，计算出 $Na_2S_2O_3$ 标准溶液的浓度。

五、思考题

(1)在制备过程中，在溶液中加入了过氧化氢后，为什么要在 60℃恒温一段时间？为什么在滤液中加 10 mL 浓盐酸？为什么用冷的稀盐酸洗涤产品？

(2)为了使合成三氯化六氧合钴(Ⅲ)产率高，哪些步骤是比较关键的？为什么？

(3)若钴的分析结果偏低，可能的因素有哪些？钴含量的测定还有什么分析方法？

六、注意事项

(1)三氯化六氨合钴(Ⅲ)的制备中，一定要缓慢加入过氧化氢，加入过氧化氢后的溶液要在 60℃恒温 20 min，确保过量的过氧化氢能完全分解。

(2)在氨含量测定的水蒸气蒸馏时，注意装置的密封性和安全性，确保氨完全分解和被吸收液完全吸收。

实验八　三草酸合铁(Ⅲ)酸钾的制备

一、实验目的

(1)了解三草酸合铁(Ⅲ)酸钾的制备原理和方法。

(2)进一步熟悉溶解、沉淀及其洗涤、过滤、蒸发、浓缩、结晶等基本操作。

二、实验原理

三草酸合铁(Ⅲ)酸钾{$K_3[Fe(C_2O_4)_3]\cdot 3H_2O$}是绿色晶体,溶于水,但不溶于乙醇。实验室制备是以硫酸亚铁铵为原料与草酸作用,先制得草酸亚铁。

$$FeSO_4\cdot(NH_4)_2SO_4\cdot 6H_2O+H_2C_2O_4 \longrightarrow$$
$$FeC_2O_4\cdot 2H_2O\downarrow+(NH_4)_2SO_4+H_2SO_4+4H_2O$$

然后在草酸钾的存在下,用过氧化氢把草酸亚铁氧化成$[Fe(C_2O_4)_3]^{3-}$。将溶液蒸发浓缩,冷却后可得三草酸合铁(Ⅲ)酸钾{$K_3[Fe(C_2O_4)_3]\cdot 3H_2O$}晶体。

$$6FeC_2O_4\cdot 2H_2O+6K_2C_2O_4+3H_2O_2 \longrightarrow$$
$$4K_3[Fe(C_2O_4)_3]+2Fe(OH)_3\downarrow+12H_2O$$
$$2Fe(OH)_3+3H_2C_2O_4+3K_2C_2O_4 \longrightarrow 2K_3[Fe(C_2O_4)_3]+6H_2O$$

$(NH_4)_2Fe(SO_4)_2\cdot 6H_2O$ 相对分子质量为 392.3。

$K_3[Fe(C_2O_4)_3]\cdot 3H_2O$ 相对分子质量为 392.3。

三、实验用品

仪器:台秤,烧杯(100 mL),量筒(10 mL、50 mL),布氏漏斗,吸滤瓶,温度计(0~100℃),玻璃棒,酒精灯,三脚架,石棉网。

药品:$H_2C_2O_4$ (1 mol·L^{-1}),H_2SO_4 (2 mol·L^{-1}),H_2O_2 [3%(质量分数)],$K_2C_2O_4$(饱和溶液),乙醇[95%(体积分数)],$(NH_4)_2Fe(SO_4)_2\cdot 6H_2O$ (固)。

材料:滤纸,棉线。

四、实验内容

(1) 称取 5.0 g $(NH_4)_2Fe(SO_4)_2\cdot 6H_2O$ 晶体,加入装有 15 mL 蒸馏水和数滴 2 mol·L^{-1} H_2SO_4 的 100 mL 烧杯中,加热

使之溶解。然后在溶液中加入 25 mL 1 mol·L^{-1} $H_2C_2O_4$ 溶液，将混合液加热至沸腾片刻（加热过程中，应不断搅拌，以免暴沸）。停止加热，静置，使黄色沉淀（$FeC_2O_4 \cdot 2H_2O$）沉降下来，以倾析法弃去溶液。沉淀用 20 mL 蒸馏水洗涤，倾析，弃去洗涤液（尽可能将洗涤液"完全"倾出）。

(2)向有沉淀的烧杯中加入 13 mL 饱和草酸钾溶液，微热至 40℃左右。缓慢加入 20 mL 3% H_2O_2 不断搅拌，并保持温度在 40℃左右（此时会有红棕色的氢氧化铁沉淀产生）。

(3)加热上述溶液近沸，分两次加入 8 mL 1 mol·L^{-1} $H_2C_2O_4$（第一次加入 5 mL，后 3 mL 逐滴加入），保持温度接近沸腾，此时溶液的颜色由棕色变为绿色。

(4)趁热过滤，滤液倒入 100 mL 烧杯中。小火蒸发滤液至为原来的 1/2 左右，停止加热。稍冷后，加入 95%乙醇 10 mL，如有晶体析出，温热以使生成的晶体再溶解。然后将一段棉线系在一玻璃棒上，并将玻璃棒横架在烧杯上，使棉线悬挂在溶液中，静置 40～50 min。期间，不时观察结晶析出。最后抽滤，称重，计算产率。

五、思考题

(1)本实验的各步反应中哪些试剂是过量的？哪些试剂用量是有限的？

(2)如何提高产率？能否用蒸干溶液的方法来提高产率？

(3)在实验中加入乙醇的作用是什么？

实验九　葡萄糖酸锌的制备及含量测定

一、实验目的

(1)学习测定葡萄糖酸锌片中葡萄糖酸锌含量的方法。

(2)通过指示剂铬黑 T 的应用,了解金属指示剂的特点和使用条件。

(3)进一步巩固定量分析的操作方法。

二、实验原理

锌是人体内的必需微量元素,人体缺锌会引起食欲不振、贫血、生长发育缓慢等现象,从而引发多种疾病。葡萄糖酸锌片(或口服液)是近年开发研制出的一种补锌药,它具有吸收效率高、对人体无刺激、不良反应少的特点。

葡萄糖酸锌的分子式为$[CH_2OH(CHOH)_4COO]_2Zn$[简写为$Zn(Glu)_2$],摩尔质量为 455.68 g·mol^{-1}。它在水溶液中发生下列解离反应:

$$Zn(Glu)_2 \rightleftharpoons Zn^{2+} + 2Glu^-$$

只要确定 Zn^{2+} 的含量,便可求出葡萄糖酸锌的含量。

EDTA 难溶于水,通常使用其二钠盐(常用 Na_2H_2Y 表示)配制标准溶液,用它可测定上述溶液中 Zn^{2+} 的含量。

$$Zn^{2+} + H_2Y^{2-} \rightleftharpoons ZnY^{2-} + 2H^+$$

EDTA 二钠盐与金属离子形成的螯合物一般没有颜色,为了准确地指示滴定终点,必须选用适当的指示剂。本实验以铬黑 T (EBT)为指示剂,其作用原理如下:

(1)滴定前,Zn^{2+} 与 EBT 反应,形成一种与 EBT 本身颜色明显不同的配合物。

$$\underset{\text{蓝色}}{Zn^{2+} + EBT} \rightleftharpoons \underset{\text{紫红色}}{Zn-EBT}$$

(2)当滴入 EDTA(H_2Y^{2-})标准溶液时,溶液中游离的 Zn^{2+} 逐渐被 EDTA 配位,接近反应终点时,已与 EBT 配位的 Zn^{2+} 也被夺出,释放出指示剂,从而引起溶液颜色的突变,即为滴定终点:

$$Zn-EBT + H_2Y^{2-} \rightleftharpoons Zn-H_2Y^{2-} + EBT$$

紫红色　　　　　　　　　　　　蓝色

(3)EBT本身是一种三元弱酸，其中磺酸基($—SO_3H$)是强酸性的，极易解离，而两个酚羟基$pK_a^\ominus$值分别为6.3和11.6。当溶液在不同的pH条件下，由于解离情况不同，其存在形式也会发生变化，因而呈现出不同的颜色：

$$H_2In^- \rightleftharpoons HIn^{2-} \rightleftharpoons In^{3-}$$

紫红色　　蓝色　　黄色

(pH≤6)　(pH≈7～11)(pH≥12)

EBT能与Zn^{2+}、Mg^{2+}、Ca^{2+}等多种金属离子形成红色配合物。在pH≤6或pH≥12时，EBT自身的颜色与所形成的配合物颜色没有明显差异。只有在pH 10左右进行滴定，终点由金属离子配合物的紫红色变成游离指示剂的蓝色，颜色变化才显著。为了利于终点判断，本实验选用NH_3-NH_4Cl缓冲溶液(pH≈10)来控制溶液的pH。尽管H_2Y^{2-}在配位过程中会不断释放出H^+，但溶液的pH不会发生明显变化。

每片葡萄糖酸锌片中葡萄糖酸锌的质量可按下式计算：

$$m[Zn(Glu)_2] = c(EDTA) \cdot V(EDTA) \cdot M[Zn(Glu)_2]$$

式中，$m[Zn(Glu)_2]$为葡萄糖酸锌片中葡萄糖酸锌的质量；c(EDTA)为EDTA标准溶液的浓度；V(EDTA)为EDTA标准溶液的体积；$M[Zn(Glu)_2]$为葡萄糖酸锌的摩尔质量。

三、实验用品

仪器：电子分析天平，电子台秤，酸式滴定管(25 mL)，烧杯(50 mL)，容量瓶(250 mL)，量筒(10 mL，100 mL)，锥形瓶(250 mL)，恒温水浴箱。

药品：葡萄糖酸锌片(s，市售)，EDTA二钠盐(s)，NH_3-NH_4Cl缓冲液(pH≈10)，铬黑T(s)。

四、实验步骤

1. 0.01 mol·L^{-1} EDTA 溶液的配制

称取 0.9 g EDTA 二钠盐晶体于 50 mL 烧杯，加少量蒸馏水溶解（可适当加热），转入试剂瓶稀释至 250 mL。

2. Zn^{2+} 标准溶液的配制

准确称取 0.180 0～0.200 0 g ZnO 于 50 mL 烧杯，逐滴加 6 mol·L^{-1} HCl 至 ZnO 刚好完全溶解，定容于 250 mL 容量瓶。

3. EDTA 溶液浓度的标定

移液管量取 20.00 mL Zn^{2+} 标准溶液，加入 20.0 mL 蒸馏水，10.0 mL NH_3-NH_4Cl 缓冲溶液，加入约 0.01 g 铬黑 T 固体指示剂，用 EDTA 溶液（装入酸式滴定管）滴定，溶液由紫红色变为蓝紫色。此时接近终点，缓慢滴加至溶液变为纯蓝色。取 3 次平行滴定的平均值计算 EDTA 溶液的浓度。

4. 溶液的配制

取 1 片葡萄糖酸锌片，放入锥形瓶中，加入 20.0 mL 蒸馏水，微热使药片溶解。

5. 葡萄糖酸锌溶液质量的测定

再向锥形瓶中加入 20.0 mL 蒸馏水和 NH_3-NH_4Cl 缓冲溶液 10.0 mL，加约 0.01 g 铬黑 T 固体指示剂，用 0.01 mol·L^{-1} EDTA(Na_2H_2Y)标准溶液滴定至溶液由紫红色变为蓝色，即为滴定终点。滴定中溶液颜色递变。

按上述操作重复测定 2 次，根据实验数据求算葡萄糖酸锌片中葡萄糖酸锌的质量。

五、实验数据记录

1. ZnO 标准溶液的配制

见表 4-4。

表 4-4　配制 ZnO 标准溶液的实验数据

$m(ZnO)/g$	
$V(ZnO)/mL$	

2. EDTA 溶液浓度的标定

见表 4-5。

表 4-5　标定 EDTA 溶液浓度的实验数据

实验序号	1	2	3
V(EDTA)初读数/mL			
V(EDTA)终读数/mL			

3. 葡萄糖酸锌溶液质量的测定

见表 4-6。

表 4-6　葡萄糖酸锌溶液质量测定的实验数据

实验序号	1	2	3
V(EDTA 标准溶液)初读数/mL			
V(EDTA 标准溶液)终读数/mL			

六、思考题

(1)用 EDTA 作为滴定剂测定金属离子含量时，若被测液中不加缓冲溶液，滴定过程中溶液 pH 将发生什么变化？为什么？

(2)用铬黑 T 作指示剂时，为什么要控制溶液的 pH 约为 10？

七、注意事项

(1)配位滴定反应速率较慢，滴定时滴加速度不能太快，特别是临近终点时，要边滴边摇晃，保证其充分反应。

(2)在配制 EDTA 溶液时要保证固体全部溶解。

(3)用 HCl 溶解 ZnO 时要缓慢逐滴加入，以防 HCl 过量造成缓冲溶液失效。

(4)酸式滴定管、移液管均应用标准溶液润洗。

(5)实验中若用葡萄糖酸锌口服液，可取 1 支样品，将液体置于锥形瓶中，加少许蒸馏水淋洗样品管两三次后将淋洗液一同转入锥形瓶中，加 25～30 mL 蒸馏水，混匀，然后按上述方法操作。

第五章 元素化合物性质实验

实验一 s区金属元素(碱金属、碱土金属)

一、实验目的

(1)实验并比较碱金属、碱土金属的活泼性。

(2)实验钠与氧的反应,了解过氧化物的性质。

(3)实验并比较碱土金属氢氧化物和盐类的溶解性。

(4)练习焰色反应并熟悉使用金属钠、钾的安全措施。

二、实验原理

周期表中IA族和ⅡA族元素称为s区元素。其中第IA族的元素(除H外)称为碱金属,价电子层结构为ns^1;第ⅡA族元素称为碱土金属元素,价电子层结构为ns^2。这两族元素是周期表中最典型的金属元素,化学性质非常活泼,其单质都是强还原剂。在同一族中金属活泼性由上而下逐渐增强;在同一周期中从左至右逐渐减弱。在空气中能迅速地与O_2、CO_2作用(Rb、Cs在空气中自燃),需保存在煤油或液体石蜡中(Be、Mg由于生成致密氧化膜而除外)。

碱金属的金属活泼性的递变规律可以反映在与氧气或者水的作用上,Na、K的金属光泽在空气中很快失去,表面生成了氧化物、氯化物和碳酸盐，从而形成了一层外壳。钠、钾在空气中稍加热就燃烧起来。而铷和铯在室温下遇到空气就立即燃烧。钠在空气中燃烧生成过氧化钠，是很强的氧化剂，能和水、稀酸发生剧烈的反应。碱金属都能与水反应生成对应的碱和氢气。碱土金属也有较强的还原性，Mg、Ca、Sr、Ba 可以与水作用，除了 Mg 和水要在加热条件下外，其他金属在常温下就可以和水反应。

$$2Na+O_2 \xlongequal{} 2Na_2O$$

$$Na_2O+CO_2 \xlongequal{} Na_2CO_3$$

$$2Na+2O_2 \xrightarrow{燃烧} 2Na_2O_2$$

$$Na_2O_2+2H_2O \xlongequal{} 2NaOH+H_2O_2$$

$$Na_2O_2+H_2SO_4 \xlongequal{} Na_2SO_4+H_2O_2$$

$$M(s)+H_2O \xlongequal{} MOH+\frac{1}{2}H_2\uparrow（M 为碱金属）$$

$$Mg+H_2O \xrightarrow{\triangle} Mg(OH)_2+H_2\uparrow$$

除 LiOH 为中强碱外，碱金属氢氧化物都是易溶的强碱。碱土金属氢氧化物的碱性小于碱金属氢氧化物，在水中的溶解度也较小，都能从溶液中沉淀析出。

碱金属盐多数易溶于水，只有少数几种盐难溶，可利用它们的难溶性来鉴定 K^+、Na^+。碱土金属盐比碱金属相应盐的溶解度小。氯化物、硝酸盐、乙酸盐、高氯酸盐易溶于水，碳酸盐、草酸盐、磷酸盐都是难溶盐。硫酸盐、铬酸盐溶解度差异较大，$BeSO_4$、$BeCrO_4$ 易溶，而 $BaSO_4$、$BaCrO_4$ 极难溶，从 Be→Ba 的硫酸盐、铬酸盐溶解度依次降低。可利用难溶盐的生成和溶解性差异来鉴定 Mg^{2+}、Ca^{2+}。

锂、镁的氟化物、碳酸盐、磷酸盐均难溶于水，而其他碱金属相应化合物易溶，这是锂、镁相似点之一。

s 区元素离子不呈现颜色，除非阴离子有色，化合物一般无色，但其单质和挥发性化合物能使火焰呈现特征颜色，因而广泛用于检验这些元素的存在。表 5-1 列出了碱金属和碱土金属焰色反应的特征颜色，注意 K 的焰色需用钴玻璃片观看。

表 5-1　碱金属和碱土金属焰色反应的特征颜色

Ca^{2+}	Sr^{2+}	Ba^{2+}	Li^{+}	Na^{+}	K^{+}	Rb^{+}	Cs^{+}
砖红	猩红	黄绿	红色	黄色	紫色	红紫色	蓝色

三、实验用品

液体药品：HCl（2 mol·L^{-1}，6 mol·L^{-1}）、H_2SO_4（1 mol·L^{-1}）、$NaOH$（2 mol·L^{-1}，6 mol·L^{-1}）、HAc（2 mol·L^{-1}）、$NH_3\cdot H_2O$（6 mol·L^{-1}）、$KMnO_4$（0.1 mol·L^{-1}）、$MgCl_2$（0.5 mol·L^{-1}）、$CaCl_2$（0.5 mol·L^{-1}）、$BaCl_2$（0.5 mol·L^{-1}）、$SrCl_2$（0.5 mol·L^{-1}）、K_2CrO_4（0.5 mol·L^{-1}）、$NaCl$（1 mol·L^{-1}）、KCl（1 mol·L^{-1}）、$LiCl$（1 mol·L^{-1}）、NH_4Cl（饱和）、$(NH_4)_2C_2O_4$（饱和）、六羟基锑酸钾（饱和）、酒石酸锑钾（饱和）、酒石酸氢钠（饱和）、酚酞试剂（0.1%）、乙醇（95%）。

固体药品：钠、钾、镁条。

仪器：试管、烧杯、漏斗、酒精灯、蒸发皿、镊子、小刀。

材料：pH 试纸、滤纸、脱脂棉、蓝色钴玻璃片、砂纸、玻璃棒。

四、实验内容

（一）钠、钾、镁与水的反应

（1）用镊子分别取绿豆大的金属钠和金属钾，用滤纸吸干表面的煤油，立即将它们分别放入盛水的烧杯中（可将事先准备好的合适的漏斗倒扣在烧杯上，以确保安全）。观察两者与水反应的情况，比较钠、钾的金属活泼性。反应终止后，往两只烧杯中各加一滴酚酞试剂，观察反应产物的颜色、状态，写出反应方程式。

（2）取一小段镁条，用砂纸擦去表面的氧化物，放入加有少量冷水的试管中，观察有无反应。然后加热试管，观察反应情况。加入几滴酚酞，观察现象，写出反应方程式。

（二）钠与氧的反应和过氧化钠的性质

1. 钠与氧的反应

用镊子取绿豆大的金属钠，迅速用滤纸吸干表面的煤油，切出新鲜表面，立即置于蒸发皿中加热。当钠开始燃烧时停止加热以免发生更剧烈的燃烧或爆炸反应。观察反应情况和产物的颜色、状态，写出反应方程式。

2. 过氧化钠的性质

1）过氧化钠的碱性

将上面钠与空气中的氧反应产生的固体少许加入一支干燥的试管中，加入 2 mL 蒸馏水后将试管放入冷水中冷却并加以搅拌，待完全溶解后用 pH 试纸检验溶液的酸碱性。用 1 mol · L^{-1} 的 H_2SO_4 将溶液酸化，然后加入 1～2 滴 0.1 mol · L^{-1} 的 $KMnO_4$ 溶液，观察紫色是否褪去，由此说明水溶液中是否有 H_2O_2 存在，从而推知钠在空气中燃烧是否有 Na_2O_2 生成。写出有关的反应方程式。

2）过氧化钠的水解

取少量 Na_2O_2 固体，加入 2 mL 微热的蒸馏水中，观察是否有气体放出，检验该气体是否是氧气，写出反应方程式。

（三）镁、钙、钡的氢氧化物的溶解性

(1)在三支试管中，分别加入 0.5 mol · L^{-1} 的 $MgCl_2$、$CaCl_2$、$BaCl_2$ 溶液各 0.5 mL，再加入等体积新配制的 2 mol · L^{-1} 的 NaOH 溶液，观察沉淀的生成。然后把沉淀分成两份，分别加入 6 mol · L^{-1} 的 HCl 溶液和 6 mol · L^{-1} 的 NaOH 溶液，观察沉淀是否溶解，写出有关的反应方程式。

(2)在试管中加入5滴0.5 mol·L^{-1}的$MgCl_2$溶液，再加入5滴6 mol·L^{-1}的$NH_3 \cdot H_2O$，观察反应生成物的颜色和状态。向其中再加入饱和NH_4Cl溶液，又有何现象？为什么？写出有关的反应方程式。

(四)碱金属、碱土金属元素的焰色反应

原理：当碱金属和碱土金属中的钙、锶、钡的挥发性化合物在高温火焰上灼烧时，原子中的电子吸收了能量，从能量较低的轨道跃迁到能量较高的轨道，但处于能量较高轨道上的电子是不稳定的，很快跃迁回能量较低的轨道，这时就将多余的能量以光的形式放出。而放出的光的波长在可见光范围内(波长为400～760 nm)，因而能使火焰呈现颜色。不同的元素具有不同的特征光谱，因此根据焰色可以判断某种元素的存在。

操作：取一根玻璃棒，在顶端裹上少量脱脂棉使之呈球状。向上滴2～3滴95%的乙醇，然后滴2～3滴1 mol·L^{-1}的NaCl溶液，在氧化焰中燃烧，观察其火焰的颜色。观察完毕取下脱脂棉，用同样的方法观察KCl、LiCl、$SrCl_2$、$CaCl_2$、$BaCl_2$溶液的焰色。一些常见金属焰色反应的特征颜色见表5-2。

表5-2　一些常见金属焰色反应的特征颜色

离子	锂	钠	钾	铷	铯	钙	锶	钡	铜	铊
焰色	红	黄	紫	紫红	紫红	橙红	洋红	黄绿	绿	绿

(五)碱金属微溶盐的生成

1. 微溶性钠盐

向试管中加入5滴1 mol·L^{-1}的NaCl溶液，再加入5滴饱和的六羟基锑酸钾[$KSb(OH)_6$]溶液，如果无晶体析出，可用玻璃棒摩擦试管内壁，然后将试管置于冷水中，观察产物的颜色和状态。用饱和酒石酸锑钾$\left(KSbC_4H_4O_7 \cdot \frac{1}{2}H_2O\right)$代替六羟基锑酸钾重复上述实验，观察现象，写出有关的反应方程式。

2. 微溶性钾盐

向试管中加入 5 滴 1 $mol \cdot L^{-1}$ 的 KCl 溶液，再加入 5 滴饱和的酒石酸氢钠($NaHC_4H_4O_6$)溶液，如果无晶体析出，可用玻璃棒摩擦试管内壁。观察产物的颜色和状态，写出反应方程式。

(六)碱土金属难溶盐的生成和性质

1. 铬酸盐的生成和性质

取三支试管分别加入 5 滴 0.5 $mol \cdot L^{-1}$ 的 $MgCl_2$、$CaCl_2$、$BaCl_2$ 溶液，然后各滴入 0.5 $mol \cdot L^{-1}$ 的 K_2CrO_4 溶液，观察产物的颜色和状态。分别实验沉淀与 2 $mol \cdot L^{-1}$ 的 HAc 和 2 $mol \cdot L^{-1}$ 的 HCl 溶液的反应，写出有关的反应方程式。

2. 草酸盐的生成和性质

取三支试管分别加入 5 滴 0.5 $mol \cdot L^{-1}$ 的 $MgCl_2$、$CaCl_2$、$BaCl_2$ 溶液，然后各滴入饱和的$(NH_4)_2C_2O_4$ 溶液，观察产物的颜色和状态。分别实验沉淀与 2 $mol \cdot L^{-1}$ 的 HAc 和 2 $mol \cdot L^{-1}$ 的 HCl 溶液的反应，写出有关的反应方程式。

五、思考题

(1)若实验室中发生镁燃烧的事故，能否用水或二氧化碳来灭火？如果不能，应该用何种方法灭火？

(2)往 $MgCl_2$ 溶液中加入 $NH_3 \cdot H_2O$ 时会生成 $Mg(OH)_2$ 沉淀和 NH_4Cl，而 $Mg(OH)_2$ 沉淀又能溶于饱和 NH_4Cl 溶液中，这两者有无矛盾，为什么？

(3)试设计实验方案，分离并鉴别 NH_4^+、K^+、Na^+、Ca^{2+}、Mg^{2+}、Ba^{2+}混合离子。

(4)焰色是由金属离子引起的，与非金属离子有关吗？

六、注意事项

(1)金属钠、钾在空气中会立即氧化，遇水有可能会引起爆炸，通常将它们保存在煤油或液体石蜡中，并置于阴凉处。取用时要用镊子夹取，取用量要严格控制，不能与皮肤接触，未用完的不能乱丢，要回收保存。

(2)玻璃棒摩擦试管壁易生成沉淀的原因：以玻璃棒摩擦试管内壁时，摩擦处会形成"毛刺"，同时会有细微的内壁附着物和玻璃屑落下，就像播了许多晶种，以"玻璃屑"和"毛刺"为晶核，溶液中构晶离子向晶核表面扩散进入晶格，晶粒逐渐长大，直至得到沉淀。

实验二　p区非金属元素Ⅰ(硼、碳、硅、氮、磷)

一、实验目的

(1)了解硼酸的制备，验证并掌握硼酸及硼砂的主要性质和鉴定方法。了解利用硼砂珠实验对某些金属物质进行初步鉴定的操作方法及现象。

(2)了解活性炭的吸附作用，熟悉 CO、CO_2 的制备、性质和应用；掌握碳酸盐的水解性和热稳定性，二氧化碳、碳酸盐和酸式碳酸盐在溶液中的互相转化及条件。

(3)了解硅酸盐的主要性质，掌握硅酸水凝胶的制备。试验并了解硅酸形成凝胶的特性和难溶硅酸盐的特性。

(4)熟悉碳、硅、硼含氧酸盐在水溶液中的水解。

(5)掌握氨及铵盐的性质；掌握亚硝酸及其盐、硝酸及其盐的主要性质。

(6)了解磷酸盐的主要性质。

(7)了解 NH_4^+、NO_3^-、NO_2^-、CO_3^{2-}、PO_4^{3-} 的鉴定方法。

二、实验原理

1. 碳及其化合物的性质

活性炭是良好的、常用的吸附剂，可用于净化空气、溶液脱色和去除杂质。

碳酸的盐类有两种，即碳酸盐和酸式碳酸盐。所有的碳酸氢盐都能溶于水，而碳酸盐中只有铵盐和碱金属的盐溶于水。碱金属的碳酸盐和碳酸氢盐在水中被水解而分别呈强碱性和弱碱性。因此，在它们的水溶液中除了有 HCO_3^-、CO_3^{2-} 以外，还有 OH^-。当其他金属离子遇到碳酸盐溶液时，就会产生不同的沉淀，有碳酸盐、碱式碳酸盐或氢氧化物：

$$Ba^{2+} + CO_3^{2-} \longrightarrow BaCO_3 \downarrow$$

$$2Al^{3+} + 3CO_3^{2-} + 3H_2O \longrightarrow 2Al(OH)_3 \downarrow + 3CO_2 \uparrow$$

$$2Cu^{2+} + 2CO_3^{2-} + H_2O = Cu_2(OH)_2CO_3 \downarrow + CO_2 \uparrow$$

由于溶于水中的 CO_2 与水作用转化为 H_2CO_3，使水显弱酸性并可溶蚀碳酸盐，所以地球表层的碳酸盐矿石（主要成分为 $CaCO_3$）在 CO_2 和水的长期侵蚀下可以部分转化为 $Ca(HCO_3)_2$ 而溶解，以致天然水中含有一定量的 $Ca(HCO_3)_2$。经过长期的自然分解或人工加热，$Ca(HCO_3)_2$ 又可转化为 $CaCO_3$。$Ca(HCO_3)_2$ 与 $CaCO_3$ 在一定的条件下可以互相转化：

$$CaCO_3 + CO_2 + H_2O \rightleftharpoons Ca(HCO_3)_2$$

2. 硅酸及硅酸盐

硅酸的组成很复杂，通常以 $x SiO_2 \cdot y H_2O$ 来表示。H_2SiO_3 是一种几乎不溶于水的二元弱酸，很容易被其他酸从硅酸盐的溶液中置换出来。硅酸从水溶液中析出时易发生缩合作用而呈凝胶状，经烘干、脱水后得到常用的干燥剂硅胶。硅酸钠的水溶液是一种黏度很大的浆状溶液，俗称“水玻璃”，具有许多用途。

$$Na_2SiO_3 + 2HCl \longrightarrow H_2SiO_3 + 2NaCl$$

3. 硼酸及硼酸盐

硼的价电子构型为 $2s^2 2p^1$，属缺电子原子，易形成稳定的配合物。H_3BO_3 是一元弱酸，它的酸性并不是因为它本身能给出质子，而是由于 H_3BO_3 是一个缺电子化合物。其中硼原子的空轨道加合了水分子中的 OH^-，从而释放出 H^+ 而使溶液显酸性。

$$H_3BO_3 + H_2O \rightleftharpoons \left[\begin{array}{c} OH \\ | \\ HO-\ B \leftarrow OH \\ | \\ OH \end{array}\right]^- + H^+$$

硼酸与甲醇、乙醇等反应生成容易挥发的硼酸酯，燃烧时呈绿色的火焰，用于鉴别硼酸根。

$$H_3BO_3 + 3CH_3CH_2OH \xrightleftharpoons{\text{浓硫酸}} B(OCH_2CH_3)_3 + 3H_2O$$

熔融的硼砂可以熔解许多金属氧化物，生成不同颜色的偏硼酸的复盐。因此，化学中常用硼砂的这些反应来鉴定金属离子(即将铂丝灼烧后，蘸取一些硼砂固体，在氧化焰中灼烧，并熔融成圆珠，再用灼热的硼砂珠沾上极少量氧化物，在氧化焰中烧融，冷却后观察硼砂珠颜色)。这些实验统称为硼砂珠实验。

$$Na_2B_4O_7 + CoO \longrightarrow Co(BO_2)_2 \cdot 2NaBO_2$$

(蓝宝石色)

$$Na_2B_4O_7 + MnO \longrightarrow Mn(BO_2)_2 \cdot 2NaBO_2$$

(绿色)

$$Na_2B_4O_7 + NiO \longrightarrow Ni(BO_2)_2 \cdot 2NaBO_2$$

(热紫色，冷棕色)

4. 氮和磷

氮、磷的价电子构型为 ns^2np^3，主要呈现－3、＋3、＋5 三种氧化态。

氨是氮的重要氢化物为无色、有刺激性气味的气体。氨与酸反应形成铵盐，铵盐遇强碱放出氨气，它可使湿润的 pH 试纸变成蓝色，这是铵盐的鉴定方法之一。奈斯勒试剂（K_2HgI_4 的 KOH 溶液）与铵盐反应，生成红棕色的碘化氨基氧汞（Ⅱ）沉淀。

$$NH_4^+ + 2[HgI_4]^{2-} + 4OH^- = HgO \cdot HgNH_2I \downarrow + 7I^- + 3H_2O$$

（红棕色）

该反应也用来鉴定 NH_4^+。

亚硝酸可通过稀硫酸与亚硝酸盐作用制得，它仅存在于低温水溶液中，很不稳定，易分解。

$$2HNO_2 \underset{热}{\overset{冷}{\rightleftharpoons}} H_2O + N_2O_3 \underset{热}{\overset{冷}{\rightleftharpoons}} H_2O + NO\uparrow + NO_2\uparrow$$

（淡蓝色）　（红棕色）

亚硝酸盐很稳定，但有毒。除亚硝酸银微溶于水外，其余的都溶于水。亚硝酸及其盐中，N 的氧化数为＋3，所以它既可做氧化剂，又可做还原剂。在酸性介质中主要表现为氧化性。如：

$$2HNO_2 + 2I^- + 2H^+ = 2NO\uparrow + I_2 + 2H_2O$$

亚硝酸及其盐，只有遇到更强的氧化剂时才显还原性。如：

$$2MnO + 5NO_2^- + 6H^+ = 2Mn^{2+} + 5NO_3^- + 3H_2O$$

硝酸是氮的主要含氧酸，它是强酸，又具有强氧化性。硝酸被还原后的主要产物随金属和硝酸浓度的不同而不同，往往是多种含氮化合物的混合物。一般情况下，浓 HNO_3 与金属反应主要被还原成 NO_2；稀 HNO_3 与不活泼金属反应主要被还原成 NO，与活泼金属反应主要产物是 N_2O；极稀的 HNO_3 与活泼金属反应则被还原成 NH_4^+；HNO_3 与非金属或化合物反应，产物多为 NO。

硝酸盐不十分稳定，加热则会发生分解，其热分解产物与金属元素活泼性有关。

硝酸盐都易溶于水，可用生成棕色环的特征反应来鉴定 NO_3^-。在硫酸介质中 NO_3^- 与 $FeSO_4$ 反应：

$$NO_3^- + 3Fe^{2+} + 4H^+ = 3Fe^{3+} + NO\uparrow + 2H_2O$$

生成的 NO 再与过量的硫酸亚铁发生反应

$$NO + Fe^{2+} + SO_4^{2-} \xlongequal{} [Fe(NO)]SO_4$$

（棕色环）

NO_2^- 也可发生上述棕色环反应，两者的区别在于介质的酸性不同。NO_2^- 在乙酸的条件下就可反应，而 NO_3^- 则必须以浓硫酸为介质。

磷能形成多种形式的含氧酸，根据磷的不同氧化数有次磷酸 H_3PO_2、亚磷酸 H_3PO_3 和（正）磷酸。磷酸可由硫酸和磷酸钙作用来制取，磷酸是一个非挥发性的中等强度的三元酸，可形成酸式盐（磷酸氢盐和磷酸二氢盐）和正盐（磷酸盐），因此，三种磷酸盐水溶液的酸碱性不同，其钙盐在水溶液中的溶解度也不相同。$CaHPO_4$ 和 $Ca_3(PO_4)_2$ 难溶于水，$Ca(H_2PO_4)_2$ 易溶于水，但都溶于盐酸。

$$Ca(H_2PO_4)_2 \underset{OH^-}{\overset{H^+}{\rightleftharpoons}} CaHPO_4 \downarrow \underset{OH^-}{\overset{H^+}{\rightleftharpoons}} Ca_3(PO_4)_2 \downarrow$$

在各类磷酸盐中加入 $AgNO_3$，都可以得到 Ag_3PO_4 黄色沉淀

$$PO_4^{3-} + 3Ag^+ \rightleftharpoons Ag_3PO_4 \downarrow$$

（黄色）

在磷酸根的溶液中加入浓 HNO_3，再加入过量的钼酸铵，微热，就有磷钼酸铵黄色沉淀生成

$$PO_4^{3-} + 12MoO_4^{2-} + 24H^+ + 3NH_4^+ \xlongequal{} (NH_4)_3PO_4 \cdot 12MoO_3 \downarrow + 12H_2O$$

该反应为 PO_4^{3-} 的特征反应，可用来鉴定 PO_4^{3-}。

三、实验用品

仪器：煤气灯或酒精灯，离心机，离心试管，试管，烧杯（50 mL），量筒（10 mL），表面皿，蒸发皿，冰水浴，玻璃漏斗，水浴锅，电炉。

试剂：H_2SO_4（浓），HCl（6 mol·L^{-1}），$Ca(OH)_2$（饱和，新制），$Pb(NO_3)_2$（0.001 mol·L^{-1}），K_2CrO_4（0.1 mol·L^{-1}），

Na_2CO_3(0.1 mol·L^{-1},2 mol·L^{-1}),$NaHCO_3$(0.1 mol·L^{-1}),$BaCl_2$(0.1 mol·L^{-1}),$CuSO_4$(0.1 mol·L^{-1}),$Al_2(SO_4)_3$(0.1 mol·L^{-1}),Na_2SiO_3(20%),NH_4Cl(饱和),硼砂溶液(饱和),硼酸溶液(饱和),$CaCl_2 \cdot 2H_2O$ 固体,$CuSO_4 \cdot 5H_2O$ 固体,$Co(NO_3)_2 \cdot 6H_2O$ 固体,$NiSO_4 \cdot 6H_2O$ 固体,$MnSO_4 \cdot H_2O$ 固体,$ZnSO_4 \cdot 7H_2O$ 固体,$FeSO_4 \cdot 7H_2O$ 固体,$FeCl_3 \cdot 6H_2O$ 固体,硼酸固体,硼砂固体,CoO 固体,MnO 固体,甘油,乙醇,HCl(2 mol·L^{-1},浓),H_2SO_4(2 mol·L^{-1},6 mol·L^{-1},浓),HAc(2 mol·L^{-1}),HNO_3(2 mol·L^{-1},浓),NaOH(6 mol·L^{-1},2 mol·L^{-1}),$NH_3 \cdot H_2O$(2 mol·L^{-1},浓),NH_4Cl(2 mol·L^{-1}),$NaNO_2$(0.1 mol·L^{-1},饱和),KI(0.1 mol·L^{-1}),$KMnO_4$(0.1 mol·L^{-1}),$AgNO_3$(0.1 mol·L^{-1}),Na_3PO_4(0.1 mol·L^{-1}),Na_2HPO_4(0.1 mol·L^{-1}),NaH_2PO_4(0.1 mol·L^{-1}),$CaCl_2$(0.1 mol·L^{-1}),$(NH_4)_2MoO_4$(0.1 mol·L^{-1}),$AgNO_3$ 固体,$FeSO_4 \cdot 7H_2O$ 固体,KNO_3 固体,$Cu(NO_3)_2$ 固体,奈斯勒试剂,硫黄粉,铜片,锌片,淀粉溶液(5%)。

其他:墨水,靛蓝溶液,活性炭,pH 试纸,火柴,铂丝,冰块。

四、实验内容

1. 碳及其化合物的性质

1)活性炭的吸附作用

(1)在溶液中对有色物质的吸附。

对靛蓝的吸附:在一支试管中加入 2 mL 靛蓝溶液,再加入一小勺活性炭。振荡试管,然后滤去活性炭,观察溶液的颜色有何变化,并加以解释。

对墨水色素的吸附:在一支离心试管中加入 2 mL 水和 1 滴墨水,摇匀后观察溶液的颜色,离心后再观察溶液的颜色。加少许活性炭,摇匀后离心分离,再观察溶液的颜色。

(2)对铅盐的吸附。

往装有 2 mL 0.001 mol·L^{-1}的 $Pb(NO_3)_2$ 溶液的试管中加入几滴 0.1 mol·L^{-1}的 K_2CrO_4 溶液，观察黄色 $PbCrO_4$ 沉淀的生成。

往装有 2 mL 0.001 mol·L^{-1}的 $Pb(NO_3)_2$ 溶液的试管中加入一小勺已研细的活性炭。振荡试管，然后滤去活性炭，滤液用另一试管接收。往清液中加入与上面同样滴数的 0.01 mol·L^{-1}的 K_2CrO_4 溶液。观察有何变化。与未加活性炭的实验相比，有何不同？并加以解释。

2)碳酸盐的性质

(1)水解性。

用 pH 试纸测试 0.1 mol·L^{-1}的 Na_2CO_3 溶液和 0.1 mol·L^{-1}的 $NaHCO_3$ 溶液的 pH。取 3 支试管，分别加入 5 滴 0.1 mol·L^{-1}的 $BaCl_2$ 溶液、0.1 mol·L^{-1}的 $CuSO_4$ 溶液、0.1 mol·L^{-1}的 $Al_2(SO_4)_3$ 溶液，再各加 1 滴 2 mol·L^{-1}的 Na_2CO_3 溶液。观察实验现象，解释并总结碳酸盐水解的规律性。

(2)碳酸盐和酸式碳酸盐之间的转化。

在新配的透明澄清石灰水中通入 CO_2，观察沉淀的生成。再继续通入 CO_2，有何变化？

解释所看到的现象。把溶液分成两份，进行下面的实验。

取一份上述溶液，在其中加入饱和 $Ca(OH)_2$ 溶液，有何现象发生？加热另一份上述溶液，有何变化？

根据实验结果，总结 CO_3^{2-} 和 HCO_3^- 之间相互转化的条件。

2. 硅酸及硅酸盐

1)硅酸水凝胶的生成

在试管中加入 1 mL 20%的 Na_2SiO_3 溶液，滴加 3 滴 6 mol·L^{-1}的 HCl 溶液，放置约 3min，观察产物的颜色和形态。

2)硅酸盐的水解

先用 pH 试纸检验 20%的 Na_2SiO_3 溶液的酸碱性，然后往盛有 1 mL 该溶液的试管中注入 2 mL 饱和 NH_4Cl 溶液，微热。检验放出气体为何物。

3)微溶硅酸盐的生成——“水中花园”实验

在一只 50 mL 烧杯中注入约 2/3 体积的 20% 的 Na_2SiO_3 溶液，然后把 $CaCl_2 \cdot 2H_2O$、$CuSO_4 \cdot 5H_2O$、$Co(NO_3)_2 \cdot 6H_2O$、$NiSO_4 \cdot 6H_2O$、$MnSO_4 \cdot H_2O$、$ZnSO_4 \cdot 7H_2O$、$FeSO_4 \cdot 7H_2O$、$FeCl_3 \cdot 6H_2O$ 固体各一小粒投入杯内，记住它们各自的位置，0.5 h 后观察现象。

3. 硼酸及硼酸盐

1)硼酸的生成

将盛有 1 mL 约 30℃ 饱和硼砂溶液的试管和 0.5 mL 浓 H_2SO_4 的试管分别放在冰水中冷却，并混合均匀后，继续冷却(不再搅拌)。观察产物的颜色和状态(包括晶形)，写出反应式。

2)硼酸的性质

在试管中加入 1 mL 饱和硼酸溶液，用 pH 试纸测试其 pH，然后在硼酸溶液中滴入 3～4 滴甘油，振摇后再测试溶液的 pH。写出反应方程式并解释 pH 变化的原因。

3)硼酸的鉴定反应

在蒸发皿中放入少量的硼酸固体、乙醇和几滴浓 H_2SO_4，混合后点燃，观察火焰的颜色特征，并解释原因。

4)硼砂珠实验

(1)将铂丝灼烧后，蘸取一些硼砂固体，在氧化焰中灼烧，并熔融成圆珠。用灼热的硼砂珠沾上极少量 CoO 固体，在氧化焰中烧融，冷却后观察硼砂珠的颜色。

(2)把硼砂珠在氧化焰中灼烧至熔融后，轻轻振动玻璃棒，使熔珠落下(落在石棉网上)，然后重新制作硼砂珠，把 CoO 固体换成 MnO 固体再实验。

4. 氨和铵盐的性质

1)浓氨水的性质

取几滴浓氨水于试管中，将玻璃棒的一端以 1 滴浓盐酸润湿后伸入试管内，观察现象，写出离子反应式。

2）NH_4^+ 的鉴定

(1)气室法在一块表面皿内滴入 2 滴 2 mol·L^{-1}的 NH_4Cl 溶液和 2 滴 6 mol·L^{-1}的 NaOH 溶液，在另一块表面皿的凹面贴上已湿润的 pH 试纸，并把它盖在前一块表面皿上，做成“气室”，并在水浴上微热，观察 pH 试纸颜色的变化。

(2)取 2 滴 2 mol·L^{-1}的 NH_4Cl 溶液于试管中，加入 2 滴 2 mol·L^{-1} 的 NaOH 溶液，再加入 2 滴奈斯勒试剂，如有红棕色沉淀生成，表示有 NH_4^+ 存在。

5. 亚硝酸及其盐

1）亚硝酸的生成和分解

将盛有 5 滴饱和 $NaNO_2$ 溶液的试管置于冰水浴中冷却后，再加入 5 滴 6 mol·L^{-1}的 H_2SO_4 溶液，混合均匀，观察现象。再水浴加热，有何变化？

2）亚硝酸盐的氧化还原性

(1)取 5 滴 0.1 mol·L^{-1}的 KI 溶液，加入 2 滴 2 mol·L^{-1}的 H_2SO_4 溶液酸化，然后逐滴加入饱和 $NaNO_2$ 溶液，观察现象，检验产物中 I_2 的生成。写出离子反应式。

(2)取 2 滴 0.1 mol·L^{-1}的 $KMnO_4$ 溶液，加入 2 滴 2 mol·L^{-1} 的 H_2SO_4 溶液酸化，然后逐滴加入饱和 $NaNO_2$ 溶液，观察现象，写出离子反应式。

3）亚硝酸银的生成

取 2 滴饱和 $NaNO_2$ 溶液，滴加 0.1 mol·L^{-1} 的 $AgNO_3$ 溶液，观察现象，写出离子反应式。

4）NO_2^- 的鉴定

取 2 滴 0.1 mol·L^{-1}的 $NaNO_2$ 溶液，用 2 mol·L^{-1}的 HAc 溶液酸化，再加入几粒 $FeSO_4·7H_2O$ 固体，如出现棕色，证明有 NO_2^- 存在。

6. 硝酸及其盐的性质

1)硝酸的氧化性

(1)浓硝酸与非金属反应:在盛有少量硫黄粉的试管中加入10滴浓 HNO_3,加热煮沸片刻(在通风橱内进行),冷却后,取溶液检验有无 SO_4^{2-} 存在。写出反应方程式。

(2)浓硝酸与金属反应:取一小块铜片于试管中,再加入10滴浓 HNO_3,观察现象,写出反应方程式。

(3)稀硝酸与金属反应:取一小块铜片加入10滴2 mol·L^{-1}的 HNO_3 溶液,微热,观察现象,与上一实验比较有何不同?写出反应方程式。

(4)极稀硝酸与活泼金属反应:将两小块锌片放入盛有2 mL蒸馏水的试管中。加2滴2 mol·L^{-1}的 HNO_3 溶液,放置片刻,取溶液检验有无 NH_4^+ 存在,写出反应方程式。

2)硝酸盐的热分解

在三支干燥的试管中分别加入少量固体 KNO_3、$Cu(NO_3)_2$、$AgNO_3$。用酒精灯加热(在通风橱内进行),观察反应情况、产物颜色和状态,写出分解反应方程式。在固体熔化并产生较多气泡时,用火柴余烬检验反应产生的气体。

3)NO_3^- 的鉴定

取几粒 $FeSO_4 \cdot 7H_2O$ 固体,再加入5滴0.1 mol·L^{-1}的 $NaNO_2$ 溶液,振荡溶解后,稍倾斜试管,沿试管壁慢慢加入浓 H_2SO_4,观察浓 H_2SO_4 和液面交界处棕色环的生成。

7. 磷酸盐的性质

1)酸碱性

用pH试纸检验0.1 mol·L^{-1}的 Na_3PO_4 溶液、0.1 mol·L^{-1}的 Na_2HPO_4 溶液、0.1 mol·L^{-1}的 NaH_2PO_4 溶液的pH,它们的pH有什么不同?为什么?然后取上述三种溶液各3滴置于三支试管中,分别加入6滴0.1 mol·L^{-1}的 $AgNO_3$ 溶液,观察现

象，并检验反应后各溶液的 pH 有无变化。解释现象，写出离子反应式。

2)溶解性

在三支试管中分别加入 0.1 mol・L^{-1} 的 Na_3PO_4 溶液、0.1 mol・L^{-1} 的 Na_2HPO_4 溶液、0.1 mol・L^{-1}的 NaH_2PO_4 溶液各 5 滴，再各加入 10 滴 0.1 mol・L^{-1}的 $CaCl_2$ 溶液，有无沉淀生成？再各加入几滴 2 mol・L^{-1}的 $NH_3 \cdot H_2O$ 溶液，有何变化？最后各加入 2 mol・L^{-1}的 HCl 溶液，又有何变化？比较三种钙盐的溶解性，说明它们相互转化的条件，写出离子反应式，并加以解释。

3)PO_4^{3-} 的鉴定

取 5 滴 0.1 mol・L^{-1}的 Na_3PO_4 溶液，加入 10 滴浓 HNO_3，再加入 1 mL 0.1 mol・L^{-1}的$(NH_4)_2MoO_4$(钼酸铵)溶液，微热至 40～50℃，如有黄色沉淀生成，表示有 PO_4^{3-} 存在。

五、思考题

(1)H_2CO_3 和 H_2SiO_3 的性质有何异同？解释下面反应可以发生的原因。

$$CO_2 + Na_2SiO_3 + H_2O = H_2SiO_3 + Na_2CO_3$$

(2)本实验中有哪些有毒药品？使用时应注意什么？哪些实验应该在通风橱内操作？

(3)为什么储存碱液的试剂瓶不用磨口玻璃塞而用橡胶塞？

(4)为什么硫酸能从硼砂中置换出硼酸？加进甘油后，为什么硼酸溶液的酸度会变大？

(5)为什么一般情况下不用硝酸作为酸性反应的介质？稀硝酸对金属的作用与稀硫酸或稀盐酸对金属的作用有什么不同？

(6)某实验欲用酸溶解磷酸银沉淀，在盐酸、硫酸和硝酸三种酸中，选用哪一种最为适宜？为什么？

(7)试以 Na_2HPO_4 和 NaH_2PO_4 为例，说明酸式盐溶液是否

都呈酸性。

(8)磷酸的各种钙盐在水中溶解度是怎样的？怎样用实验来证明？

六、注意事项

(1)因为 Na_2SiO_3 对玻璃有腐蚀作用，因此“水中花园”实验完毕，须立即洗净烧杯。

(2)由于分子间氢键的形成，硼酸在冷水中的溶解度较小而容易从水溶液中析出，实验时应注意。

(3)硼砂珠实验中应仔细观察硼砂珠的形成过程和硼砂珠的颜色、状态。

(4) NO、NO_2 是有毒的气体，凡有 NO、NO_2 气体放出的实验都应在通风橱(口)中进行。

(5)用棕色环实验鉴定 NO_3^- 时，注意沿试管内壁慢慢加入浓硫酸后，试管不要摇动，否则不易看到棕色环。

(6)试验磷酸盐的溶解性时，各试剂的加入应是等量的。

实验三　p 区非金属元素Ⅱ(氧、硫、卤素)

一、实验目的

(1)掌握过氧化氢的主要性质。

(2)掌握硫化氢的还原性、亚硫酸及其盐的性质、硫代硫酸及其盐的性质和过二硫酸盐的氧化性。

(3)掌握铵盐、亚硝酸及其盐、硝酸及其盐的主要性质。

(4)了解磷酸盐的主要性质。

(5)学会 H_2O_2、S^{2-}、$S_2O_3^{2-}$ 的鉴定方法。

(6)掌握卤素单质的氧化性。

(7)掌握卤素含氧酸盐的氧化性。

(8)了解卤化氢的制备方法并比较它们的还原性。

(9)学会 Cl^-、Br^-、I^- 的鉴定方法。

二、实验原理

1. 氧和硫及其化合物

(1)H_2O_2 中氧呈−1 价氧化态,故 H_2O_2 既有氧化性又有还原性。酸性溶液中,H_2O_2 与 $Cr_2O_7^{2-}$ 反应生成蓝色的过氧化铬,化学式为 $CrO(O)_2$,这一反应可用于鉴定 H_2O_2。热、光照或有催化剂时会促使其分解,分别生成 H_2O 和 O_2。

(2)H_2S 中 S 的氧化数为−2,为强还原剂,是具有恶臭的剧毒气体。在含有 S^{2-} 的溶液中加入稀盐酸,生成的 H_2S 气体能使湿润的 $Pb(Ac)_2$ 试纸变黑。在碱性溶液中,S^{2-} 与 $[Fe(CN)_5NO]^{2-}$ 反应生成紫色配合物:

$$S^{2-} + [Fe(CN)_5NO]^{2-} \longrightarrow [Fe(CN)_5NOS]^{4-}$$

这两种方法都可鉴定 S^{2-}。

(3)SO_2 溶于水生成不稳定的亚硫酸 H_2SO_3。亚硫酸及其盐常用作还原剂,但遇到强还原剂时也起氧化作用。H_2SO_3 可与某些有机物发生加成反应生成无色加成物,所以具有漂白性,而加成物受热时往往容易分解。SO_3^{2-} 与 $[Fe(CN)_5NO]^{2-}$ 反应生成红色配合物,加入饱和 $ZnSO_4$ 溶液和 $K_4[Fe(CN)_6]$ 溶液,会使红色明显加深。这种方法可用于鉴定 SO_3^{2-}。

(4)硫代硫酸不稳定。因此硫代硫酸盐遇酸容易分解,硫代硫酸盐中硫的平均氧化数为+2,是一种中等强度的还原剂:与碘反应时,它被氧化为连四硫酸盐;与氯、溴等反应时被氧化成硫酸盐。$Na_2S_2O_3$ 常用作还原剂,还能与某些金属离子形成配合物。$S_2O_3^{2-}$ 与 Ag^+ 反应能生成白色的 $Ag_2S_2O_3$ 沉淀:

$$2Ag^{+}+S_2O_3^{2-} \longrightarrow Ag_2S_2O_3(s)$$

$Ag_2S_2O_3(s)$能迅速分解为 Ag_2S 和 H_2SO_4：

$$Ag_2S_2O_3(s)+H_2O \longrightarrow Ag_2S(s)+H_2SO_4$$

这一过程的颜色变化为：白色→黄色→棕色→黑色，这一方法可用于鉴定 $S_2O_3^{2-}$。

(5)过二硫酸盐是强氧化剂，在酸性条件下能将 Mn^{2+} 氧化为 MnO_4^-，有 Ag^+（作催化剂）存在时，此反应速率增大。

2. 卤素的性质

卤素系第ⅦA族元素，包括氟、氯、溴、碘、砹，其价电子构型为 ns^2np^5，因此元素的氧化数通常是-1，但在一定条件下，也可以形成氧化数为$+1$、$+3$、$+5$、$+7$的化合物。卤素单质在化学性质上表现为强氧化性，其还原性较弱。氧化性按下列顺序变化：$F_2>Cl_2>Br_2>I_2$。

氯气的水溶液叫作氯水，在氯水中存在下列平衡：

$$Cl_2+H_2O \rightleftharpoons HCl+HClO$$

卤化氢皆为无色有刺激性气味的气体。还原性强弱的次序为：$HI>HBr>HCl>HF$，热稳定性的次序为：$HF>HCl>HBr>HI$。如 HI 可将浓硫酸还原为 H_2S，HBr 可将浓硫酸还原为 SO_2，而 HCl 则不能还原浓硫酸。

卤素的含氧酸有如下多种形式：HXO、HXO_2、HXO_3、HXO_4（X=Cl、Br、I）。随着卤素氧化数的升高，其热稳定性增大，酸性增强，氧化性减弱。如氯酸盐在中性溶液中没有明显的强氧化性，但在酸性介质中表现有强氧化性，卤酸盐氧化能力次序为：$BrO_3^->ClO_3^->IO_3^-$。次氯酸及其盐具有强氧化性。

Br^-能被 Cl_2 氧化为 Br_2，在 CCl_4 中呈棕黄色。I^-能被 Cl_2 氧化为 I_2，在 CCl_4 中呈紫色，当 Cl_2 过量时，I_2 被氧化为无色的 IO_3^-。Cl^-、Br^-、I^-与 Ag^+ 反应分别生成 AgCl、AgBr、AgI 沉淀，它们的溶度积依次减小，都不溶于稀 HNO_3。AgCl 能溶于稀氨水或 $(NH_4)_2CO_3$ 溶液，生成$[Ag(NH_3)_2]^+$。再加入稀 HNO_3

时，AgCl 会重新沉淀出来．由此可以鉴定 Cl^- 的存在。AgBr 和 AgI 不溶于稀氨水或 $(NH_4)_2CO_3$ 溶液，它们在 HAc 介质中能被还原为 Ag，可使 Br^- 和 I^- 转入溶液中，再用氯水将其氧化，可以鉴定 Br^- 和 I^- 的存在。

三、实验用品

仪器：离心机，水浴锅，点滴板，烧杯，天平，铁架台，铁夹，表面皿。

药品：H_2SO_4（1 mol·L^{-1}，浓），H_2SO_4（2 mol·L^{-1}，1∶1，浓），HNO_3（2 mol·L^{-1}，6 mol·L^{-1}，浓），HCl（2 mol·L^{-1}），HAc（6 mol·L^{-1}），H_3PO_4（0.1 mol·L^{-1}），NaOH（40%），NaOH（2 mol·L^{-1}），$Pb(NO_3)_2$（0.1 mol·L^{-1}），$Na_2[Fe(CN)_5NO]$（1%），$K_2Cr_2O_7$（0.1 mol·L^{-1}），$KMnO_4$（0.01 mol·L^{-1}，0.1 mol·L^{-1}），Na_2SO_3（0.1 mol·L^{-1}），$Na_2S_2O_3$（0.1 mol·L^{-1}），$BaCl_2$（1 mol·L^{-1}），$K_4[Fe(CN)_6]$（0.1 mol·L^{-1}），$MnSO_4$（0.1 mol·L^{-1}），$AgNO_3$（0.1 mol·L^{-1}），Na_2S（0.1 mol·L^{-1}），$FeCl_3$（0.1 mol·L^{-1}），$ZnSO_4$（饱和），KI（0.1 mol·L^{-1}，0.01 mol·L^{-1}），NH_4Cl（0.1 mol·L^{-1}），$NaNO_2$（饱和，0.5 mol·L^{-1}，2 mol·L^{-1}），$FeSO_4$（0.5 mol·L^{-1}），Na_3PO_4（0.1 mol·L^{-1}），NaH_2PO_4（0.1 mol·L^{-1}），Na_2HPO_4（0.1 mol·L^{-1}），$(NH_4)_2MoO_4$（0.1 mol·L^{-1}），$(NH_4)_2S_2O_8$（s），NH_4NO_3（s），$(NH_4)_2SO_4$（s），$NH_3·H_2O$（2 mol·L^{-1}，浓），KBr（0.1 mol·L^{-1}），$NaHSO_3$（0.1 mol·L^{-1}），NaCl（0.1 mol·L^{-1}），KIO_3（0.1 mol·L^{-1}），$KClO_3$（饱和），$(NH_4)_2CO_3$（12%），NaCl（s），KBr（s），KI（s），锌粒，硫粉，铜片，SO_2 溶液（饱和），H_2S 溶液（饱和），H_2O_2（3%），碘水（0.01 mol·L^{-1}，饱和），氯水（饱和）。

其他：品红溶液，戊醇，淀粉试液，奈斯勒试剂，对氨基苯磺酸，α-萘胺，pH 试纸，$Pb(Ac)_2$ 试纸，蓝色石蕊试纸，红色石蕊试纸（或酚酞试纸），CCl_4，淀粉-KI 试纸。

四、实验内容

1. 过氧化氢的性质

(1)制备少量 PbS 沉淀,离心分离,弃去清液,水洗沉淀后,加入 3% H_2O_2 溶液,观察现象。写出相关的反应方程式。

(2)在试管中加入 3% H_2O_2 溶液和戊醇各 0.5 mL,再滴加 2 滴 1 mol·L^{-1} H_2SO_4 溶液和 1 滴 0.1 mol·L^{-1} $K_2Cr_2O_7$ 溶液,充分振荡后观察现象。写出反应方程式。

2. 硫化氢的还原性和 S^{2-} 的鉴定

(1)取几滴 0.01 mol·L^{-1} $KMnO_4$ 溶液,用稀 H_2SO_4 酸化后,再滴加饱和 H_2S 溶液,观察现象,写出反应方程式。

(2)观察 0.1 mol·L^{-1} $FeCl_3$ 溶液与饱和 H_2S 溶液的反应现象,写出反应方程式。

(3)在点滴板上加 1 滴 0.1 mol·L^{-1} Na_2S 溶液,再加 1 滴 1% $Na_2[Fe(CN)_5NO]$溶液,观察现象,写出离子反应方程式。

(4)在试管中加入几滴 0.1 mol·L^{-1} Na_2S 溶液和 2 mol·L^{-1} HCl 溶液,用湿润的 $Pb(Ac)_2$ 试纸检查逸出的气体。写出相关的反应方程式。

3. 多硫化物的生成和性质

在试管中加入几滴 0.1 mol·L^{-1} Na_2S 溶液和少量硫粉,加热数分钟,观察溶液颜色的变化。吸取清液移至另一试管中,再向此试管中加入 2 mol·L^{-1} HCl 溶液,观察现象,并用湿润的 $Pb(Ac)_2$ 试纸检查逸出的气体。写出有关的反应方程式。

4. 亚硫酸的性质和 SO_3^{2-} 的鉴定

(1)取几滴饱和碘水,加 1 滴淀粉试液,再加数滴饱和 SO_2 溶液，观察现象，写出反应方程式。

(2)取几滴饱和 H_2S 溶液，滴加饱和 SO_2 溶液，观察现象，写出反应方程式。

(3)取 1mL 品红溶液，加入 1～2 滴饱和 SO_2 溶液。充分振荡后静止片刻，观察溶液颜色的变化。

(4)在点滴板上加饱和 $ZnSO_4$ 溶液和 0.1 mol·L^{-1} $K_4[Fe(CN)_6]$溶液各 1 滴，再加 1 滴 1% $Na_2[Fe(CN)_5NO]$溶液，最后加 1 滴 0.1 mol·L^{-1} Na_2SO_3 溶液，用玻璃棒搅拌，观察现象。

5. 硫代硫酸及其盐的性质

(1)在试管中滴加 0.1 mol·L^{-1} $Na_2S_2O_3$ 溶液和 2 mol·L^{-1} HCl 溶液，充分振荡片刻，观察现象，并用湿润的蓝色石蕊试纸检验逸出的气体，写出反应方程式。

(2)取几滴 0.01 mol·L^{-1} 碘水，加 1 滴淀粉试液，逐滴加入 0.1 mol·L^{-1} $Na_2S_2O_3$ 溶液，观察现象，写出反应方程式。

(3)取几滴饱和氯水，滴加 0.1 mol·L^{-1} $Na_2S_2O_3$ 溶液，观察现象并检验是否有 SO_4^{2-} 生成。

(4)在点滴板上加 1 滴 0.1 mol·L^{-1} $Na_2S_2O_3$ 溶液，再滴加 0.1 mol·L^{-1} $AgNO_3$ 溶液至生成白色沉淀，观察颜色的变化并写出有关的反应方程式。

6. 过硫酸盐的性质

取几滴 0.1 mol·L^{-1} $MnSO_4$ 溶液，加入 2.0 mol·L^{-1} H_2SO_4 溶液和 1 滴 0.1 mol·L^{-1} $AgNO_3$ 溶液，再加入少量 $(NH_4)_2S_2O_8$ 固体，在水浴中加热片刻。观察溶液颜色的变化，写出反应方程式。

7. 卤素单质的氧化性

在试管中加入 10 滴 0.1 mol·L^{-1} KBr 溶液，2 滴 0.1 mol·L^{-1} KI 溶液和 0.5 mL CCl_4，混匀后逐滴加入氯水，每加一滴振荡一

次试管，仔细观察 CCl_4 层中出现的颜色变化，直至 CCl_4 层呈无色。通过以上实验总结卤素单质的氧化性及递变规律。

8. 卤化氢的还原性

在 3 支干燥的试管中分别加入米粒大小的 NaCl、KBr 和 KI 固体，再分别加入 2～3 滴浓 H_2SO_4，观察现象，并分别用湿润的 pH 试纸、淀粉－KI 试纸和 $Pb(Ac)_2$ 试纸检验逸出的气体（应在通风橱内进行实验，并立即清洗试管）。

9. 氯、溴、碘含氧酸盐的氧化性

（1）取 3 支试管各加入氯水 2 mL 后，再各逐滴加入 2 $mol \cdot L^{-1}$ NaOH 溶液至呈弱碱性。在第一支试管中加入 2 $mol \cdot L^{-1}$ HCl 溶液，用湿润的淀粉－KI 试纸检验逸出的气体；在第二支试管中加入 0.1 $mol \cdot L^{-1}$ KI 溶液及淀粉试液各 1 滴；在第三支试管中滴加品红溶液。观察现象，写出相关的反应方程式。

（2）取几滴饱和 $KClO_3$ 溶液，加入几滴浓盐酸，并检验逸出的气体。写出反应方程式。

（3）取 0.1 $mol \cdot L^{-1}$ KI 溶液 2～3 滴，加入 4 滴饱和 $KClO_3$ 溶液，再逐滴加入（1∶1）H_2SO_4 溶液，不断摇荡，观察溶液颜色的变化，并写出每一步反应方程式。

（4）取几滴 0.1 $mol \cdot L^{-1}$ KIO_3 溶液，酸化后加数滴 CCl_4，再滴加 0.1 $mol \cdot L^{-1}$ $NaHSO_3$ 溶液，摇荡，观察现象。写出离子反应方程式。

10. Cl^-、Br^- 和 I^- 的鉴定

①取 2 滴 0.1 $mol \cdot L^{-1}$ NaCl 溶液，加入 1 滴 2 $mol \cdot L^{-1}$ HNO_3 溶液和 2 滴 0.1 $mol \cdot L^{-1}$ $AgNO_3$、溶液，观察现象。在沉淀中加入数滴 2 $mol \cdot L^{-1}$ 氨水溶液，摇荡使沉淀溶解，再加数滴 2 $mol \cdot L^{-1}$ HNO_3 溶液，观察有何变化。写出有关的离子反应方程式。

②取2滴0.1 mol·L^{-1} KBr溶液，加1滴2 mol·L^{-1} H_2SO_4溶液和0.5 mL CCl_4，再逐滴加入氨水，边加边摇荡，观察CCl_4层颜色的变化。写出离子反应方程式。

③用0.1 mol·L^{-1}KI溶液代替KBr重复上述实验。

11. Cl^{-1}、Br^-和I^-的分离与鉴定

取0.1 mol·L^{-1}的NaCl溶液、KBr溶液和KI溶液各2滴，混匀。设计方法将其分离并鉴定。给定试剂为：2 mol·L^{-1} HNO_3溶液、0.1 mol·L^{-1} $AgNO_3$溶液、12%$(NH_4)_2CO_3$溶液、锌粒、CCl_4、6 mol·L^{-1} HAc溶液和浓氨水。图示分离和鉴定步骤，写出现象和有关反应的离子方程式。

五、思考题

(1)实验室长期放置的H_2S溶液、Na_2S溶液和Na_2SO_3溶液会发生什么变化？

(2)鉴定$S_2O_3^{2-}$时，$AgNO_3$溶液应过量，否则会出现什么现象？为什么？

(3)怎样检验亚硫酸中的SO_4^{2-}？怎样检验硫酸盐中的$S_2O_3^{2-}$？

(4)今有$NaNO_3$和$NaNO_2$两瓶溶液，试设计区别它们的方案。

(5)试用最简单的方法鉴别以下固体：Na_2SO_4、$NaHSO_4$、Na_2CO_3、$NaHCO_3$、Na_3PO_4、Na_2HPO_4、NaH_2PO_4。

(6)Br_2能从含有I^-的溶液中置换出I_2，而I_2又能从$KBrO_3$的溶液中置换出Br_2，两者有无矛盾？试说明之。

(7)酸性条件下，$KBrO_3$溶液与KBr溶液会发生什么反应？$KBrO_3$溶液与KI溶液又会发生什么反应？

(8)鉴定Cl^-时，为什么要先加稀HNO_3？而鉴定Br^-和I^-时为什么要先加稀H_2SO_4而不加稀HNO_3？

(9)某溶液中含有Cl^-、Br^-和I－，怎样分离它们？写出实验

步骤和原理。

六、注意事项

溴蒸气对气管、肺部、眼、鼻、喉有强烈的刺激作用，因此涉及溴的实验应在通风橱中进行。

实验四　p区金属元素（铝、锡、铅、锑、铋）

一、实验目的

(1)掌握铝、锡、铅、锑、铋氢氧化物的酸碱性。

(2)掌握锡(Ⅱ)、锑(Ⅲ)、铋(Ⅲ)盐的水解性。

(3)掌握锡(Ⅱ)的还原性和铅(Ⅳ)、铋(Ⅴ)的氧化性。

(4)掌握锡、铅、锑、铋硫化物的溶解性。

(5)掌握 Sn^{2+}、Pb^{2+}、Sb^{3+}、Bi^{3+} 的鉴定方法。

二、实验原理

铝是周期系ⅢA族元素，其原子的价层电子构型为 ns^2np^1，它能形成氧化值为+2和+3的化合物。

锡、铅是周期系ⅣA族元素，其原子的价层电子构型为 ns^2np^2，它们能形成氧化值为+2和+4的化合物。

锑、铋是周期系第VA族元素，其原子的价层电子构型为 ns^2np^3，它们能形成氧化值为+3和+5的化合物。

$Sn(OH)_2$，$Pb(OH)_2$，$Sb(OH)_3$ 都是两性氢氧化物，$Bi(OH)_3$ 呈碱性，α-$HzSnO_3$ 既能溶于酸，也能溶于碱，而β-H_2SnO_3 既不溶于酸，也不溶于碱。

Sn^{2+}，Sb^{3+}，Bi^{3+} 在水溶液中发生显著的水解反应，加入相应的酸可以抑制它们的水解。

Sn(Ⅱ)的化合物具有较强的还原性。Sn^{2+} 与 $HgCl_2$ 反应可用于鉴定 Sn^{2+} 或 Hg^{2+}；碱性溶液中 $[Sn(OH)_4]^{2-}$（或 SnO_2^{2-}）与 Bi^{3+} 反应可用于鉴定 Bi^{3+}。Pb(Ⅳ)和 Bi(Ⅴ)的化合物都具有强氧化性。PbO_2 和 $NaBiO_3$ 都是强氧化剂，在酸性溶液中它们都能将 Mn^{2+} 氧化为 MnO_4^-。Sb^{3+} 可以被 Sn 还原为单质 Sb，这一反应可用于鉴定 Sb^{3+}。

SnS，SnS_2，PbS，Sb_2S，Bi_2S 都难溶于水和稀盐酸，但能溶于较浓的盐酸。SnS_2 和 Sb_2S 还能溶于 NaOH 溶液或 Na_2S 溶液。Sn(Ⅳ)和 Sb(Ⅲ)的硫代酸盐遇酸分解为 H_2S 和相应的硫化物沉淀。

铅的许多盐难溶于水。$PbCl_2$ 能溶于热水中。利用 Pb^{2+} 和 CrO_4^{2-} 的反应可以鉴定 Pb^{2+}。

三、实验用品

仪器：离心机，点滴板。

药品：HCl 溶液(2 $mol \cdot L^{-1}$，6 $mol \cdot L^{-1}$)，HNO_3(2 $mol \cdot L^{-1}$，6 $mol \cdot L^{-1}$)，H_2S(饱和)，NaOH(2 $mol \cdot L^{-1}$，6 $mol \cdot L^{-1}$)，$AlCl_3$(0.5 $mol \cdot L^{-1}$)，$SnCl_2$(0.1 $mol \cdot L^{-1}$)，$Pb(NO_3)_2$(0.1 $mol \cdot L^{-1}$)，$SnCl_4$(0.2 $mol \cdot L^{-1}$)，$SbCl_3$(0.1 $mol \cdot L^{-1}$，0.5 $mol \cdot L^{-1}$)，$BiCl_3$(0.1 $mol \cdot L^{-1}$)，$Bi(NO_3)_3$(0.1 $mol \cdot L^{-1}$)，$HgCl_2$(0.1 $mol \cdot L^{-1}$)，$MnSO_4$(0.1 $mol \cdot L^{-1}$)．Na_2S(0.1 $mol \cdot L^{-1}$，0.5 $mol \cdot L^{-1}$)，Na_2S_x(0.1 $mol \cdot L^{-1}$)，KI(0.1 $mol \cdot L^{-1}$)，K_2CrO_4(0.1 $mol \cdot L^{-1}$)，$AgNO_3$(0.1 $mol \cdot L^{-1}$)，NH_4Ac(饱和)，锡粒，锡片，$SnCl_2 \cdot 6H_2O$(s)，PbO_2(s)，$NaBiO_3$(s)，碘水，氯水。

材料：淀粉-KI 试纸。

四、实验内容

1. 铝、锡、铅、锑、铋氢氧化物酸碱性

(1)制取少量 $Al(OH)_3$,$Sn(OH)_2$,α-H_2SnO_3,$Pb(OH)_2$,$Sb(OH)_3$,$Bi(OH)_3$ 沉淀,观察其颜色,并选择适当的试剂分别试验它们的酸碱性。写出有关的反应方程式。

(2)在两支试管中各加入一粒金属锡,再各加几滴浓 HNO_3,微热(在通风橱内进行),观察现象,写出反应方程式。将反应产物用去离子水洗涤两次,在沉淀中分别加入 2 mol·L^{-1} HCl 溶液和 2 mol·L^{-1} NaOH 溶液,观察沉淀是否溶解。

2. Sn(Ⅱ),Sb(Ⅲ)和 Bi(Ⅲ)盐的水解性

(1)取少量 $SnCl_2·6H_2O$ 晶体放入试管中,加入 1～2 mL 去离子水,观察现象。写出有关的反应方程式。

(2)取少量 0.1 mol·L^{-1} $SbCl_3$ 溶液和 0.1 mol·L^{-1} $BiCl_3$ 溶液,分别加水稀释,观察现象。再分别加入 6 mol·L^{-1} HCl 溶液,观察有何变化。写出有关的反应方程式。

3. 锡、铅、锑、铋化合物的氧化还原性

(1)Sn(Ⅱ)的还原性。

①取少量(1～2 滴)0.1 mol·L^{-1} $HgCl_2$ 溶液,逐滴加入 0.1 mol·L^{-1} $SnCl_2$ 溶液,观察现象。写出反应方程式。

②制取少量 $Na_2[Sn(OH)_4]$溶液,然后滴加 0.1 mol·L^{-1} $BiCl_3$ 溶液,观察现象。写出反应方程式。

(2)PbO_2 的氧化性取少量 PbO_2 固体,加入 6 mol·L^{-1} HNO_3 溶液和 1 滴 0.1 mol·L^{-1} $MnSO_4$ 溶液,微热后静置片刻,观察现象。写出反应方程式。

(3)Sb(Ⅲ)的氧化还原性。

①在点滴板上放一小块光亮的锡片，然后加1滴0.1 mol·L^{-1} $SbCl_3$ 溶液。观察锡片表面的变化。写出反应方程式。

②分别制取少量$[Ag(NH_3)_2]^+$溶液和$[Sb(OH)_4]^{2-}$溶液，然后将两种溶液混合，观察现象。写出有关的离子反应方程式。

(4)$NaBiO_3$ 的氧化性。取2滴0.1 mol·L^{-1} $MnSO_4$ 溶液，加入1 mL 6 mol·L^{-1} HNO_3 溶液，再加入少量固体 $NaBiO_3$，微热，观察现象。写出离子反应方程式。

4. 锡、铅、锑、铋硫化物的生成与溶解

(1)在2支试管中各加入1滴0.1 mol·L^{-1} $SnCl_2$ 溶液，加入饱和 H_2S 溶液，观察现象。离心分离，弃去清液。再分别加入6 mol·L^{-1} HCl溶液，0.1 mol·L^{-1} Na_2S_x 溶液，观察现象。写出有关反应的离子方程式。

(2)制取2份PbS沉淀，观察颜色，分别加入6 mol·L^{-1} HCl溶液和6 mol·L^{-1} HNO_3 溶液，观察现象。写出有关反应的离子方程式。

(3)制取3份 SnS_2 沉淀，观察颜色，分别加入浓盐酸，2 mol·L^{-1} NaOH溶液和0.1 mol·L^{-1} Na_2S 溶液，观察现象。写出有关的离子反应方程式。在 SnS_2 与 Na_2S 反应的溶液中加入2 mol·L^{-1} HCl溶液，观察现象。写出有关的离子反应方程式。

(4)制取3份 Sb_2S_3 沉淀，观察颜色，分别加入6 mol·L^{-1} HCl溶液，2 mol·L^{-1} NaOH溶液，0.5 mol·L^{-1} Na_2S 溶液，观察现象。在 Sb_2S_3 与 Na_2S 反应的溶液中加入2 mol·L^{-1} HCl溶液，观察有何变化。写出有关反应的离子方程式。

(5)制取 Bi_2S_3 沉淀，观察其颜色，加入6 mol·L^{-1} HCl溶液，观察有何变化。写出有关反应的离子方程式。

5. 铅(Ⅱ)难溶盐的生成与溶解

(1)制取少量 $PbCl_2$ 沉淀，观察其颜色，并分别试验其在热水和浓盐酸中的溶解情况。

(2)制取少量 $PbSO_4$ 沉淀,观察其颜色,试验其在饱和 NH_4Ac 溶液中的溶解情况。

(3)制取少量 $PbCrO_4$ 沉淀,观察其颜色,分别试验其在浓 HNO_3 和 6 mol·L^{-1}NaOH 溶液中的溶解情况。

6. Sn^{2+} 与 Pb^{2+} 的鉴别

有 A 和 B 两种溶液,一种含有 Sn^{2+},另一种含有 Pb^{2+}。试根据它们的特征反应设计实验方法加以区分。

7. Sb^{3+} 与 Bi^{3+} 的分离与鉴定

取 0.1 mol·$L^{-1}$$SbCl_3$ 溶液和 0.1 mol·$L^{-1}$$BiCl_3$ 溶液各 3 滴,混合后设计方法加以分离和鉴定。图示分离、鉴定步骤,写出现象和有关反应的离子方程式。

五、思考题

(1)检验 $Pb(OH)_2$ 碱性时,应该用什么酸?为什么不能用稀盐酸或稀硫酸?

(2)怎样制取亚锡酸钠溶液?

(3)用 PbO_2 和 $MnSO_4$ 溶液反应时为什么用硝酸酸化而不用盐酸酸化?

(4)配制 $SnCl_2$ 溶液时,为什么要加入盐酸和锡粒?

(5)比较锡、铅氢氧化物的酸碱性;比较锑、铋氢氧化物的酸碱性。

(6)比较锡、铅化合物的氧化还原性;比较锑、铋化合物的氧化还原性。

(7)总结锡、铅、锑、铋硫化物的溶解性,说明它们与相应的氢氧化物的酸碱性有何联系。

(8)在含 Sn^{2+} 的溶液中加入 CrO_4^{2-} 会发生什么反应?

六、注意事项

锡、铅、锑、铋等的化合物必须倒回回收桶。

实验五　ds 区金属元素(铜、银、锌、镉、汞)

一、实验目的

(1)掌握铜、银、锌、镉、汞的氧化物或氢氧化物的酸碱性。

(2)掌握铜、银、锌、镉、汞的金属离子形成配合物的特征以及铜和汞的氧化态变化。

二、实验原理

铜和银是周期系第ⅠB族元素,价层电子构型分别为 $3d^{10}4s^1$ 和 $4d^{10}4s^1$。铜的重要氧化值为+1和+2,银主要形成氧化值为+1的化合物。

锌、镉、汞是周期系第ⅡB族元素,价层电子构型为 $(n-1)d^{10}s^2$,它们都形成氧化值为+2的化合物,汞还能形成氧化值为+1的化合物。

$Zn(OH)_2$ 是两性氢氧化物。$Cu(OH)_2$ 两性偏碱,能溶于较浓的 NaOH 溶液。$Cu(OH)_2$ 的热稳定性差,受热分解为 CuO 和 H_2O。$Cd(OH)_2$ 是碱性氢氧化物。AgOH,$Hg(OH)_2$,$Hg_2(OH)_2$ 都很不稳定,极易脱水变成相应的氧化物,而 Hg_2O 也不稳定,易歧化为 HgO 和 Hg。

某些 Cu(Ⅱ),Ag(Ⅰ),Hg(Ⅱ)的化合物具有一定的氧化性。例如,Cu^{2+} 能与 I^- 反应生成 CuI 和 I_2;$[Cu(OH)_4]^{2-}$ 和 $[Ag(NH_3)2]^+$ 都

能被醛类或某些糖类还原，分别生成 Ag 和 Cu_2O；$HgCl_2$ 与 $SnCl_2$ 反应用于 Hg^{2+} 或 Sn^{2+} 的鉴定。

水溶液中的 Cu^+ 不稳定，易歧化为 Cu^{2+} 和 Cu。CuCl 和 CuI 等 Cu(Ⅰ)的卤化物难溶于水，通过加合反应可分别生成相应的配离子$[CuCl_2]^-$ 和$[CuI_2]^-$ 等，它们在水溶液中较稳定。$CuCl_2$ 溶液与铜屑及浓 HCl 混合后加热可制得$[CuCl_2]^-$，加水稀释时会析出 CuCl 沉淀。

Cu^{2+} 与 $K_4[Fe(CN)_6]$在中性或弱酸性溶液中反应，生成红棕色的 $Cu_2[Fe(CN)_6]$沉淀，此反应用于鉴定 Cu^{2+}。

Ag^+ 与稀 HCl 反应生成 AgCl 沉淀，AgCl 溶于 $NH_3 \cdot H_2O$ 溶液生成$[Ag(NH_3)_2]^+$，再加入稀 HNO_3 又生成 AgCl 沉淀，或加入 KI 溶液生成 AgI 沉淀。利用这一系列反应可以鉴定 Ag^+。当加入相应的试剂时，还可以实现$[Ag(NH_3)_2]^+$，AgBr(s)，$[Ag(S_2O_3)_2]^{3-}$，AgI(s)，$[Ag(CN)_2]^-$，Ag_2S(s)的依次转化。AgCl，AgBr，AgI 等也能通过加合反应分别生成$[AgCl_2]^-$，$[AgBr^2]^-$，$[AgI_2]^-$ 等配离子。

Cu^{2+}，Ag^+，Zn^{2+}，Cd^{2+}，Hg^{2+} 与饱和 H_2S 溶液反应都能生成相应的硫化物。ZnS 能溶于稀 HCl。CdS 不溶于稀 HCl，但溶于浓 HCl。利用黄色 CdS 的生成反应可以鉴定 Cd^{2+}。CuS 和 Ag_2S 溶于浓 HNO_3。HgS 溶于王水。

Cu^{2+}，Cu^+，Ag^+，Zn^{2+}，Cd^{2+}，Hg^{2+} 都能形成氨合物。$[Cu(NH_3)_2]^+$ 是无色的，易被空气中的 O_2 氧化为深蓝色的$[Cu(NH_3)_4]^{2+}$。Cu^{2+}，Ag^+，Zn^{2+}，Cd^{2+}，Hg^{2+} 与适量氨水反应生成氢氧化物、氧化物或碱式盐沉淀，而后溶于过量的氨水(有的需要有 NH_4Cl 存在)。

Hg_2^{2+} 在水溶液中较稳定，不易歧化为 Hg^{2+} 和 Hg。但 Hg_2^{2+} 与氨水、饱和 H_2S 或 KI 溶液反应生成的 Hg(Ⅰ)化合物都能歧化为 Hg(Ⅱ)的化合物和 Hg。例如，Hg_2^{2+} 与 I^- 反应先生成 Hg_2I_2，当 I^- 过量时则生成$[HgI_4]^{2-}$ 和 Hg。

在碱性条件下，Zn^{2+} 与二苯硫腙反应形成粉红色的螯合物，

此反应用于鉴定 Zn^{2+}。

三、实验用品

烧杯(250 mL),离心机,离心试管,试管。

铜粉,$CuCl_2$(1.0 mol·L^{-1},s),KBr(0.1 mol·L^{-1},s),NaCl(0.1 mol·L^{-1},s),$Na_2S_2O_3$(0.1 mol·L^{-1}),葡萄糖水(10%),H_2SO_4(6 mol·L^{-1},3 mol·L^{-1}),HCl(6 mol·L^{-1},浓),HNO_3(2 mol·L^{-1}),NH_4Cl(1.0 mol·L^{-1}),$NH_3 \cdot H_2O$(6 mol·L^{-1},2 mol·L^{-1},1 mol·L^{-1},浓),NaOH(6 mol·L^{-1},2 mol·L^{-1}(新配制)),$CuSO_4$(0.1 mol·L^{-1}),$ZnSO_4$(0.1 mol·L^{-1}),$CdSO_4$(0.1 mol·L^{-1}),$CoCl_2$(0.1 mol·L^{-1}),$AgNO_3$(0.1 mol·L^{-1}),$Hg(NO_3)_2$(0.1 mol·L^{-1}),KI(0.1 mol·L^{-1}),$HgCl_2$(0.1 mol·L^{-1}),KSCN(0.1 mol·L^{-1}),HAc(6 mol·L^{-1}),$K_4[Fe(CN)_6]$(0.1 mol·L^{-1}),淀粉溶液(0.2%)。

四、实验内容

(一)氧化物的制备和性质

1)$Cu(OH)_2$ 的制备和性质

(1)$Cu(OH)_2$ 的制备:在 3 支离心试管中各加入 2 滴 0.1 mol·$L^{-1}$$CuSO_4$ 溶液和 2 滴 2 mol·L^{-1} NaOH 溶液。观察产物的颜色和状态,写出反应式。

$$2Cu^{2+} + 2OH^- + SO_4^{2-} = Cu_2(OH)_2SO_4 \downarrow$$

$$Cu_2(OH)_2SO_4 + 2OH^- = 2Cu(OH)_2 \downarrow + SO_4^{2-}$$

(2)$Cu(OH)_2$ 的性质:①$Cu(OH)_2$ 的碱性。向第 1 份沉淀中加入 2 滴 3 mol·L^{-1} H_2SO_4 溶液,振荡,观察沉淀是否溶解。②$Cu(OH)_2$ 的弱酸性。向第 2 份沉淀中加入 4~5 滴 6 mol·L^{-1} NaOH 溶液,振荡,观察沉淀是否溶解。③$Cu(OH)_2$ 受热分解。

将第3份沉淀水浴加热。观察有何变化，写出反应式。

$$Cu(OH)_2 + 2H^+ \xlongequal{} Cu^{2+} + 2H_2O$$

$$Cu(OH)_2 + 2OH^- \xlongequal{\triangle} [Cu(OH)_4]^{2-}$$

$$Cu(OH)_2 \xlongequal{\triangle} CuO + H_2O$$

2）Ag_2O的制备和性质

（1）Ag_2O的制备：在两支离心试管中各依次加入2滴0.1 mol·L^{-1} $AgNO_3$溶液和1滴新配制的2 mol·L^{-1} NaOH溶液。观察Ag_2O的颜色和状态。写出反应式。

$$2Ag^+ + 2OH^- \xlongequal{} Ag_2O + H_2O$$

（2）Ag_2O的酸碱性：将上述两份沉淀中分别滴加2滴2 mol·L^{-1} HNO_3和5滴6 mol·L^{-1} NaOH溶液。观察其溶解情况，写出反应式。

$$Ag_2O + 2HNO_3 \xlongequal{} 2Ag^+ + 2NO_3^- + H_2O$$

3）$Zn(OH)_2$的制备和性质

（1）$Zn(OH)_2$的制备：在两支离心试管中分别加入0.5 mL 0.1 mol·L^{-1} $ZnSO_4$溶液后，各加入1滴2 mol·L^{-1} NaOH溶液，有白色沉淀生成。写出反应式。

$$Zn^{2+} + 2OH^- \xlongequal{} Zn(OH)_2 \downarrow$$

（2）$Zn(OH)_2$的酸碱性：向上述两份沉淀中分别滴加3 mol·L^{-1} H_2SO_4和2 mol·L^{-1} NaOH溶液。观察沉淀是否溶解，写出反应式。

$$Zn(OH)_2 + 2H^+ \xlongequal{} Zn^{2+} + 2H_2O$$

$$Zn(OH)_2 + 2OH^- \xlongequal{} [Zn(OH)_4]^{2-}$$

4）$Cd(OH)_2$的制备和性质

（1）$Cd(OH)_2$的制备：在两支小试管中分别加入1滴0.1 mol·L^{-1} $CdSO_4$溶液和1滴2 mol·L^{-1} NaOH溶液。观察$Cd(OH)_2$沉淀的生成，写出反应式。

$$Cd^{2+} + 2OH^- \xlongequal{} Cd(OH)_2 \downarrow$$

（2）$Cd(OH)_2$的酸碱性：向上述两份沉淀中分别滴加3滴

3 mol·L^{-1} H_2SO_4 和 5 滴 6 mol·L^{-1} NaOH 溶液。观察沉淀是否溶解，写出反应式。

$$Cd(OH)_2 + 2H^+ = Cd^{2+} + 2H_2O$$

5）HgO 的制备和性质

（1）HgO 的制备：向盛有 1 滴 0.1 mol·L^{-1} $Hg(NO_3)_2$ 溶液的两支离心试管中加入 1 滴新配制的 2 mol·L^{-1} NaOH 溶液。观察氧化汞的颜色和状态，写出反应式。

$$Hg^{2+} + 2OH^- = HgO\downarrow + H_2O$$

（2）HgO 的碱性：向上述两份沉淀中，分别滴加 2 mol·L^{-1} HNO_3 和 5 滴 6 mol·L^{-1} NaOH 溶液。观察沉淀是否溶解，写出反应式。

$$HgO + 2H^+ = Hg^{2+} + H_2O$$

（二）配合物的制备和性质

1）氨配合物（铜、银、锌、镉、汞盐的水溶液与氨水的反应）

（1）向 1 滴 2 mol·L^{-1} $NH_3 \cdot H_2O$ 溶液中滴加 0.1 mol·L^{-1} $CuSO_4$ 溶液至大量淡蓝色沉淀生成为止，然后再向沉淀中滴加 2 mol·L^{-1} $NH_3 \cdot H_2O$ 溶液至沉淀消失并得到深蓝色溶液。写出反应式。

$$2Cu^{2+} + SO_4^{2-} + 2NH_3 \cdot H_2O = Cu_2(OH)_2SO_4\downarrow + 2NH_4^+$$

$$Cu_2(OH)_2SO_4 + 2NH_4^+ + 6NH_3 \cdot H_2O = 2[Cu(NH_3)_4]^{2+} + SO_4^{2-} + 8H_2O$$

（2）向 1 滴 2 mol·L^{-1} $NH_3 \cdot H_2O$ 溶液中滴加 0.1 mol·L^{-1} $AgNO_3$ 溶液至大量棕色沉淀生成为止，然后再向沉淀中滴加 2 mol·L^{-1} $NH_3 \cdot H_2O$ 溶液至沉淀消失并得到无色溶液。写出反应式。

$$2Ag^+ + 2NH_3 \cdot H_2O = Ag_2O\downarrow + 2NH_4^+ + H_2O$$

$$Ag_2O + 4NH_3 \cdot H_2O = 2[Ag(NH_3)_2]^+ + 2OH^- + 3H_2O$$

（3）向 3 滴 0.1 mol·L^{-1} $ZnSO_4$ 溶液中，滴加 2 mol·L^{-1} $NH_3 \cdot H_2O$ 溶液。观察沉淀的生成与溶解，写出反应式。

(4)向 2 滴 0.1 mol·L^{-1} $CdSO_4$ 溶液中,滴加 2 mol·L^{-1} $NH_3·H_2O$ 溶液。观察沉淀的生成与溶解,写出反应式。

$$M^{2+}+2NH_3·H_2O=M(OH)_2\downarrow+2NH_4^+ (M=Zn、Cd)$$

$$M(OH)_2+4NH_3·H_2O=[M(NH_3)_4]^{2+}+OH^-+24H_2O(M=Zn、Cd)$$

(5)向 1 滴 0.1 mol·L^{-1} $HgCl_2$ 溶液中,滴加 2 mol·L^{-1} $NH_3·H_2O$ 溶液。观察生成沉淀的颜色,沉淀是否溶解,写出反应式。

$$HgCl_2+2NH_3·H_2O=HgNH_2Cl\downarrow+NH_4Cl+2H_2O$$

2)其他配合物

(1)银的配合物。

①银的配合物与卤化银沉淀的关系:取 2 滴 0.1 mol·L^{-1} $AgNO_3$ 溶液与 2 滴 0.1 mol·L^{-1} NaCl 溶液混合,得白色沉淀。向沉淀中滴加 2 mol·L^{-1} $NH_3·H_2O$ 溶液至沉淀刚好完全溶解。再向该溶液中加入 2 滴 0.1 mol·L^{-1} KBr 溶液,观察有何变化。离心分离,向沉淀中滴加 0.1 mol·L^{-1} $Na_2S_2O_3$ 溶液。观察沉淀是否溶解。最后再向溶液中加 2 滴 0.1 mol·L^{-1} KI 溶液,又有何变化?

通过以上实验,比较 AgCl、AgBr、AgI 三者溶解度的大小和配合物$[Ag(NH_3)_2]^+$、$[Ag(S_2O_3)_2]^{3-}$的稳定性的大小,并写出有关反应式。

$$Ag^++Cl^-=AgCl\downarrow$$

$$AgCl+2NH_3=[Ag(NH_3)_2]^++Cl^-$$

$$[Ag(NH_3)_2]^++Br^-=AgBr\downarrow+2NH_3$$

$$AgBr+2S_2O_3^{2-}=[Ag(S_2O_3)_2]^{3-}+Br^-$$

$$[Ag(S_2O_3)_2]^{3-}+I^-=AgI\downarrow+2S_2O_3^{2-}$$

②银镜的制作:向洁净的试管中加入 1 mL 0.1 mol·L^{-1} $AgNO_3$ 溶液,滴加 2 mol·L^{-1} $NH_3·H_2O$ 溶液至生成的氧化银沉淀刚好溶解时再多加 2 滴 $NH_3·H_2O$ 溶液,然后加入 3 滴 10%葡萄糖溶液,充分混匀后,在水浴中(60～70℃)静置加热。

观察试管壁上有何变化，写出反应式。

$$2Ag(NH_3)_2^+ + C_5H_{11}O_5CHO + 2OH^- \xlongequal{\triangle} 2Ag\downarrow + C_5H_{11}O_5COO^- + 3NH_3 + H_2O$$

③Ag^+的鉴定：往 2 滴 0.1 mol·L^{-1} $AgNO_3$ 溶液中加入 2 滴 0.1 mol·L^{-1} NaCl 溶液生成白色沉淀；再滴加 2 mol·L^{-1} $NH_3 \cdot H_2O$ 溶液至沉淀刚好溶解。用 2 mol·L^{-1} HNO_3 溶液将其酸化，又生成白色沉淀。写出反应式。

$$Ag^+ + Cl^- = AgCl\downarrow$$

$$AgCl + 2NH_3 = [Ag(NH_3)_2]^+ + Cl^-$$

$$[Ag(NH_3)_2]^+ + Cl^- = AgCl\downarrow + 2NH_3$$

(2)汞的配合物及应用。

①奈斯特试剂的制备及应用：向 1 滴 0.1 mol·L^{-1} $Hg(NO_3)_2$ 溶液中滴加 0.1 mol·L^{-1} KI 溶液，直至生成的沉淀又溶解；然后在溶液中加入 6 滴 6 mol·L^{-1} NaOH 溶液至碱性得奈斯特试剂。

向该试剂中加入 3 滴 0.1 mol·L^{-1} NH_4Cl 溶液，观察现象(该反应常用以检查 NH_4^+)，写出反应式。

②汞的硫氰化物。

a. 向 2 滴 0.1 mol·L^{-1} $Hg(NO_3)_2$ 溶液中分别滴加 0.1 mol·L^{-1} KSCN 溶液至生成的沉淀刚好溶解，分成两份。

$$Hg^{2+} + 2SCN^- = Hg(SCN)_2\downarrow$$

$$Hg(SCN)_2 + 2SCN^- = [Hg(SCN)_4]^{2-}$$

$$NH_4^{2-} + 2[HgI_4]^{2-} + 4OH^- = \left[O \begin{smallmatrix} Hg \\ \\ Hg \end{smallmatrix} NH_2 \right] I\downarrow + 7I^- + 3H_2O$$

b. 向上述两份溶液中分别加入 5 滴 0.1 mol·L^{-1} $ZnSO_4$ 和 0.1 mol·L^{-1} $CoCl_2$ 溶液，振荡。观察有什么现象(该反应可定性检验 Zn^{2+} 和 Co^{2+})，写出反应式。

$$[Hg(SCN)_4]^{2-} + Zn^{2+} = Zn[Hg(SCN)_4]\downarrow$$

$$[Hg(SCN)_4]^{2-} + Co^{2+} = Co[Hg(SCN)_4]\downarrow$$

(3)铜(Ⅱ)的其他配合物。

①取米粒大小的 $CuCl_2$ 固体放入试管中,加入 1 mL 浓 HCl 溶液溶解得到黄绿色溶液;向该溶液中滴加蒸馏水,观察溶液颜色的变化,试解释原因,并写出反应式。

$$CuCl_2 + 2HCl(浓) \Longrightarrow H_2CuCl_4$$

$$[CuCl_4]^{2-} + 4H_2O \rightleftharpoons [Cu(H_2O)_4]^{2+} + 4Cl^-$$

②取上述溶液 0.5 mL,并向溶液中加入豆粒大小的 KBr 固体至 KBr 溶液饱和,振荡。观察溶液颜色的变化,写出反应式。

$$[Cu(H_2O)_4]^{2+} + 4Br^- \rightleftharpoons [CuBr_4]^{2-} + 4H_2O$$

③Cu^{2+} 的鉴定:2 滴 0.1 mol·L^{-1} $CuSO_4$ 溶液,用 1~2 滴 6 mol·L^{-1} HAc 溶液酸化,再加入 2 滴 0.1 mol·L^{-1} $K_4[Fe(CN)_6]$溶液生成红棕色 $Cu_2[Fe(CN)_6]$沉淀。在沉淀中加入 0.5 mL6 mol·L^{-1} $NH_3 \cdot H_2O$ 溶液,沉淀溶解生成蓝色溶液写出反应式。

$$2Cu^{2+} + [Fe(CN)_6]^{4-} \Longrightarrow Cu_2[Fe(CN)_6] \downarrow$$

$$Cu_2[Fe(CN)_6] + 8NH_3 \Longrightarrow 2[Cu(NH_3)_4]^{2+} + [Fe(CN)_6]^{4-}$$

(三)铜(I)化合物

1)CuI

向 2 滴 0.1 mol·L^{-1} $CuSO_4$ 溶液中加入 5 滴 0.1 mol·L^{-1} KI 溶液,混匀并观察有何变化。加 1 mL 水,混匀后离心。将上层清液倒入另一支试管中,加 2 滴 0.2%淀粉溶液,检验 I_2 的存在。沉淀用水洗涤 2~3 次后,观察沉淀是否为白色。向沉淀中滴加 0.1 mol·L^{-1} KI 溶液至沉淀消失。写出反应式。

$$2Cu^{2+} + 4I^- \Longrightarrow 2CuI \downarrow + I_2$$

$$CuI + I^- \Longrightarrow [CuI_2]^-$$

2)CuCl 的生成与性质

(1)CuCl 的生成:用小烧杯取 3 mL 6 mol·L^{-1} HCl 溶液,3 mL 1.0 mol·L^{-1} $CuCl_2$ 溶液、1 g NaCl 固体,混匀后,溶液呈黄绿色。再加入约 0.2 g 铜粉,不停地搅拌至溶液变为无色为止。

静置使多余的铜粉沉降下来，将上层清液倒入 100 mL 新制蒸馏水中立即得到白色 CuCl 沉淀。静置，使 CuCl 完全沉降下来。倾去上层清液。两支离心试管各加 1 滴 CuCl 和水的混合物。观察现象，写出反应式。

$$Cu + CuCl_2 + 6HCl = 2H_3CuCl_4$$

$$H_3CuCl_4 \xlongequal{H_2O} CuCl\downarrow + 3HCl$$

(2)CuCl 的性质：向上述一份沉淀中滴加浓 $NH_3 \cdot H_2O$ 溶液至 CuCl 晶体全部消失为止。观察溶液颜色的变化，写出反应式。

向上述另一份沉淀中滴加浓 HCl 溶液至 CuCl 晶体全部消失为止，写出反应式。

$$CuCl + 2NH_3 = [Cu(NH_3)_2]^+ + Cl^-$$

$$4[Cu(NH_3)_2]^+ + 8NH_3 + O_2 + 2H_2O = 4[Cu(NH_3)_4]^{2+} + 4OH^-$$

$$CuCl + 3HCl(浓) = H_3CuCl_4$$

3)Cu_2O 的制备和性质

(1)Cu_2O 的制备：在两支试管中各加 4 滴 0.1 mol·L^{-1} $CuSO_4$ 的溶液，然后滴加 6 mol·L^{-1} NaOH 溶液使最初生成的沉淀基本溶解；再在此溶液中加入 4 滴 10%的葡萄糖溶液，摇匀后水浴 60～70℃加热，观察现象。同时，另取第三支试管中加 10 滴 0.1 mol·L^{-1} $CuSO_4$ 的溶液，然后滴加 6 mol·L^{-1} NaOH 溶液使最初生成的沉淀基本溶解，再在此溶液中加入 10 滴 10%的葡萄糖溶液，摇匀后水浴 60～70℃加热。观察现象，写出反应式。

$$Cu^{2+} + 2OH^- = Cu(OH)_2\downarrow$$

$$Cu(OH)_2 + 2OH^- = [Cu(OH)_4]^{2-}$$

$$2[Cu(OH)_4]^{2-} + C_6H_{12}O_6 \xlongequal{\triangle} Cu_2O\downarrow$$

$$C_5H_{11}O_5COO^- + 3OH^- + 3H_2O$$

(2)Cu_2O 的性质：向上述 3 份沉淀各加入 1 mL 水，离心，倾去上层清液；再用蒸馏水洗涤两次后，向沉淀较多的一份加入 2～3 滴 6 mol·L^{-1} H_2SO_4 溶液后充分振荡至大部分沉淀溶解，观察溶液和下层不溶物的颜色；剩下的两份沉淀中，一份加入 0.5 mL 浓 $NH_3 \cdot H_2O$ 溶液，一份加入 0.5 mL 浓 HCl 溶液，摇匀。观察现象，写出反应式。

$$Cu_2O + H_2SO_4 = Cu_2SO_4 + H_2O$$

$$Cu_2SO_4 = Cu\downarrow + CuSO_4$$

$$Cu_2O + 4NH_3 + H_2O = 2[Cu(NH_3)_2]^+ + 2OH^-$$

$$4[Cu(NH_3)_2]^+ + 8NH_3 + O_2 + 2H_2O = 4[Cu(NH_3)_4]^{2+} + 4OH^-$$

$$Cu_2O + 8HCl(浓) = 2H_3CuCl_4(或写为\ HCuCl_2) + H_2O$$

五、思考题

(1)混合溶液中含有 Zn^{2+}、Cd^{2+}、Hg^{2+}、Ag^+，试把它们分开。

(2)混合溶液中含有 Zn^{2+}、Cu^{2+}、Pb^{2+}、Ag^+，试把它们分开。

(3)比较铜(Ⅰ)和铜(Ⅱ)化合物的稳定性。说明二者的相互转化关系。

(4)用两种不同的方法区别锌盐和铜盐、锌盐和镉盐、银盐和汞盐。

(5)$Hg(NO_3)_2$，$Hg_2(NO_3)_2$ 与 KI 的作用有何不同？

(6)为什么在 $CuSO_4$ 溶液中加入 KI 即产生 CuI 沉淀，而加 KCl 则不同，不出现 CuCl 沉淀。怎样才能得到 CuCl 沉淀？

(7)银镜制作是利用银离子的什么性质？反应前为何要把银离子变成银氨配离子？

(8)根据实验结果比较 ds 区与 s 区化合物的酸碱性、溶解性、价态变化和生成配合物的能力。

六、注意事项

(1)汞蒸气吸入人体内，会引起慢性中毒，因此汞应保存于水中。取用汞时，要用特制的末端弯成弧状的滴管吸取，不能直接倾倒(最好用盛有水的搪瓷盘承接)。当不慎洒落汞珠时，应尽量用滴管吸取回收，然后在可能残留汞珠的地方撒上一层硫黄粉，并摩擦之。使汞转化为难挥发的硫化汞，或洒上硫酸铁溶液，使残留汞与铁离子发生氧化还原反应。

(2)汞、镉化合物的溶液必须倒入污水回收桶中；含银、铜的废液最好回收再生。

实验六　d区金属元素Ⅰ(钛、钒、铬、锰)

一、实验目的

(1)掌握钛、钒、铬、锰主要氧化态化合物的重要性质。
(2)掌握铬、锰各氧化态之间相互转化的条件。
(3)练习沙浴加热操作。

二、实验原理

1. 钛

TiO_2 既不溶于水也不溶于稀酸和稀碱溶液，但在热的浓硫酸中能够缓慢地溶解，生成硫酸钛或硫酸氧钛：

$$TiO_2 + 2H_2SO_4 \xlongequal{\triangle} Ti(SO_4)_2 + 2H_2O$$

$$TiO_2 + H_2SO_4 \xlongequal{\triangle} TiOSO_4 + H_2O$$

将此溶液加热煮沸，则发生水解，得到不溶于酸碱的 p 型钛酸：

$$TiOSO_4 + (x+1)H_2O \xlongequal{} TiO_2 \cdot xH_2O + H_2SO_4$$

若加碱于新配制的酸性钛盐中，则可得到能溶于稀酸或浓碱的 α 型钛酸：

$$TiOSO_4 + 2NaOH + H_2O \xlongequal{} Ti(OH)_4 + Na_2SO_4$$

$$Ti(OH)_4 + H_2SO_4 \longrightarrow TiOSO_4 + 3H_2O$$

$$Ti(OH)_4 + 2NaOH \longrightarrow Na_2TiO_3 + 3H_2O$$

在 TiO^{2+} 溶液中加入过氧化氢，呈现出特征颜色：在强酸性溶液中显红色；在稀酸或中性溶液中显橙黄色。利用这一反应可以进行 Ti(Ⅳ)或 H_2O_2 的比色分析。反应为

$$TiO^{2+} + H_2O_2 \longrightarrow [TiO(H_2O_2)]^{2+}$$

$TiCl_4$ 是共价占优势的化合物，常温下是无色液体，具有刺激性的臭味；它极易水解，暴露在空气中会发烟：

$$TiCl_4 + 2H_2O \longrightarrow TiO_2 + 4HCl$$

在酸性溶液中用锌还原钛氧离子 TiO^{2+}，可得紫色的$[Ti(H_2O)_6]^{3+}$离子：

$$2TiO^{2+} + Zn + 10H_2O + 4H^+ \longrightarrow 2[Ti(H_2O)_6]^{3+} + Zn^{2+}$$

Ti^{3+}易水解：

$$[Ti(H_2O)_6]^{3+} \longrightarrow [Ti(OH)(H_2O)5]^{2+} + H^+$$

或

$$Ti^{3+} + H_2O \longrightarrow Ti(OH)^{2+} + H^+$$

向 Ti^{3+} 的溶液中加入可溶性碳酸盐时，有 $Ti(OH)_3$ 沉淀生成：

$$2Ti^{3+} + 3CO_3^{2-} + 3H_2O \longrightarrow 2Ti(OH)_3(s) + 3CO_2(g)$$

在酸性溶液中，Ti^{3+} 有强还原性，能将 Cu^{2+}，Fe^{3+} 还原为 Cu^+，Fe^{2+}，也可被空气中的氧气氧化：

$$Ti^{3+} + Cu^{2+} + Cl^- + H_2O \longrightarrow CuCl + TiO^{2+} + 2H^+$$

$$Ti^{3+} + Fe^{3+} + H_2O \longrightarrow TiO^{2+} + Fe^{2+} + 2H^+$$

$$4Ti^{3+} + O_2 + 2H_2O \longrightarrow 4TiO^{2+} + 4H^+$$

2. 钒

V_2O_5 是橙黄色或砖红色的晶体，有毒，微溶于水（约 0.07 g/100 g H_2O）而呈淡黄色，具有两性，但酸性占优势，溶于碱生成偏钒酸盐：

$$V_2O_5 + 2NaOH \longrightarrow 2NaVO_3 + H_2O$$

在强碱性溶液中则生成正钒酸盐：

$$V_2O_5 + 6NaOH = 2Na_3VO_4 + 3H_2O$$

向正钒酸盐溶液中加酸，随着 H^+ 浓度增加会生成不同聚合度的多钒酸盐。

V_2O_5 能把盐酸中的 Cl^- 氧化为 Cl_2，本身被还原为蓝色的 VO^{2+}；在酸性介质中，VO_2^+ 是一种较强的氧化剂：

$$V_2O_5 + 6HCl = 2VOCl_2 + Cl_2 + 3H_2O$$

或

$$2VO_2^+ + 2Cl^- + 4H^+ = 2VO^{2+} + Cl_2 + 2H_2O$$

VO_2^+ 也可被 Fe^{2+} 或 $H_2C_2O_4$ 还原为 VO^{2+}：

$$VO_2^+ + Fe^{2+} + 2H^+ = VO^{2+} + Fe^{3+} + H_2O$$

$$2VO_2^+ + H_2C_2O_4 + 2H^+ = 2VO^{2+} + 2CO_2 + 2H_2O$$

上述反应可用于钒的鉴定。

在 V(Ⅴ)的酸性溶液中加 H_2O_2，可生成红色的$[V(O_2)]^{3+}$离子：

$$NH_4VO_3 + H_2O_2 + 4HCl = [V(O_2)]Cl_3 + NH_4Cl + 3H_2O$$

在酸性溶液中，V(Ⅴ)可被锌逐渐还原为 V(Ⅳ)，V(Ⅲ)，V(Ⅱ)，使溶液颜色发生由蓝→暗绿→紫红的演变过程：

$$2VO_2Cl + Zn + 4HCl = 2VOCl_2(\text{蓝}) + ZnCl_2 + 2H_2O$$

$$2VOCl_2 + Zn + 4HCl = 2VCl_3(\text{暗绿}) + ZnCl_2 + 2H_2O$$

$$2VCl_3 + Zn = 2VCl_2(\text{紫色}) + ZnCl_2$$

铬和锰分别为周期系ⅥB、ⅦB族元素，它们都具有可变的氧化数。铬的化合物中氧化数为+3、+6的最常见；锰的化合物中氧化数为+2、+4、+7的最常见，而+3、+5的化合物不稳定。铬和锰的各种氧化数的化合物有不同的颜色。如 MnO_4^- 紫红色，MnO_4^{2-} 绿色，Mn^{2+} 无色至浅红色，$Cr_2O_7^{2-}$ 橙色，$Cr_2O_4^{2-}$ 黄色，Cr^{3+} 蓝紫色等。

3. 铬的化合物

$Cr(OH)_3$ 具有两性。

$$Cr(OH)_3 + 3H^+ = Cr^{3+} + 3H_2O$$

$$Cr(OH)_3 + OH^- = [Cr(OH)_4]^-$$

Cr^{3+}的盐容易水解，向Cr^{3+}溶液中加入Na_2S不会生成Cr_2S_3，因为Cr^{3+}、S^{2-}在水中完全水解。

$$2Cr^{3+} + 3S^{2-} + 6H_2O = 2Cr(OH)_3\downarrow + 3H_2S\uparrow$$

在碱性溶液中，$[Cr(OH)_4]^-$具有较强的还原性，易被H_2O_2氧化为CrO_4^{2-}。

$$2[Cr(OH)_4]^- + 3H_2O_2 + 2OH^- = 2CrO_4^{2-} + 8H_2O\text{（绿色→黄色）}$$

但在酸性溶液中，Cr^{3+}的还原性较弱，只有强氧化剂$K_2S_2O_8$或$KMnO_4$才能将Cr^{3+}氧化为$Cr_2O_7^{2-}$。

$$2Cr^{3+} + 3S_2O_8^{2-} + 7H_2O \stackrel{\triangle}{=} Cr2O_7^{2-} + 6SO_4^{2-} + 14H^+$$

在酸性溶液中，$Cr_2O_7^{2-}$为强氧化剂，易被还原成Cr^{3+}。例如：

$$K_2Cr_2O_7 + 14HCl\text{（浓）} \stackrel{\triangle}{=} 2CrCl_3 + 3Cl_2\uparrow + 7H_2O + 2KCl$$

铬酸盐和重铬酸盐在水溶液中存在如下平衡：

$$2CrO_4^{2-}\text{（黄色）} + 2H^+ = Cr_2O_7^{2-}\text{（橙红色）} + H_2O$$

该平衡在酸性介质中向右移动，而在碱性介质中向左移动，因此，随溶液酸碱性变化常常会伴有溶液颜色的变化。

铬酸盐的溶解度较重铬酸盐的溶解度要小，因此，向重铬酸盐溶液中加入Ag^+、Pb^{2+}、Ba^{2+}等离子时，常生成铬酸盐沉淀。例如：

$$Cr_2O_7^{2-} + 4Ag^+ + H_2O = 2Ag_2CrO_4\downarrow + 2H^+$$

在酸性溶液中，$Cr_2O_7^{2-}$与H_2O_2反应时，生成蓝色的过氧化铬$CrO(O_2)_2$：

$$Cr_2O_7^{2-} + 4H_2O_2 + 2H^+ = 2CrO(O_2)_2 + 5H_2O$$

蓝色$CrO(O_2)_2$在水溶液中不稳定，会很快分解，但在有机试剂乙醚或戊醇中则稳定得多：这一反应常用来鉴定Cr^{3+}、CrO_4^{2-}、$Cr_2O_7^{2-}$。

4. 锰的化合物

在碱性溶液中，Mn(Ⅱ)不稳定，易被空气中的O_2氧化生成

棕色 $MnO(OH)_2$，如白色的 $Mn(OH)_2$ 在空气中很快被氧化而逐渐变成棕色的 $MnO(OH)_2$。

$$2Mn(OH)_2(\text{白色})+O_2 = 2MnO(OH)_2(\text{棕色})$$

在酸性溶液中，Mn^{2+} 相当稳定，然而还原性较弱，须用强氧化剂如 $K_2S_2O_8$ 或 $(NH_4)_2S_2O_8$、PbO_2、$NaBiO_3$，才能将其氧化为 MnO_4^-。

$$2Mn^{2+}+5NaBiO_3(s)+14H^+ = 2MnO_4^-(\text{紫红色})+5Bi^{3+}+7H_2O+5Na^+$$

$$2Mn^{2+}+5S_2O_8^{2-}+8H_2O = 2MnO_4^-(\text{紫红色})+10SO_4^{2-}+16H^+$$

这两个反应常用来鉴定 Mn^{2+}。

在中性或弱碱性溶液中，MnO_4^- 和 Mn^{2+} 反应生成棕色 MnO_2 沉淀。

$$2MnO_4^-+3Mn^{2+}+2H_2O = 5MnO_2\downarrow+4H^+$$

在酸性介质中，MnO_2 是较强的氧化剂，易被还原为 Mn^{2+}。例如：

$$MnO_2+4HCl(\text{浓})\xrightarrow{\triangle}MnCl_2+Cl_2\uparrow+2H_2O$$

此反应常用于实验室中制取少量 Cl_2。

在强碱性条件下，强氧化剂能将 MnO_2 氧化成 MnO_4^{2-}。

$$2MnO_4^-+MnO_2+4OH^- = 3MnO_4^{2-}(\text{绿色})+2H_2O$$

MnO_4^{2-} 只有在强碱性(pH＞13.5)溶液中才能稳定存在，在中性或酸性介质中，MnO_4^{2-} 发生歧化反应。

$$3MnO_4^{2-}+4H^+ = 2MnO_4^-+MnO_2\downarrow+2H_2O$$

$KMnO_4$ 无论在酸性介质还是在碱性介质中都具有氧化性，但在酸性介质中氧化性最强，被还原的产物为 Mn^{2+}；在中性或弱碱性介质中被还原为 MnO_2；而在强碱性介质中被还原为 MnO_4^{2-}。

$$2MnO_4^-+5SO_3^{2-}+6H^+ = 2Mn^{2+}(\text{无色})+5SO_4^{2-}+3H_2O$$

$$2MnO_4^-+3SO_3^{2-}+H_2O = 2MnO_2\downarrow+(\text{棕黑色})+3SO_4^{2-}+2OH^-$$

$$2MnO_4^-+SO_3^{2-}+2OH^- = 2MnO_4^{2-}(\text{绿色})+SO_4^{2-}+H_2O$$

三、实验用品

试剂：TiO_2(s)、浓 H_2SO_4、H_2O_2(3%)、NaOH(40%)、四氯化钛、$(NH_4)_2SO_4$(1 mol·L^{-1})、锌粒、$CuCl_2$(0.2 mol·L^{-1})、偏钒酸铵(s)、NaOH(6 mol·L^{-1})、浓盐酸、饱和偏钒酸铵溶液、HCl(2 mol·L^{-1})、$K_2Cr_2O_7$(0.1 mol·L^{-1})、H_2SO_4(2 mol·L^{-1})、Na_2SO_3(0.1 mol·L^{-1})、乙醚、K_2CrO_4(0.1 mol·L^{-1})、$BaCl_2$(1 mol·L^{-1})、$Pb(NO_3)_2$(0.1 mol·L^{-1})、$AgNO_3$(0.1 mol·L^{-1})、HNO_3(6 mol·L^{-1})、NaOH(0.2 mol·L^{-1})、$MnSO_4$(0.2 mol·L^{-1})、NH_4Cl(2 mol·L^{-1})、$KMnO_4$(0.01 mol·L^{-1})、$NaBiO_3$(s)、H_2SO_4(1 mol·L^{-1})

仪器：试管、烧杯、玻璃棒、酒精灯、离心机、蒸发皿、沙浴皿。

四、实验内容

1. 钛的化合物的重要性质

(1)二氧化钛的性质和过氧钛酸根的生成：在试管中加入米粒大小的二氧化钛粉末，然后加入 2 mL 浓 H_2SO_4，再加入几粒沸石，摇动试管至近沸(注意防止浓硫酸溅出)，观察试管的变化。冷却静置后，取 0.5 mL 溶液，滴入 1 滴 3%的 H_2O_2，观察现象。

另取少量二氧化钛固体，注入 2 mL 40%NaOH 溶液，加热。静置后，取上层清液，小心滴入浓硫酸至溶液呈酸性，滴入几滴 3%H_2O_2，检验二氧化钛是否溶解。

(2)钛(Ⅲ)化合物的生成和还原性。

在盛有 0.5 mL 硫酸氧钛的溶液[用液体四氯化钛和 1 mol·L^{-1} $(NH_4)_2SO_4$ 按 1∶1 的比例配成硫酸钛溶液]中，加入两个锌粒，观察颜色的变化，把溶液放赞几分钟后，滴入几滴 $CuCl_2$(0.2 mol·L^{-1})溶液，观察现象。由上述现象说明钛(Ⅲ)的还原性。

2. 钒的化合物的重要性质

(1)取 0.5 偏钒酸铵固体放入蒸发皿中，在沙浴上加热，并不断搅拌，观察并记录反应过程中固体颜色的变化，然后把产物分成四份。

在第一份固体中，加入 1 mL 浓 H_2SO_4 振荡，放置。观察溶液颜色，固体是否溶解？在第二份固体中，加入 NaOH(6 mol・L^{-1})溶液加热。有何变化？在第三份固体中，加入少量蒸馏水，煮沸、静置，待其冷却后，用 pH 试纸测定溶液的 pH。在第四份固体中，加入浓盐酸，观察有何变化。微沸，检验气体产物，加入少量蒸馏水，观察溶液颜色。写出有关的反应方程式，总结五氧化二钒的特性。

(2)过氧钒阳离子的生成：在盛有 0.5 mL 饱和偏钒酸铵溶液的试管中，加入 0.5mL HCl(2 mol・L^{-1})溶液和 2 滴 3% H_2O_2 溶液，观察并记录产物的颜色和状态。

3. 铬的化合物的重要性质

(1)铬(Ⅵ)的氧化性：$Cr_2O_7^{2-}$ 转化为 Cr^{3+}。

①取 5 滴 $K_2Cr_2O_7$(0.1 mol・L^{-1})，加入 1 滴 H_2SO_4(2 mol・L^{-1})，再加入 5 滴 Na_2SO_3(0.1 mol・L^{-1})溶液，观察现象；②取 5 滴 $K_2Cr_2O_7$(0.1 mol・L^{-1})，加入 1 滴 H_2SO_4(2 mol・L^{-1})，再加入 10 滴乙醚和 2 滴 H_2O_2(3%)溶液，观察现象。写出相关的反应方程式。

(2)铬(Ⅵ)的缩合平衡：$Cr_2O_7^{2-}$ 与 CrO_4^{2-} 的相互转化。

①用 pH 试纸检测 $K_2Cr_2O_7$(0.1 mol・L^{-1})和 K_2CrO_4(0.1 mol・L^{-1})溶液的 pH。

②取三份 $K_2Cr_2O_7$(0.1 mol・L^{-1})各 5 滴，分别加入 3 滴 0.1 mol・L^{-1}的 $BaCl_2$、$Pb(NO_3)_2$、$AgNO_3$ 溶液，观察沉淀的颜色，测定溶液的 pH。检测沉淀在 HNO_3(6 mol・L^{-1})中的溶解性。

③取 2 滴 $K_2Cr_2O_7$(0.1 mol·L^{-1})溶液于试管中，逐渐滴加 NaOH(0.1 mol·L^{-1})，观察现象，写出反应方程式。

4. 锰的化合物重要性质

(1)氢氧化锰(Ⅱ)的生成和性质。

取 10 mL $MnSO_4$(0.2 mol·L^{-1})溶液分成四份。

第一份：滴加 NaOH(0.2 mol·L^{-1})溶液，观察沉淀的颜色。振荡试管，有何变化？

第二份：滴加 NaOH(0.2 mol·L^{-1})溶液，产生沉淀后加入过量的 NaOH 溶液，沉淀是否溶解？

第三份：滴加 NaOH(0.2 mol·L^{-1})溶液，迅速加入盐酸(2 mol·L^{-1})溶液，有何现象发生？

第四份：滴加 NaOH(0.2 mol·L^{-1})溶液，迅速加入 NH_4Cl(2 mol·L^{-1})溶液，沉淀是否溶解？写出上述有关反应方程式。此实验说明 $Mn(OH)_2$ 具有哪些性质？

(2)Mn^{2+} 的还原性。

①取 2 滴 $MnSO_4$(0.2 mol·L^{-1})溶液，加入 10 滴 $KMnO_4$(0.01 mol·L^{-1})溶液，观察现象，写出反应方程式。

②取 5 滴 $MnSO_4$(0.2 mol·L^{-1})溶液，加入几滴 HNO_3(6 mol·L^{-1})酸化，再加入少量的 $NaBiO_3$ 固体，观察溶液的颜色变化，写出相应的反应方程式。

(3)高锰酸钾的性质。

分别试验高锰酸钾溶液与亚硫酸钠溶液在酸性(1 mol·L^{-1} H_2SO_4)、近中性(蒸馏水)、碱性(6 mol·L^{-1}NaOH 溶液)介质中的反应，比较它们的产物因介质不同有何不同？写出反应式。

五、思考题

(1)在水溶液中能否有 Ti^{4+}、Ti^{2+} 或 TiO_4^{4-} 等离子的存在？

(2)根据实验结果，总结钒的化合物的性质。

(3)根据实验结果，设计一张铬的各种氧化态转化关系图。

(4)在碱性介质中，氧能把锰(Ⅱ)氧化为锰(Ⅵ)，在酸性介质中，锰(Ⅵ)又可将碘化钾氧化为碘。写出反应方程式，并解释以上现象。硫代硫酸钠标准可滴定析出碘的含量。

(5)黄色的 $BaCrO_4$ 沉淀溶解在浓盐酸溶液中时，为什么溶液变为绿色？

(6)$Mn(OH)_2$ 是白色的，为什么在空气中逐渐变为棕色？写出反应方程式。

六、注意事项

(1)在 Cr^{3+} 的鉴定实验中，加入 HNO_3 既要中和过量的碱，又要使 CrO_4^{2-} 转化为 $Cr_2O_7^{2-}$，所以 HNO^3 用量必须稍过量。

(2)在 $Cr_2O_7^{2-} \rightarrow Cr^{3+}$ 转化反应中，取 $K_2Cr_2O_7$ 量要少，如用浓 HCl 为还原剂，还需要加热。

(3)在 Mn^{2+} 的鉴定实验中，为了得到明显的实验效果，必须严格控制 $MnSO_4$ 的用量，即必须在强酸性条件下，加入少量 $MnSO_4$ 才能使实验现象明显，否则过量的 Mn^{2+} 会使 MnO_4^- 还原，使实验失败。

实验七　d 区金属元素Ⅱ(铁、钴、镍)

一、实验目的

(1)试验并掌握二价铁、钴、镍的还原性和三价铁、钴、镍的氧化性。

(2)试验并掌握二价铁、钴、镍配合物的生成以及 Fe^{2+}、Fe^{3+}、Co^{2+}、Ni^{2+} 的鉴定方法。

二、实验原理

铁、钴、镍是周期系第Ⅷ族元素，性质很相似，在化合物中常见的氧化数为＋2、＋3。

铁、钴、镍的简单离子在水溶液中都呈现一定的颜色。

铁、钴、镍的＋2价氢氧化物都呈碱性，具有不同的颜色，空气中 O_2 对它们的作用情况各不相同，$Fe(OH)_2$ 很快被氧化成红棕色的 $Fe(OH)_3$，但在氧化过程中可以生成绿色到几乎黑色的各种中间产物，而 $Co(OH)_2$ 缓慢地被氧化成褐色的 $Co(OH)_3$。$Ni(OH)_2$ 则与氧不起作用。若用强氧化剂（溴水），则可使 $Ni(OH)_2$ 氧化成 $Ni(OH)_3$。

$$2NiSO_4 + Br_2 + 6NaOH = 2Ni(OH)_3\downarrow + 2NaBr + 2Na_2SO_4$$

除 $Fe(OH)_3$ 外，$Co(OH)_3$、$Ni(OH)_3$ 与浓 HCl 作用，都能产生氯气。

$$2Co(OH)_3 + 6HCl = 2CoCl_2 + Cl_2\uparrow + 6H_2O$$

$$2Ni(OH)_3 + 6HCl = 2NiCl_2 + Cl_2\uparrow + 6H_2O$$

由此可以得出＋2价铁、钴、镍氢氧化物的还原性及＋3价铁、钴、镍氢氧化物的氧化性的变化规律。

Fe(Ⅱ、Ⅲ)的水溶液易水解。Fe^{2+} 为还原剂，而 Fe^{3+} 为弱氧化剂。

铁、钴、镍都能生成不溶于水而易溶于稀酸的硫化物，自溶液中析出的 CoS、NiS 经放置后，由于结构的改变成为不再溶于稀酸的难溶物质。

铁、钴、镍能生成很多配合物，其中常见的有 $K_4[Fe(CN)_6]$、$K_3[Fe(CN)_6]$、$[Co(NH_3)_6]Cl_2$、$[Ni(NH_3)_4]SO_4$ 等。Co(Ⅱ)的配合物不稳定，易被氧化为Co(Ⅲ)的配合物。而镍的配合物则以＋2价的最为稳定。

在 Fe^{3+} 溶液中加入 $K_4[Fe(CN)_6]$ 溶液，在 Fe^{2+} 溶液中加入 $K_3[Fe(CN)_6]$ 溶液，都能产生铁蓝沉淀，经结构研究证明，二者的组成与结构相同。

$$Fe^{3+}+[Fe(CN)_6]^{4-}+K^{+}+H_2O \xlongequal{} KFe[Fe(CN)_6]\cdot H_2O\downarrow$$

$$Fe^{2+}+[Fe(CN)_6]^{3-}+K^{+}+H_2O \xlongequal{} KFe[Fe(CN)_6]\cdot H_2O\downarrow$$

在 Co^{2+} 溶液中，加入饱和 KSCN 溶液，可生成蓝色配合物 $[Co(SCN)_4]^{2-}$，配合物在水溶液中不稳定，易溶于有机溶剂，如丙酮，它能使配合物蓝色更为显著。

Ni^{2+} 溶液与丁二酮肟（二乙酰二肟）在氨性溶液中的作用，生成鲜红色螯合物沉淀。

三、实验用品

试剂：硫酸亚铁，硫氰酸钾，氯化铵，锌片，锡片（或锌粒、锡粒），KI－淀粉试纸，H_2SO_4（1∶1，1 $mol\cdot L^{-1}$），HCl（1∶1，5%，浓），NaOH（6 $mol\cdot L^{-1}$、2 $mol\cdot L^{-1}$），$(NH_4)_2Fe(SO_4)_2$（0.2 $mol\cdot L^{-1}$），$CoCl_2$（0.5 $mol\cdot L^{-1}$），$NiSO_4$（0.2 $mol\cdot L^{-1}$），KI（0.5 $mol\cdot L^{-1}$），$K_4[Fe(CN)_6]$（0.5 $mol\cdot L^{-1}$），氨水（浓），氯水，溴水，碘水，四氯化碳，戊醇，乙醚，H_2O_2（3%），丁二酮肟，混合液（在 1 L 溶液中含 600 g NaOH）。

仪器：砂纸，铁钉，回形针，细铁丝。

四、实验内容

1. 铁（Ⅲ）、钴（Ⅲ）、镍（Ⅲ）化合物的制备与氧化性

1）制备

（1）试管中加入 3 滴 0.1 $mol\cdot L^{-1}$ $FeCl_3$ 溶液，滴加 2 $mol\cdot L^{-1}$ NaOH 溶液，得到棕红色沉淀，微热离心，洗涤沉淀两次后保留。写出反应式。

$$Fe^{3+}+3OH^{-} \xlongequal{} Fe(OH)_3\downarrow$$

（2）两支离心试管中各加 5 滴 0.1 $mol\cdot L^{-1}$ $CoCl_2$ 溶液，然

后再分别滴加 2 mol·L^{-1} NaOH 溶液，观察到蓝色 Co(OH)Cl 沉淀生成后；继续滴加 NaOH 溶液，直至生成粉红色或褐色的 $Co(OH)_2$ 沉淀。往一份 $Co(OH)_2$ 沉淀中滴加 3% H_2O_2 溶液，往另一份 $Co(OH)_2$ 沉淀中滴加溴水。观察各自沉淀颜色的变化，写出相关的化学反应式。将加入溴水制备的沉淀加入 1 mL 蒸馏水离心并洗涤两次后，保留用于后续实验。

$$Co^{2+} + Cl^{-} + OH^{-} \xlongequal{} Co(OH)Cl\downarrow$$

$$Co(OH)Cl + OH^{-} \xlongequal{} Co(OH)_2 + Cl^{-}$$

$$2Co(OH)_2 + H_2O_2 \xlongequal{} 2Co(OH)_3\downarrow$$

$$2Co(OH)_2 + 2OH^{-} + Br_2 \xlongequal{} 2Co(OH)_3\downarrow + 2Br^{-}$$

(3)在两支离心试管中各加 5 滴 0.1 mol·L^{-1} $NiSO_4$ 溶液和 3 滴 2 mol·L^{-1} NaOH 溶液，观察亮绿色 $Ni(OH)_2$ 沉淀产生。往一份沉淀中滴加 3% H_2O_2 溶液 5～6 滴；往另一份沉淀中滴加溴水 5～6 滴观察现象。将加入溴水制备的沉淀加入 1 mL 蒸馏水离心并洗涤一次后，保留用于后续实验，写出反应式。

$$Ni^{2+} + 2OH^{-} \xlongequal{} Ni(OH)_2\downarrow$$

$$2Ni(OH)_2 + 2OH^{-} + Br_2 \xlongequal{} 2Ni(OH)_3\downarrow + 2Br^{-}$$

2)酸性介质中铁(Ⅲ)、钴(Ⅲ)和镍(Ⅲ)的氧化性

(1)向 $Fe(OH)_3$ 中滴加浓盐酸至沉淀溶解，悬于试管口上方的湿润的 KI－淀粉试纸不变色，再向试管中加入 0.5 mL CCl_4 和 1 滴 0.1 mol·L^{-1} KI 溶液。振荡静置，观察下层 CCl_4 的颜色，写出反应式。

$$Fe(OH)_3 + 3HCl(浓) \xlongequal{} FeCl_3 + 3H_2O$$

$$2Fe^{3+} + 2I^{-} \xlongequal{} 2Fe^{2+} + I_2$$

(2)向 $Co(OH)_3$ 和 $Ni(OH)_3$ 沉淀中分别滴加 3 滴浓盐酸。观察现象，并用湿润的 KI－淀粉试纸检查反应生成的气体，写出相关反应式。

根据实验结果比较 Fe(Ⅲ)、Co(Ⅲ)和 Ni(Ⅲ)氧化性差异。

$$2Co(OH)_3 + 10HCl(浓) \xlongequal{} 2H_2CoCl_4 + 6H_2O + Cl_2\uparrow$$

$$H_2CoCl_4 + 6H_2O \xlongequal{} [Co(H_2O)_6]^{2-} + 2H^{+} + 4Cl^{-}$$

$$2Ni(OH)_3 + 6HCl(浓) \xlongequal{} 2NiCl_2 + 6H_2O + Cl_2\uparrow$$

五、思考题

溴不能接触皮肤，凡涉及溴的实验必须在通风橱中进行。

六、注意事项

(1)分别向 $Fe(OH)_3$、$Co(OH)_3$、$Ni(OH)_3$ 中加入硫酸，会出现什么现象？为什么？

(2)鉴定 Fe^{3+} 要在酸性条件下进行，能用硝酸、氢氟酸、磷酸、草酸、酒石酸、柠檬酸等酸化吗？

(3)为什么 d 区元素水合离子具有颜色？

(4)利用 KI 定量测定 Cu^{2+} 时，杂质 Fe^{3+} 的存在会产生干扰，如何排除干扰？为什么 $FeCl_3$ 溶液中加入 NaF 后不能氧化 I^-？

(5)根据电对的电极电势，常温下 Fe^{2+} 难以将 Ag^+ 还原为银单质。如何应用配合物性质，用 Fe^{2+} 回收银盐溶液中的银？

(6)根据实验，往 $[Co(SCN)_4]^{2-}$ 溶液中加入蒸馏水时溶液的颜色会发生变化，说明络合物的形式与什么有关？

(7)镍的鉴定中为什么要用氨水把溶液首先调节到弱碱性？

实验八　常见阳离子的分离与鉴定 Ⅰ

一、实验目的

(1)进一步掌握和巩固金属元素化合物的性质。

(2)了解常见阳离子混合液的分离和检出方法。

(3)巩固检出离子的基本操作。

二、实验原理

离子的基本性质是进行分离检出的基础。因而要想掌握分离检出的方法就要熟悉离子的基本性质。

离子的分离和鉴定是以各离子对试剂的不同反应为依据的。常见的阳离子有 20 多种，对它们进行个别检出时容易发生相互干扰。所以，对混合阳离子进行分析时，一般都是利用阳离子的某些共性先将它们分成几组，然后再根据其个性进行个别检出。同时，我们还需注意离子的分离和检出只有在一定的条件下才能进行。除了要熟悉离子的有关性质外，还要学会运用离子平衡（酸碱、沉淀、氧化还原、络合等平衡）的规律控制反应条件。

实验室常用的混合阳离子分组法有硫化氢系统法和两酸两碱系统法。本实验以两酸两碱系统为例。如图 5-1 所示，将常见的 20 多种阳离子分为六组，分别进行分离鉴定。采用两酸两碱法鉴定金属离子前，先分别鉴定出 NH_4^+、Fe^{2+} 和 Fe^{3+}。此法将阳离子分组后，然后再根据离子的特性加以分离鉴定。

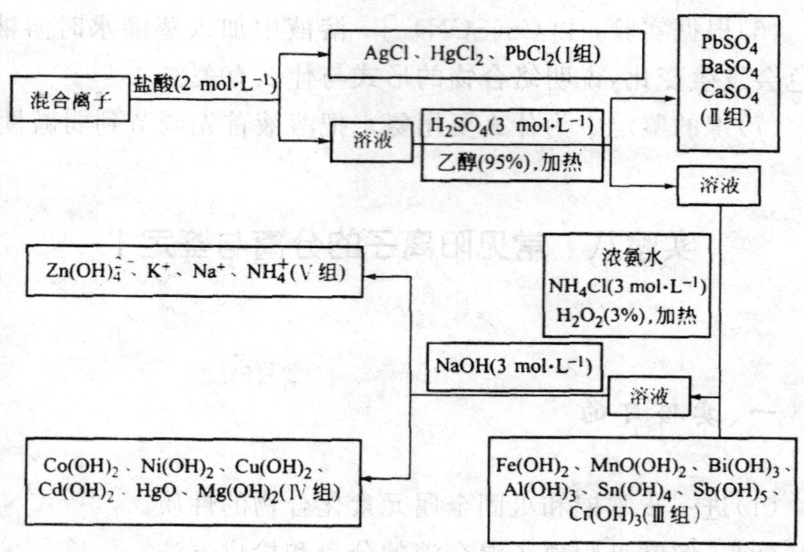

图 5-1　两酸两碱系统法分离混合金属阳离子示意图

根据 $PbCl_2$ 可溶于 NH_4Ac 和热水中，而 AgCl 可溶于氨水中，可分离第一组金属离子并进行鉴定，如图 5-2 所示。

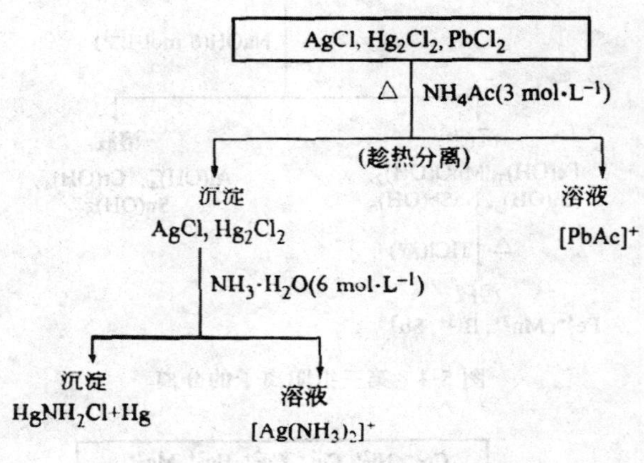

图 5-2　第一组金属离子的鉴定

第二组阳离子的分离如图 5-3 所示。第三组阳离子的分离如图 5-4 所示。第四组阳离子的分离如图 5-5 所示。将该组所得的沉淀溶于 2.0 $mol \cdot L^{-1}$ 的 HNO_3 溶液中，得 Co^{2+}、Ni^{2+}、Cu^{2+}、Cd^{2+}、Hg^{2+}、Mg^{2+} 的混合溶液，将该溶液进行以下分离。

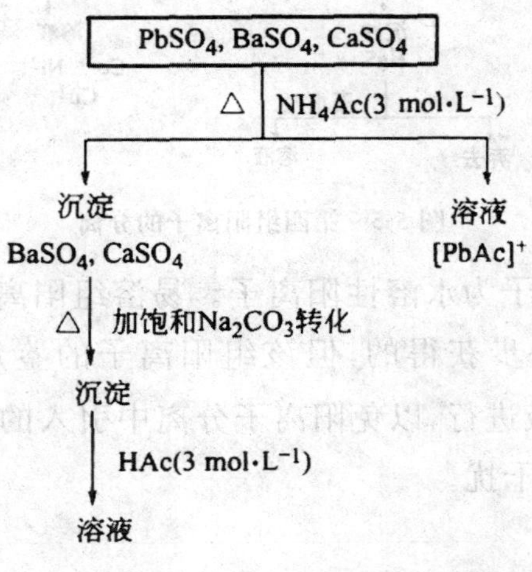

图 5-3　第二组金属离子的鉴定

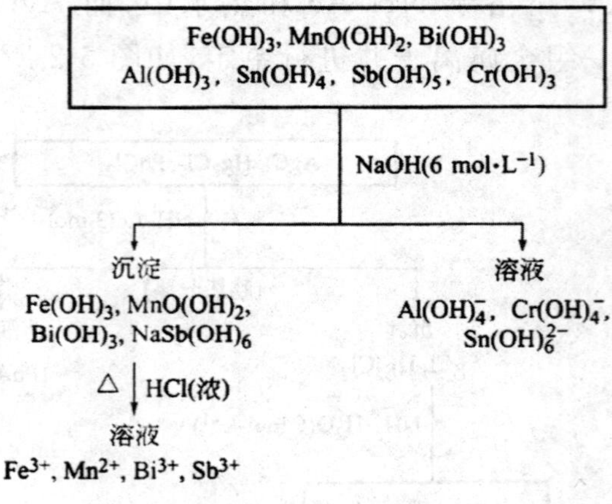

图 5-4　第三组阳离子的分离

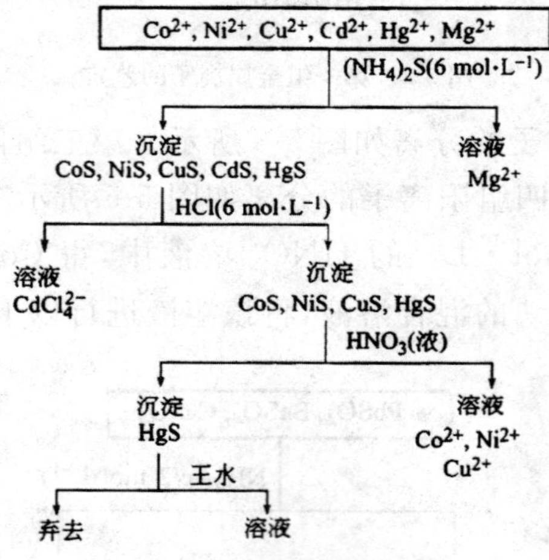

图 5-5　第四组阳离子的分离

第五组阳离子为水溶性阳离子。易溶组阳离子虽然是在阳离子分组后最后一步获得的，但该组阳离子的鉴定[除 $Zn(OH)_4^{2-}$ 外]最好取原试液进行，以免阳离子分离中引入的大量 Na^+ 、NH_4^+ 对检验结果产生干扰。

三、实验用品

试剂：NaCl(1 mol・L^{-1})、饱和六羟基锑(V)酸钾溶液、KCl

($1\ mol \cdot L^{-1}$)、$NaHC_4H_4O_6$ 饱和溶液、$MgCl_2$($0.5\ mol \cdot L^{-1}$)、NaOH($6\ mol \cdot L^{-1}$)、镁试剂、$CaCl_2$($0.5\ mol \cdot L^{-1}$)饱和草酸铵溶液、HAc($6\ mol \cdot L^{-1}$)、盐酸($2\ mol \cdot L^{-1}$)、$BaCl_2$($0.5\ mol \cdot L^{-1}$)、HAc($2\ mol \cdot L^{-1}$)、NaAc($2\ mol \cdot L^{-1}$)、K_2CrO_4($1\ mol \cdot L^{-1}$)、$SnCl_2$($0.5\ mol \cdot L^{-1}$)、$HgCl_2$($0.2\ mol \cdot L^{-1}$)、$Pb(NO_3)_2$($0.5\ mol \cdot L^{-1}$)、K_2CrO_4($1\ mol \cdot L^{-1}$)、NaOH($2\ mol \cdot L^{-1}$)、$SbCl_3$($0.1\ mol \cdot L^{-1}$)、浓盐酸、亚硝酸钠(s)、罗丹明 B 溶液、$Bi(NO_3)_3$($0.5\ mol \cdot L^{-1}$)、硫脲(2.5%)、$CuCl_2$($0.5\ mol \cdot L^{-1}$)、$K_4[Fe(CN)_6]$($0.5\ mol \cdot L^{-1}$)、$AgNO_3$($0.5\ mol \cdot L^{-1}$)、氨水($6\ mol \cdot L^{-1}$)、HNO_3($6\ mol \cdot L^{-1}$)、$ZnSO_4$($0.2\ mol \cdot L^{-1}$)、硫氰酸汞铵溶液、$Cd(NO_3)_2$($0.2\ mol \cdot L^{-1}$)、Na_2S($0.5\ mol \cdot L^{-1}$)、$HgCl_2$($0.2\ mol \cdot L^{-1}$)。

仪器:试管、烧杯、玻璃棒、酒精灯、离心机、离心试管。

四、实验内容

1. 几种重要阳离子的鉴定

(1)Na^+ 鉴定:在盛有 0.5 mL NaCl($1\ mol \cdot L^{-1}$)溶液的试管中,加入 0.5 mL 饱和六羟基锑(V)酸钾 $KSb(OH)_6$ 溶液,观察白色结晶状沉淀的产生。如无沉淀产生,可以用玻棒摩擦试管内壁,放置片刻,再观察。写出反应方程式。

(2)K^+ 的鉴定:在盛有 0.5 mL KCl($1\ mol \cdot L^{-1}$)溶液的试管中,加入 0.5 mL 饱和酒石酸氢钠 $NaHC_4H_4O_6$ 饱和溶液,如有白色结晶状沉淀产生,表示有 K^+ 存在。如无沉淀产生,可用玻棒摩擦试管壁,再观察。写出反应方程式。

(3)Mg^{2+} 的鉴定:在试管中加 2 滴 $MgCl_2$($0.5\ mol \cdot L^{-1}$)溶液,再滴加 NaOH($6\ mol \cdot L^{-1}$)溶液,直到生成絮状的 $Mg(OH)_2$ 沉淀为止。然后加入 1 滴镁试剂,搅拌之,生成蓝色沉淀,表示有 Mg^{2+} 存在。

(4)Ca^{2+}的鉴定:取0.5 mL $CaCl_2$(0.5 mol·L^{-1})溶液于离心试管中,再加10滴饱和草酸铵溶液,有白色沉淀产生。离心分离,弃去清液。若白色沉淀不溶于HAc(6 mol·L^{-1})溶液而溶于盐酸(2 mol·L^{-1}),表示有Ca^{2+}存在。写出反应式。

(5)Ba^{2+}的鉴定:取2滴$BaCl_2$(0.5 mol·L^{-1})于试管中,加入HAc(2 mol·L^{-1})和NaAc(2 mol·L^{-1})各2滴,然后滴加2滴K_2CrO_4(1 mol·L^{-1}),有黄色沉淀生成,表示有Ba^{2+}存在。写出反应式。

(6)Al^{3+}的鉴定:取2滴$AlCl_3$(0.5 mol·L^{-1})溶液于小试管中,加2~3滴水,2滴HAc(2 mol·L^{-1})及2滴0.1%铝试剂,搅拌后,置水浴上加热片刻,再加入1~2滴氨水(6 mol·L^{-1}),有红色絮状沉淀产生,表示有Al^{3+}存在。

(7)Sn^{2+}的鉴定:取5滴$SnCl_2$(0.5 mol·L^{-1})试管中,逐滴加入$HgCl_2$(0.2 mol·L^{-1})溶液,边加边振荡,若产生的沉淀由白色变为灰色,然后变为黑色,表示有Sn^{2+}存在。

(8)Pb^{2+}的鉴定:取5滴$Pb(NO_3)_2$(0.5 mol·L^{-1})试液于离心试管中,加2滴K_2CrO_4(1 mol·L^{-1})溶液,如有黄色沉淀生成,在沉淀上滴加数滴NaOH(2 mol·L^{-1})溶液,沉淀溶解,示有Pb^{2+}存在。

(9)Sb^{3+}的鉴定:取5滴$SbCl_3$(0.1 mol·L^{-1})试液于离心试管中,加3滴浓盐酸及数粒亚硝酸钠,将Sb(Ⅲ)氧化为Sb(V),当无气体放出时,加数滴苯及2滴罗丹明B溶液,苯层显紫色,示有Sb^{3+}存在。

(10)Bi^{3+}的鉴定:取1滴$Bi(NO_3)_3$(0.5 mol·L^{-1})试液于试管中,加1滴2.5%硫脲,生成鲜黄色配合物,示有Bi^{3+}存在。

(11)Cu^{2+}的鉴定:取1滴$CuCl_2$(0.5 mol·L^{-1})试液于试管中,加1滴HAc(6 mol·L^{-1})溶液酸化,再加1滴亚铁氰化钾$K_4[Fe(CN)_6]$(0.5 mol·L^{-1})溶液,生成红棕色$Cu_2[Fe(CN)_6]$沉淀,表示有Cu^{2+}存在。

(12)Ag^+的鉴定:取5滴0.1 mol·L^{-1} $AgNO_3$(0.1 mol·L^{-1})

试液于试管中，加 5 滴盐酸(2 mol·L^{-1})，产生白色沉淀。在沉淀中加入氨水(6 mol·L^{-1})至沉淀完全溶解。此溶液再用 HNO_3(6 mol·L^{-1})溶液酸化，生成白色沉淀，示有 Ag^+ 存在。

(13)Zn^{2+} 的鉴定：取 3 滴 $ZnSO_4$(0.2 mol·L^{-1})试液于试管中，加 2 滴 HAc(2 mol·L^{-1})溶液酸化，再加入等体积硫氰酸汞铵 $(NH_4)_2[Hg(SCN)_4]$ 溶液，摩擦试管壁，生成白色沉淀，示有 Zn^{2+} 存在。

(14)Cd^{2+} 的鉴定：取 3 滴 $Cd(NO_3)_2$(0.2 mol·L^{-1})试液于小试管中，加入 2 滴 Na_2S(0.5 mol·L^{-1})溶液，生成亮黄色沉淀，示有 Cd^{2+} 存在。

(15)Hg^{2+} 鉴定：取 2 滴 $HgCl_2$(0.2 mol·L^{-1})试液于小试管中，逐滴加入 Na_2S(0.5 mol·L^{-1})溶液，边加边振荡，观察沉淀颜色变化过程，最后变为灰色，示有 Hg^{2+} 存在(该反应可作为 Hg^{2+} 或 Sn^{2+} 的定性鉴定)。

2. 未知阳离子混合液的分离和鉴定

有一混合溶液可能含有 Pb^{2+}、Ag^+、Cu^{2+}、Al^{3+}、Ba^{2+} 5 种阳离子。分析鉴定混合液中所含的阳离子。画出分离鉴定示意图，写出相关的化学反应方程式。

五、思考题

(1)溶解 $CaCO_3$、$BaCO_3$ 沉淀时，为什么用 HAc 而不用 HCl 溶液？

(2)用 $K_4[Fe(CN)_6]$ 检出 Cu^{2+} 时，为什么要用 HAc 酸化溶液？

(3)在未知溶液分析中，当由碳酸盐制取铬酸盐沉淀时，为什么必须用醋酸溶液去溶解碳酸盐沉淀，而不用强酸如盐酸去溶解？

(4)在用硫代乙酰胺从离子混合试液中沉淀 Cd^{2+}、Hg^{2+}、

Bi^{3+}、Pb^{2+} 等离子时，为什么要控制溶液的酸度为 0.3 mol · L^{-1}？酸度太高或太低对分离有何影响？控制酸度为什么用盐酸而不用硝酸？在沉淀过程中，为什么还要加水稀释溶液？

(5)如何把 $BaSO_4$ 转化为 $BaCO_3$？与 Ag_2CrO_4 转化为 AgCl 相比，哪一种转化比较容易？为什么？

六、注意事项

(1)领取混合阳离子未知液，利用两酸两碱法设计分离、鉴定方案。

(2)写出未知液所含的阳离子鉴定结果，分离、鉴定步骤及有关的反应方程式。

(3)为了提高分析结果的准确性，应进行“空白试验”和“对照试验”。

(4)混合离子分离过程中，为使沉淀老化需要加热，加热方法最好采用水浴加热。

(5)每步获得沉淀后，都要将沉淀用少量带有沉淀剂的稀溶液或去离子水洗涤 1～2 次。

实验九　常见阳离子的分离与鉴定Ⅱ

一、实验目的

(1)学会混合离子分离的方法，进一步巩固离子鉴定的条件和方法。

(2)熟练运用常见元素(Ag、Hg、Pb、Cu、Fe)的化学性质。

二、实验原理

离子混合溶液中诸组分若对鉴定不产生干扰，便可以利用特效反应直接鉴定某种离子。

若共存的其他离子彼此干扰，就要选择适当的方法消除干扰。通常采用掩蔽剂消除干扰，这是一种比较简单、有效的方法。但在很多情况下，没有合适的掩蔽剂，就需要将彼此干扰组分分离。沉淀分离法是最经典的分离方法。

这种方法是向混合溶液中加入适当的沉淀剂，利用所形成的化合物溶解度的差异，使被鉴定组分与干扰组分分离。常用的沉淀剂有 HCl、H_2SO_4、NaOH、$NH_3 \cdot H_2O$、$(NH_4)_2CO_3$ 溶液等。由于元素在周期表中的位置使相邻元素在化学性质上表现出相似性，因此一种沉淀剂往往使具有相似性质的元素同时产生沉淀。这种沉淀剂称为产生沉淀的元素的组试剂。组试剂将元素划分为不同的组，逐渐达到分离的目的。

本次实验学习熟练运用 Ag^+、Hg^{2+}、Pb^{2+}、Cu^{2+} 和 Fe^{3+} 的化学性质，进行分离和鉴定。

三、实验用品

试剂：Ag^+、Hg^{2+}、Pb^{2+}、Cu^{2+}、Fe^{3+} 混合溶液（五种盐都是硝酸盐，其浓度均为 10 $mg \cdot mL^{-1}$）、HAc(6 $mol \cdot L^{-1}$)、锌粒、对氨基苯磺酸溶液[0.5 g 溶于 150 mL HAc(6 $mol \cdot L^{-1}$)中]、α-苯胺溶液、$K_4Fe(CN)_6$(0.25 $mol \cdot L^{-1}$)、HCl(2 $mol \cdot L^{-1}$)、K_2CrO_4(2 $mol \cdot L^{-1}$)、HAc(2 $mol \cdot L^{-1}$)、NaOH(2 $mol \cdot L^{-1}$)、$NH_3 \cdot H_2O$(6 $mol \cdot L^{-1}$)、HNO_3(6 $mol \cdot L^{-1}$)、CH_3CSNH_2(15%)、H_2S 饱和溶液、饱和 NH_4Cl 溶液、Na_2S(1 $mol \cdot L^{-1}$)、浓硝酸、NaAc(1 $mol \cdot L^{-1}$)、H_2SO_4(6 $mol \cdot L^{-1}$)、KI(1 $mol \cdot L^{-1}$)、HCl(6 $mol \cdot L^{-1}$)、$CuSO_4$(0.2 $mol \cdot L^{-1}$)、碳酸钠(s)、亚硫酸钠(s)。

仪器：试管、烧杯、玻璃棒、酒精灯、离心机、滴管、点滴板、电热炉。

四、实验内容

1. NO_3^- 的鉴定

取 3 滴混合试液，加 HAc(6 mol·L^{-1})溶液酸化后用玻璃棒取少量锌粒加入试液，搅拌均匀，使溶液中 NO_3^- 还原为 NO_2^{2-}。加对氨基苯磺酸与 α-苯胺溶液各一滴，有何现象？取混合溶液 20 滴放入离心试管并按以下实验步骤进行分离和鉴定。

2. Fe^{3+} 的鉴定

取一滴试液加到白色点滴板凹穴，加 $K_4Fe(CN)_6$(0.25 mol·L^{-1})1 滴。观察沉淀的生成和颜色，该物质是何沉淀？

3. Ag^+、Pb^{2+} 和 Cu^{2+}、Hg^{2+}、Fe^{3+} 的分离及 Ag^+、Pb^{2+} 的分离和鉴定

向余下试液中滴加 4 滴 HCl(2 mol·L^{-1})，充分振动，静置片刻，离心沉降，向上层清液中加 HCl(2 mol·L^{-1})溶液以检查沉淀是否完全。吸出上层清液，编号溶液 1。用 HCl(2 mol·L^{-1})溶液洗涤沉淀，编号沉淀 1。观察沉淀的生成和颜色，写出反应方程式。

(1)Pb^{2+} 和 Ag^+ 的分离及 Pb^{2+} 的鉴定：向沉淀 1 中加 6 滴水，在沸水浴中加热 3 min 以上，并不时搅动。待沉淀沉降后，趁热取清液三滴于黑色点滴板上，加 K_2CrO_4(2 mol·L^{-1})和 HAc(2 mol·L^{-1})溶液各 1 滴，有什么生成？加 NaOH(2 mol·L^{-1})溶液后又怎样？再加 HAc(6 mol·L^{-1})溶液又如何？取清液后所余沉淀编号为沉淀 2。

(2)Ag^+ 的鉴定：向沉淀 2 中加少量 $NH_3·H_2O$(6 mol·L^{-1})，沉淀是否溶解？再加入 HNO_3(6 mol·L^{-1})，沉淀重新生成。观察沉淀的颜色，并写出反应方程式。

4. Pb^{2+}、Hg^{2+}、Cu^{2+} 和 Fe^{3+} 的分离及 Pb^{2+}、Hg^{2+}、Cu^{2+} 的分离和鉴定

用氨水(6 mol・L^{-1})将溶液 1 的酸度调至中性(加氨水约 3～4 滴),再加入体积约为此时溶液十分之一的 HCl(2 mol・L^{-1})溶液(约 3～4 滴),将溶液的酸度调至 0.2 mol・L^{-1}。加 15 滴 5%CH_3CSNH_2,混匀后水浴加热 15 min。然后稀释一倍再加热数分钟。静置冷却,离心沉降。向上层清液中加新制 H_2S 溶液检查沉淀是否完全。沉淀完全后离心分离,用饱和 NH_4Cl 溶液洗涤沉淀,所得溶液为溶液 2。通过实验判断溶液 2 中的离子。观察沉淀的生成和颜色。

(1)Hg^{2+} 和 Cu^{2+}、Pb^{2+} 的分离:在所得沉淀上加 5 滴 Na_2S(1 mol・L^{-1})溶液,水浴加热 3 min,并不时搅拌。再加 3～4 滴水,搅拌均匀后离心分离。沉淀用 Na_2S 溶液再处理一次,合并清液,并编号溶液 3。沉淀用饱和 NH_4Cl 溶液洗涤,并编号沉淀 3。观察溶液 3 的颜色,讨论反应过程。

(2)Cu^{2+} 的鉴定:向沉淀 3 中加入浓硝酸(约 4～5 滴),加热搅拌,使之全部溶解,所得溶液编号为溶液 4。用玻璃棒将产物单质 S 弃去。取 1 滴溶液 4 于白色点滴板上,加 NaAc(1 mol・L^{-1})和 $K_4Fe(CN)_6$(0.25 mol・L^{-1})各 1 滴,有何现象?

(3)Pb^{2+} 的鉴定:取 3 滴溶液 4 于黑色点滴板上,加 1 滴 NaAc(1 mol・L^{-1})和 1 滴 K_2CrO_4(1 mol・L^{-1}),有什么变化?如果没有变化,请用玻璃棒摩擦。加入 NaOH(2 mol・L^{-1})后,再加 HAc(6 mol・L^{-1}),有什么变化?

(4)Hg^{2+} 的鉴定向溶液 3 中逐滴加入 H_2SO_4(6 mol・L^{-1}),记下加入滴数,当加至 pH＝3～5 时,再多加一半滴数的 H_2SO_4。水浴加热并充分搅拌。离心分离,用少量水洗涤沉淀。向沉淀中加 5 滴 KI(1 mol・L^{-1})和 2 滴 HCl(6 mol・L^{-1})溶液,充分搅拌,加热后离心分离。再用 KI 和 HCl 重复处理沉淀。合并两次离心液,往离心液中加 1 滴 $CuSO_4$(0.2 mol・L^{-1})和少许 Na_2CO_3 固体,

有什么生成？说明有哪种离子存在？

五、思考题

(1)每次洗涤沉淀所用洗涤剂都有所不同，例如洗涤 AgCl、$PbCl_2$ 沉淀用 HCl 溶液(2 mol · L^{-1})，洗涤 PbS、HgS、CuS 沉淀用 NH_4Cl 溶液(饱和)，洗涤 HgS 用蒸馏水，为什么？

(2)设计分离和鉴定下列混合离子的方案。

①Ag^+、Cu^{2+}、Al^{3+}、Fe^{3+}、Ba^{2+}、Na^+。

②Pb^{2+}、Mn^{2+}、Zn^{2+}、Co^{2+}、Ba^{2+}、K^+。

(3)HgS 沉淀一步中，为什么选用 H_2SO_4 溶液酸化，而不选用 HCl 酸化？

实验十　常见非金属阴离子的分离与鉴定

一、实验目的

(1)熟悉常见阴离子的有关性质。

(2)掌握常见阴离子的鉴定反应。

(3)了解常见阴离子的分离检出方案，培养综合应用的能力。

二、实验原理

1. 阴离子的初步检验

常见的阴离子有 CO_3^{2-}、SO_3^{2-}、SO_4^{2-}、PO_4^{3-}、$S_2O_3^{2-}$、Cl^-、Br^-、I^-、S^{2-}、NO_2^-、NO_3^- 共 11 种，这些阴离子的初步检验主要分为以下六个方面。

1)测定 pH

用 pH 试纸检验试液的酸碱性，如果 pH＜2，则不稳定的 $S_2O_3^{2-}$ 不可能存在，如果此时试液无臭味，则 S^{2-}、SO_3^{2-} 和 NO_2^- 也不存在。

2)与稀硫酸作用

在试液中加入稀硫酸并加热，若有气泡产生，表示可能含有 CO_3^{2-}、$S_2O_3^{2-}$、$S_2O_3^{2-}$、S^{2-} 和 NO_2^-。

3)还原性阴离子的检验

S^{2-}、SO_3^{2-}、$S_2O_3^{2-}$ 等强还原性阴离子能被碘氧化，因此根据加入碘一淀粉溶液后溶液是否退色，可判断这几种阴离子是否存在。若使用强氧化剂 $KMnO_4$ 溶液，则 I^-、Br^-、NO_2^- 等强还原性阴离子也会被氧化，因此，在酸化的试液中加 1 滴 $KMnO_4$ 稀溶液，若溶液退色，则说明上述阴离子都不存在。

4)氧化性阴离子的检验

在酸化的试液中加入 KI 溶液和 CCl_4，振荡试管，若 CCl_4 层显紫色，表示 NO_2^- 可能存在。

5)与 $BaCl_2$ 溶液的作用

在中性或碱性试液中滴加 $BaCl_2$ 溶液，若生成白色沉淀，表示可能存在 SO_4^{2-}、CO_3^{2-}、SO_3^{2-}、PO_4^{3-}、$S_2O_3^{2-}$(当浓度大于 $4.5g \cdot L^{-1}$ 时)，若没有沉淀生成，则 SO_4^{2-}、CO_3^{2-}、SO_3^{2-}、PO_4^{3-} 不存在，而 $S_2O_3^{2-}$ 不能确定。

6)与 $AgNO_3$、HNO_3 的作用

试液中加入 $AgNO_3$ 溶液，有沉淀生成，然后用稀硝酸酸化，若仍有沉淀，表示可能有 Cl^-、Br^-、I^-、$S_2O_3^{2-}$、S^{2-}。若无沉淀生成，表明以上离子都不存在。

由沉淀颜色还可以初步判断含有哪些离子：沉淀若呈白色，表示有 Cl^-；淡黄色表示有 Br^-、I^-；黑色表示有 S^{2-}(应注意的是黑色可能掩盖其他沉淀的颜色)；若沉淀由白色变为黄色、橙色、褐色，最后呈现黑色，则可能有 $S_2O_3^{2-}$。

经过以上初步检验后，就可以判断哪些阴离子可能存在，然

后对可能存在的阴离子进行个别鉴定。

2. 阴离子的个别鉴定

1) S^{2-} 的检出

当 S^{2-} 含量多时，可以将试液酸化，然后用 $Pb(Ac)_2$ 试纸检查 H_2S。当 S^{2-} 含量少时，可以在碱性溶液中加入 $Na_2[Fe(CN)_5NO]$ 检验。当存在 S^{2-} 时，形成 $Na_2[Fe(CN)_6NOS]$，溶液变为紫色。

2) $S_2O_3^{2-}$ 的检出

S^{2-} 的存在会妨碍 $S_2O_3^{2-}$ 和 SO_3^{2-} 的检出，因此必须先把 S^{2-} 除去。可在溶液中加入 $CdCO_3$ 固体，利用沉淀的转化除去 S^{2-}，即

$$S^{2-} + CdCO_3 \rightarrow CdS + CO_3^{2-}$$

然后，在除去 S^{2-} 的溶液里加入硝酸银，生成沉淀，颜色迅速变为黄色、棕色，最后变为黑色，表示有 $S_2O_3^{2-}$。

3) SO_3^{2-} 的检出

在点滴板上滴入 2 滴饱和 $ZnSO_4$ 溶液，然后加入 1 滴 $K_4[Fe(CN)_6]$ 溶液和 1 滴 $Na_2[Fe(CN)_5NO]$ 溶液，并用氨水将溶液调至中性，再滴加已除去 S^{2-} 的试液，若出现红色沉淀，表示有 SO_3^{2-}。

4) SO_4^{2-} 的检出

溶液用 HCl 酸化，若有沉淀，离心分离，在所得清液里加入 $BaCl_2$ 溶液，生成白色沉淀，表示有 SO_4^{2-} 存在。

5) CO_3^{2-} 的检出

一般用 $Ba(OH)_2$ 检出 CO_3^{2-}。用此法时，SO_3^{2-}、$S_2O_3^{2-}$ 干扰检出，需预先加入数滴 H_2O_2 溶液将它们氧化为 SO_4^{2-}，再检验 CO_3^{2-}。

6) PO_4^{3-} 的检出

一般用生成磷钼酸铵的反应来检出。但 SO_3^{2-}、$S_2O_3^{2-}$、S^{2-} 等还原性阴离子以及大量 Cl^- 都干扰检出。还原性阴离子将钼还原成“钼蓝”而破坏试剂，大量的 Cl^- 能降低反应的灵敏度。所以

要先滴加浓 HNO_3，煮沸，以除去干扰。此外，磷钼酸铵能溶于磷酸盐，所以要加入过量的试剂。

7）Cl^-、Br^-、I^- 的检出

由于强还原性阴离子妨碍 Br^-、I^- 的检出，因此一般将 Cl^-、Br^-、I^- 沉淀为银盐，离心分离，再以氨水处理沉淀，在所得银氨溶液中先检出 Cl^-。氨水处理后，残渣（Br^-、I^- 的银盐沉淀）再用锌粉处理，在所得清液中加入 CCl_4 和氨水，若开始时 CCl_4 呈紫色，表示有 I^-，继续加氨水并振荡，若 CCl_4 层紫色退去变为橙黄色，则说明含有 Br^-。若 I^- 浓度很大，加入很多氨水也难以使紫色退去，这时可在溶液中加入 H_2SO_4 和 KNO_2 并加热，使 I^- 氧化成 I_2，蒸发除去 I_2 后，再检出 Br^-。

8）NO_2^- 的检出

在上述 11 种阴离子的范围内，只有 NO_2^- 能把 I^- 氧化成 I_2。可在酸性介质下加 KI 和 CCl_4，若 CCl_4 层呈紫色，表示有 NO_2^-。另一种鉴定 NO_2^- 的方法是通过加入对氨基苯磺酸和 α-萘胺，生成红色的偶氮染料。

9）NO_3^- 的检出

当试液中不存在 NO_2^- 时，可直接用二苯胺检出 NO_3^-。当试液含有 NO_2^- 时，因 NO_2^- 与二苯胺也能发生相似的反应，所以必须先除去 NO_2^-。可加入尿素并加热，使 NO_2^- 分解而除去，即

$$2NO_2^- + CO(NH_2)_2 + 2H^+ = CO_2 + 2N_2 + 3H_2O$$

通过检查确定无 NO_2^- 后，再检出 NO_3^-。

三、实验用品

仪器：离心机，试管，点滴板。

药品：①酸：H_2SO_4 溶液（2 $mol \cdot L^{-1}$、浓），HNO_3 溶液（2 $mol \cdot L^{-1}$、浓），H_2O_2 溶液（3%），HCl 溶液（2 $mol \cdot L^{-1}$、浓）；②碱：NaOH 溶液（2 $mol \cdot L^{-1}$、6 $mol \cdot L^{-1}$、浓），$Ba(OH)_2$ 溶液（饱和），$NH_3 \cdot H_2O$（2 $mol \cdot L^{-1}$、6 $mol \cdot L^{-1}$、浓）；③盐：$KMnO_4$

溶液（0.1 mol·L^{-1}），KI 溶液（0.1 mol·L^{-1}），$BaCl_2$ 溶液（0.1 mol·L^{-1}），$AgNO_3$ 溶液（0.1 mol·L^{-1}），$K_4[Fe(CN)_6]$溶液（0.1 mol·L^{-1}），$Na_2[Fe(CN)_5NO]$溶液（1%），$ZnSO_4$ 溶液（饱和），$CdCO_3$(s)，KNO_2(s)；④其他：$(NH_4)_2MoO_4$ 试剂，碘一淀粉溶液，Zn 粉，对氨基苯磺酸，α-萘胺，二苯胺，尿素。CCl_4，已知液Ⅰ(Cl^-、Br^-、I^-)，已知液Ⅱ(S^{2-}、$S_2O_3^{2-}$、SO_3^{2-})，未知阴离子混合液。

材料：$Pb(Ac)_2$ 试纸，pH 试纸。

四、实验内容

1. 已知阴离子混合物的分离与鉴定

(1)Cl^-、Br^-、I^-混合液。

(2)S^{2-}、$S_2O_3^{2-}$、SO_3^{2-} 混合液。

2. 未知阴离子混合液的分析

配制含有 5～7 种阴离子的未知液并进行分析。

五、思考题

(1)在中性或弱碱性阴离子试液中，加入 $BaCl_2$ 溶液，如有白色沉淀析出，可能存在的离子有哪些？沉淀析出后加酸酸化，如溶液仍呈白色浑浊，能否判断一定会有 SO_4^{2-} 存在？

(2)以棕色环法鉴定 NO_3^- 时，溶液能否搅动？为什么？

(3)以 KI 法鉴定 NO_2^- 时，若 KI 溶液变黄，还能否使用？为什么？

(4)Cl^-、Br^-、I^-混合物分析中，为何以$(NH_4)_2CO_3$ 处理卤化银沉淀？可用什么溶液代替？

(5)在酸性条件下可使 KI^- 淀粉溶液变蓝，使 $KMnO_4$ 溶液退

色和使 I_2- 淀粉溶液褪色的阴离子各有哪些？

(6)为什么用 $PbCO_3$ 或者 $CdCO_3$ 可以除去 S^{2-}？

(7)钡组阴离子检验中为什么要强调新配制的 6 $mol \cdot L^{-1}$ 氨水？

六、注意事项

(1)大多数氮的氧化物都有毒，因此凡涉及氮氧化物生成的反应均应在通风橱中进行。

(2)亚硝酸钠为致癌物质，因此试验结束后要注意洗手。

第六章　应用性和综合性实验

实验一　含Cr(Ⅵ)废水的处理

一、实验目的

(1)了解铁氧体法处理含铬废水的基本原理,学习水样中铬的处理方法。

(2)综合学习加热、溶液配制、酸碱滴定和固液分离及吸光光度法测六价铬的方法。

二、实验原理

含铬的工业废水,其铬的存在形式多为 Cr^{6+} 及 Cr^{3+} 。Cr^{6+} 的毒性比 Cr^{3+} 大 100 倍,它能诱发皮肤溃疡、贫血、肾炎及神经炎等。工业废水排放时,要求 Cr^{6+} 的含量不超过 0.3 mg · L^{-1};而生活饮用水和地面水,则要求 Cr^{6+} 的含量不超过 0.05 mg · L^{-1}。Cr^{6+} 的除去方法很多,本实验采用铁氧体法。所谓铁氧体是指:在含铬废水中,加入过量的硫酸亚铁溶液,使其中的 Cr^{6+} 和亚铁离子发生氧化还原反应,此时 Cr^{6+} 被还原为 Cr^{3+},而亚铁离子则被氧化为 Fe^{3+} 。调节溶液 pH,使 Cr^{3+} 、Fe^{3+} 和 Fe^{2+} 转化为氢氧化物沉淀。然后加入 H_2O_2,再使部分＋2 价铁氧化为＋3 价铁,组成类似 $Fe_3O_4 \cdot xH_2O$ 的磁性氧化物,这种氧化物称为铁氧体,其中部分+3价铁可被+3价铬代替，其组成可写作 $Fe^{3+}[Fe^{2+}Fe^{3+}_{1-x}Cr^{3+}_{x}]O_4$，因此可使铬成为铁氧体的组分而被沉淀出来。其反应方程式为：

$$Cr_2O_7^{2-}+6Fe^{2+}+14H^{+}=2Cr^{3+}+6Fe^{3+}+7H_2O$$

$$Fe^{2+}+(2-x)Fe^{3+}+xCr^{3+}+8OH^{-}=$$

$$Fe^{3+}[Fe^{2+}Fe^{3+}_{1-x}Cr^{3+}_{x}]O_4\text{(铁氧体)}+4H_2O$$

式中，x 为0～1之间数字。

为了检查含铬废水的处理效果，必须测定废水样品和经处理后的试液中Cr(Ⅵ)的含量。测定Cr(Ⅵ)的方法较多，本实验采用分光光度法。在酸性介质中 Cr^{6+} 可与二苯酰肼(二苯碳酰二肼)(DPCI)作用产生红紫色络合物而加以检测。该络合物的最大吸收波长为540 nm左右，摩尔吸光系数为 $2.6\times10^4\sim4.17\times10^4\ L\cdot mol^{-1}\cdot cm^{-1}$。显色温度以15℃为宜，温度过低显色速度慢，过高络合物稳定性差；显色时间2～3 min，络合物可在1.5 h内稳定，根据朗伯—比尔定律，即可测定废水中的残留 Cr^{6+} 的含量。显色反应式可表示为：

$$2HCrO_4^{-}+3H_4R+6H^{+}\rightarrow Cr(HR)_2^{+}+H_2R+Cr^{3+}+8H_2O$$

式中，H_4R 表示DPCI，H_2R 表示DPO(二苯偶氮碳酰肼)。

本法很灵敏，铬的最低检出限可达到 $0.001\ mg\cdot L^{-1}$。Hg_2^{2+} 和 Hg^{2+} 可与DPCI作用生成蓝(紫)色化合物，对 Cr^{6+} 的测定产生干扰，但在本实验所控制的酸度下，反应不甚灵敏。三价铁与DPCI作用生成黄色化合物，其干扰可通过加铁的络合剂 H_3PO_4 消除；V^{5+} 与DPCI作用生成的棕黄色化合物因不稳定而很快褪色(约20 min)，可不予考虑；少量的 Cu^{2+}、Ag^{+}、Au^{3+} 在一定程度上有干扰；钼低于 $100\ \mu g\cdot mL^{-1}$ 时不干扰测定。

三、实验用品

仪器：分析天平，台秤，烧杯，蒸发皿，电磁铁，电炉或酒精灯，漏斗，滴定管(25 mL)，锥形瓶(250 mL)，量筒(100 mL、10 mL)，分光光度计及比色皿，容量瓶（50 mL），移液管（25 mL、5 mL），pH 试纸，定性滤纸。

药品：$K_2Cr_2O_7$（0.01 mol·L^{-1}）标准溶液，H_2SO_4（3 mol·L^{-1}）溶液，硫酸—磷酸混酸（冷却条件下向 140mL 水中加入 30 mL 硫酸，再加入 30mL 磷酸），H_2O_2 溶液（3%），NaOH（6 mol·L^{-1}）溶液，$FeSO_4 \cdot 7H_2O$(s)，二苯胺磺酸钠溶液（1%），含铬废水（约 1.5 g·L^{-1}）。

100 mg·L^{-1}含 Cr^{6+} 标准储备液：准确称取 140℃下干燥的 $K_2Cr_2O_7$ 0.282 9 g 于小烧杯中，溶解后定量转入 1 000 mL 容量瓶中，用蒸馏水稀释至刻度，摇匀。

1.0 mg·L^{-1}含 Cr^{6+} 标准储备液：准确移取 5.00 mL 储备液于 500 mL 容量瓶中，用蒸馏水稀释至刻度，摇匀即制成 1.0 mg·L^{-1} 标准溶液。

0.05 mol·L^{-1} 硫酸亚铁铵标准溶液：用 0.01 mol·L^{-1} $K_2Cr_2O_7$ 标准溶液标定。

二苯碳酰二肼：0.5 g 二苯碳酰二肼加入 50 mL 95%乙醇溶液。待溶解后再加入 200 mL 10% H_2SO_4 溶液，摇匀。该物质不稳定，见光易分解，应储于棕色瓶中。

四、实验内容

（一）含铬废水中铬的测定

用移液管量取 10.00 mL 含铬废水置于 250 mL 锥形瓶中，依次加入 10 mL 硫酸—磷酸混合酸、30 mL 去离子水和 4 滴二苯胺磺酸钠指示剂，摇匀。用标准硫酸亚铁铵溶液滴定至溶液由红色变到绿色时为止，即为终点。平行三次。求出废水中 Cr^{6+} 的质量浓度。

（二）含铬废水的处理

量取 100 mL 含铬废水，置于 250 mL 烧杯中。根据上面测定的铬量，换算成 CrO_3 的质量，再按 CrO_3 ∶ $FeSO_4 \cdot 7H_2O$ = 1∶16 的质量比算出所需 $FeSO_4 \cdot 7H_2O$ 的质量；用台秤称取所需质量的 $FeSO_4 \cdot 7H_2O$，加到所取含铬废水中，不断搅拌，待晶体溶解后，逐滴加入 3 $mol \cdot L^{-1}$ H_2SO_4，并不断搅拌，直至溶液的 pH 约为 1，此时溶液显亮绿色。

用 6 $mol \cdot L^{-1}$ NaOH 逐滴加入上述溶液，调节溶液的 pH 到 8～9。然后将溶液加热至 70℃左右，使 Fe^{3+}、Cr^{3+}、Fe^{2+} 形成氢氧化物沉淀，沉淀应为墨绿色。在不断搅拌下滴加 3% H_2O_2 溶液 8～10 滴，使沉淀刚好呈现棕色。再充分搅拌后，冷却静置，使所形成的氢氧化物沉淀沉降。

采用倾析法对上面的溶液进行过滤，滤液进入干净干燥的烧杯中，沉淀用去离子水洗涤数次，然后将沉淀物转移到蒸发皿中，用小火加热，蒸发至干。待冷却后，将沉淀均匀地摊在干净的白纸上，另用纸将磁铁紧紧裹住，然后与沉淀物接触，检验沉淀物的磁性。

(三)处理后水质的检验

1. 标准曲线的绘制

用吸量管分别移取 1.0 $mg \cdot L^{-1}$ $K_2Cr_2O_7$ 标准溶液 0.00 mL、0.50 mL、1.00 mL、2.00 mL、4.00 mL、7.00 mL、10.00 mL 各置于 50 mL 容量瓶中，然后每一只容量瓶中加入 0.5 mL 硫酸—磷酸混酸和 2.5 mL 二苯碳酰二肼溶液，最后用去离子水稀释到刻度，摇匀，让其静置 10 min。以试剂空白为参比溶液，在 540 nm 波长处测量溶液的吸光度，并以吸光度为纵坐标，相应 Cr^{6+} 量为横坐标绘制标准曲线。

2. 处理后水样中 Cr^{6+} 的含量

取适量上面处理后的滤液（如 25 mL）于 50 mL 容量瓶中，加入 0.5 mL 硫酸—磷酸混酸和 2.5 mL 二苯碳酰二肼溶液，然后用去离子水稀释到刻度，摇匀，静置 10 min。最后用同样的方法在 540 nm 处测出其吸光度。

3. 计算

根据测定的吸光度，在标准曲线上查出相对应的 Cr^{6+} 量(μg)，再用下面的公式计算出其在处理后水样中的含量：Cr^{6+} ($mg \cdot L^{-1}$) $= m/V$。这里，m 表示从标准曲线上查得的 Cr^{6+} 量(μg)，V 表示所取处理后水样(滤液)的体积(mL)。

五、思考题

(1)处理废水中，为什么加 $FeSO_4 \cdot 7H_2O$ 前要加酸调节 pH=1，而后为什么又要加碱调整 pH=8 左右，如果 pH 控制不好，会有什么不良影响？

(2)如果加入 $FeSO_4 \cdot 7H_2O$ 不够，会产生什么影响？

实验二　水中溶解氧及大气中二氧化硫含量的测定

一、实验目的

(1)掌握碘量法测定水中溶解氧的原理与方法。

(2)加深理解水体中溶解氧值在环境保护中的意义。

(3)了解和掌握大气中二氧化硫的测定原理和方法。

二、溶解氧的测定

(一)实验原理

地面水与大气接触以及某些含叶绿素的水生植物在其中进

行生化作用，此时水中溶解的一些氧气称为溶解氧，记作 DO，用每升水里氧气的质量(mg)表示，$mg \cdot L^{-1}$。水中溶解氧的含量随水的深度的加深而减少，也与空气中的氧分压、大气压力和水的温度有关。

20℃、100 kPa 下，纯水里约溶解氧 9 $mg \cdot L^{-1}$。通常干净的地面水溶解氧一般接近平衡饱和。某些有机化合物在喜氧菌作用下发生生物降解，要消耗水里的溶解氧。当水中的溶解氧值降到 5 $mg \cdot L^{-1}$时，一些鱼类的呼吸就发生困难。水里的溶解氧由于空气里氧气的溶入及绿色水生植物的光合作用会不断得到补充。但当水体受有机物及还原性物质污染，耗氧严重，溶解氧得不到及时补充，水体中的厌氧菌就会快速繁殖，水质恶化；而当藻类繁殖时，溶解氧则呈过饱和。因此，溶解氧值的大小可以反映水体的污染程度。

水中溶解氧的多少是衡量水体自净能力的一个指标。水里的溶解氧被消耗，要恢复到初始状态，所需时间短，说明该水体的自净能力强，或者说水体污染不严重。否则说明水体污染严重，自净能力弱，甚至失去自净能力。

溶解氧的测定一般常采用碘量法。

二价锰在碱性溶液中生成白色的氢氧化亚锰沉淀：

$$MnSO_4 + 2NaOH = Mn(OH)_2 \downarrow + Na_2SO_4$$

水中的溶解氧立即将生成的 $Mn(OH)_2$ 沉淀氧化成棕色的 $Mn(OH)_4$ 沉淀：

$$2Mn(OH)_2 + O_2 + 2H_2O = 2Mn(OH)_4 \downarrow$$

加入酸后，$Mn(OH)_4$ 沉淀溶解并能够氧化 I^-，生成一定量的 I_2：

$$Mn(OH)_4 \downarrow + 2KI + 2H_2SO_4 = MnSO_4 + I_2 \downarrow + K_2SO_4 + 4H_2O$$

生成的 I_2 用 $Na_2S_2O_3$ 标准溶液滴定：

$$2Na_2S_2O_3 + I_2 = Na_2S_4O_6 + 2NaI$$

因此，O_2 与 $S_2O_3^{2-}$ 存在下列关系：

$$n(O_2) : n(S_2O_3^{2-}) = 1 : 4$$

由所用 $Na_2S_2O_3$ 的浓度和体积，计算水中溶解氧的含量：

$$溶解氧(O_2,mg\cdot L^{-1})=\frac{c(Na_2S_2O_3)V(Na_2S_2O_3)M}{4V}$$

式中，$c(Na_2S_2O_3)$ 的单位为 $mol\cdot L^{-1}$；$V(Na_2S_2O_3)$ 和 V 的单位分别为 mL 和 L；M 为氧的摩尔质量，32.00 $g\cdot mol^{-1}$。

(二)实验用品

仪器：分析天平，溶解氧测定瓶，锥形瓶(250 mL)，碱式滴定管(50 mL)，滴定台，移液管(25 mL)3 支，吸量管(2 mL，3 支)，量筒(100 mL)，烧杯(1 000 mL 1 只，500 mL 1 只)。

药品：H_2SO_4 (3 $mol\cdot L^{-1}$)，$Na_2S_2O_3$ (0.01 $mol\cdot L^{-1}$)，$K_2Cr_2O_7$ 基准溶液$\left[c\left(\frac{1}{6}K_2Cr_2O_7\right)=0.010\ 00\ mol\cdot L^{-1}\right]$，$MnSO_4$ (550 $g\cdot L^{-1}$)，碱性 KI 溶液(500.0 g NaOH 溶于 400.00 mL 水中，150.0 gKI 溶于 200.0 mL 水中，将两溶液混合后稀释至 1 L，静置一段时间倾出上层清液，贮存于棕色瓶中)，NaOH(s)，KI(s)。

其他：淀粉溶液(1%)，乳胶管。

(三)实验内容

1. $Na_2S_2O_3$ 标准溶液的标定

在 250 mL 锥形瓶中加入 50.0 mL 水和 5.0 mL 3.0 $mol\cdot L^{-1}$ 硫酸，用移液管移取 25.00 mL $K_2Cr_2O_7$ 基准溶液，加入 1.0 g KI，在暗处放置 5 min 后，用 $Na_2S_2O_3$ 溶液滴至淡黄色，加入 1.0 mL 1%淀粉溶液，继续滴定至蓝色刚褪去，即为滴定终点，计算 $c(Na_2S_2O_3)$。

2. 水中溶解氧的测定

(1)取样。将乳胶管的一端插入溶解氧瓶瓶底，放入自来水至水样从瓶口溢出几分钟，慢慢取出乳胶管，迅速塞紧塞子，使瓶内没有气泡。

(2)反应。取好水样后，取下瓶塞，用吸量管紧靠瓶口内壁，插入样品液面下 0.5 cm，准确加入 1.0 mL 550 g · L^{-1} $MnSO_4$ 溶液，再用同样的方法加入 2.0 mL 碱性 KI 溶液，盖紧瓶塞。将瓶反复颠倒，使之混合均匀后，放置 5 min，待沉淀下降至瓶底，再用上述方法加 1.5 mL 3 mol · L^{-1}硫酸，塞紧瓶塞，颠倒混合至沉淀完全溶解，此时溶液中因有碘析出而呈黄色。

(3)滴定。用移液管移取 100.0 mL 上述溶液于 250 mL 锥形瓶中，用 $Na_2S_2O_3$ 标准溶液滴定至溶液为浅黄色，加入 1%的淀粉溶液，继续用 $Na_2S_2O_3$ 标准溶液滴定至蓝色正好消失，记录用量，计算溶解氧。

三、大气中二氧化硫含量的测定

(一)实验原理

二氧化硫(SO_2)是无色、有强烈刺激性气味的有毒气体，具有窒息性。当空气中二氧化硫的浓度达到 0.5 mg · L^{-1}时，便对人体健康有潜在危害；当浓度为 10～15 mg · L^{-1}时，呼吸道纤毛运动和黏膜的分泌功能就会受到抑制；当浓度达到 20 mg · L^{-1}时，会引起咳嗽并刺激眼睛；当浓度达到 400 mg · L^{-1}时，会使人呼吸困难。

二氧化硫是污染大气的主要有害物质，主要来源于发电厂、化工厂排放的气体以及汽车排放的尾气。

本实验采用碘量法测定工业废气中二氧化硫的含量。其原理是：用氨基磺酸铵和硫酸混合液吸收大气中的 SO_2，然后用碘标准溶液滴定，计算二氧化硫的含量。本方法的有效测定范围为 SO_2 的质量浓度在 140～5 700 mg · m^{-3}之间。

$$SO_2 + I_2 + 2H_2O = H_2SO_4 + 2HI$$

(二)实验用品

仪器：吸收瓶、针筒、锥形瓶、容量瓶、碱式滴定管、移液管、棕色瓶、分析天平、滴定台。

药品：吸收液、淀粉溶液(1%)、碘溶液(0.05 mol·L^{-1}，碘溶液的配制：40 g 碘化钾溶于 25 mL 蒸馏水，取 12.7 g 碘放入该溶液中溶解，稀释于 1 L 棕色瓶中，加 3 滴盐酸，存于暗处)。

(三)实验内容

1. 采样吸收

用 100 mL 针筒采样后，通入两个串联的吸收瓶，将第一个吸收瓶内吸收液倒入第二个吸收瓶内，用少量吸收液洗涤空的吸收瓶 1～2 次，洗涤液并入第二个吸收瓶内，加吸收液至 60 mL，摇匀。

2. 滴定

上述吸收液转移至 250 mL 锥形瓶中，用硫代硫酸钠标准溶液滴定至溶液为浅黄色，加入 5 mL 淀粉指示剂，用碘溶液滴定至溶液刚变蓝色，记录消耗的碘溶液体积，计算大气中二氧化硫的含量。

四、思考题

(1)实验中，碘量法测定溶解氧受哪些因素影响？

(2)水中如含有氧化性或还原性物质、藻类、悬浮物等会对测定产生什么干扰？

(3)测定大气中二氧化硫含量有什么方法？

实验三　海带中碘的提取

一、实验目的

(1)掌握用离子交换法从海带中提取 I_2 的原理和方法。

(2)巩固氧化还原反应基本理论。

二、实验原理

海带中所含的碘一般以 I^- 状态存在，用水浸泡海带，I^- 及其可溶性有机质如褐藻糖胶等都进入浸泡液中，褐藻糖胶妨碍碘的提取，一般采取加碱的方法使其生成褐藻酸钠沉淀而除去。由于强碱性阴离子交换树脂对多碘离子 I_3^- 及 I_5^- 的交换吸附量（700～800 g・L^{-1} 树脂）远大于对 I^- 的吸附量（150～170 g・L^{-1} 树脂），因此常将海带浸泡液中的 I^- 部分氧化，使其生成 I_3^- 或 I_5^- 后，再用树脂交换吸附。通常采用在酸性条件下加入适量氧化剂（如 Cl_2、NaClO、H_2O_2、$NaNO_2$ 等）的方法使 I^- 氧化成多碘离子，反应方程式为：

$$2I^- + 2NO_2 + 4H^+ \longrightarrow I_2 + 2NO + 2H_2O$$

$$I_2 + I^- \longrightarrow I_3^-$$

$$R—OH + I_3^- \longrightarrow R-I_3 + OH^-$$

吸附碘达饱和的树脂呈黑红色，用适当的溶液处理树脂可以将碘洗脱下来。

本实验所用的 717 型强碱性阴离子交换树脂对不同阴离子交换选择性大小的顺序如下：

$$I_3^- > I^- > HSO_4^- > NO_3^- > Br^- > NO_2^- > Cl^- > HCO_3^- > OH^-$$

所以采取首先用 $Na_2S_2O_3$ 将 I_3^- 还原为 I^-，再用高浓度的 $NaNO_3$ 溶液处理的方法，将被树脂吸附的碘洗脱下来。

$$I_3^- + SO_3^{2-} + H_2O \longrightarrow 3I^- + SO_4^{2-} + 2H^+$$

$$R-I_3 + NO_3^- \longrightarrow R-NO_3 + I_3^-$$

I^- 经氧化而得 I_2。粗碘可用升华法或浓 H_2SO_4 熔融法精制。

由于强碱性阴离子交换树脂对 I_3^- 吸附能力远大于 NO_3，树脂不用再生即可反复使用。

三、实验用品

仪器：微型离子交换柱，螺旋夹，烧杯，量筒，玻璃滴管，多用滴管，井穴板，离心试管，玻璃棒。

药品：NaOH(40%)，H_2SO_4(6 mol·L^{-1})，HAc(1 mol·L^{-1})，$NaNO_3$(4 mol·L^{-1})，$NaNO_2$(10%)，Na_2SO_3(0.1 mol·L^{-1})，KI(0.1 mol·L^{-1})，$Na_2S_2O_3$(待标定)，淀粉溶液(0.5%)，717 型强碱性阴离子交换树脂。

材料：pH 试纸，脱脂棉。

四、实验内容

(一)海带浸泡液的制备

1. 浸泡

取海带适量，加入 13～15 倍的水浸泡 24 h，浸泡液碘含量约为 0.3 g·L^{-1}。

2. 除褐藻胶

在海带浸泡液中加入 40%的 NaOH 溶液，充分搅拌，控制 pH 在 12 左右，用倾析法分离，清液备用。

3. 部分氧化

取澄清的海带浸泡液 100 mL，用 6 mol·L^{-1}的 H_2SO_4 调节溶液的 pH 至 1.5～2，用滴管逐滴加入 10%的 $NaNO_2$ 溶液，搅拌，溶液颜色由浅黄色逐渐变为棕红色即表明 I^- 已转化为多碘离子。

(二)交换吸附

用滴管将处理好的海带浸泡液注入交换液中，调节螺旋夹，控制流速在 10～15 滴 · min^{-1}，用 100 mL 烧杯承接流出液。流出液颜色应为淡黄色或接近无色，若流出液颜色较深，说明吸附不完全，应调节流速或再循环吸附。交换吸附后的溶液可回收用以提取甘露醇。

（三）洗脱

逐滴加入 0.1 mol · L^{-1} 的 Na_2SO_3 溶液于交换柱中，控制流速 5～8 滴 · min^{-1}，至树脂颜色由棕红色变为无色停止。再取 4 mol · L^{-1} 的 $NaNO_3$ 溶液 20 mL，用多用滴管滴入交换柱中，控制流速 5～8 滴 · min^{-1}，此 $NaNO_3$ 洗脱液可收集于 50 mL 烧杯中。

（四）碘析（在通风橱中操作）

往洗脱液中加入 6 mol · L^{-1} 的 H_2SO_4 使之酸化，再加入 10％的 $NaNO_2$ 溶液使碘析出。

（五）用滴定法测定碘的提取量

用 0.1 mol · L^{-1} 的 KI 溶液将粗碘溶解，加入 1 mol · L^{-1} 的 HAc 溶液酸化。以 0.5％的淀粉溶液为指示剂，用标定好液体体积的滴管吸取已知浓度的 $Na_2S_2O_3$ 溶液，滴入碘溶液中，至蓝色刚好消失为终点，记下 $Na_2S_2O_3$ 的用量。根据 $Na_2S_2O_3$ 的用量，计算碘的产量并粗估碘的提取率。

五、思考题

（1）洗脱过程为什么要分两步进行？

（2）在酸性介质中将 I^- 氧化成 I_2，为什么选 $NaNO_2$ 作氧化剂，而没有用 $KClO_3$、H_2O_2 等？能否找出更好的氧化剂？

（3）还有其他方法和洗脱剂将碘从树脂上洗脱吗？请设计出一种方法来。

(4)制得的粗碘在用 KI 溶液溶解前为什么一定要用水洗？不洗将造成什么后果？

实验四　柠檬酸的提取——柠檬酸钙的制备

一、实验目的

(1)熟悉真菌液体发酵的下游处理过程。

(2)掌握柠檬酸液体发酵液中柠檬酸钙的提取操作要点。

二、实验原理

在成熟的柠檬酸发酵液中大部分是柠檬酸，但还含有部分发酵原料、菌丝体以及其他的代谢产物和杂质。柠檬酸的提取是柠檬酸发酵生产中极为重要的工序。柠檬酸的提取方法有钙盐沉淀法、离子交换法、电渗析法及萃取法等。

目前国内生产广泛使用的是钙盐沉淀法。其原理是利用柠檬酸与碳酸钙反应形成不溶解的柠檬酸钙而将柠檬酸从发酵液中分离出来，并利用硫酸酸解从而得到柠檬酸粗液，经活性炭、离子交换树脂的脱色及脱盐，再经浓缩、结晶、干燥等精制后得到柠檬酸成品。其中和与酸解反应式如下。

中和：

$$2C_6H_8O_7 \cdot H_2O + 3CaCO_3 \longrightarrow Ca_3(C_6H_5O_7)_2 \cdot 4H_2O + 3CO_2 + H_2O$$

酸解：

$$Ca_3(C_6H_5O_7)_2 \cdot 4H_2O + 3H_2SO_4 + 4H_2O \longrightarrow 2C_6H_8O_7 \cdot H_2O + 3CaSO_4 \cdot 2H_2O$$

三、实验用品

仪器：离心机，滴定管，烘箱。

药品：柠檬酸发酵液，NaOH(0.142 9 mol·L^{-1})，酚酞指示剂(1%)，碳酸钙。

四、实验内容

1. 发酵液预处理

将发酵结束的柠檬酸发酵液加热至80℃，保温10～20 min，趁热进行离心分离1 000～2 000 r·min^{-1}，10 min。取上层清液备用并记录总体积。

2. 发酵液总酸的测定

取上层清液1 mL，加5 mL蒸馏水于三角瓶内，再加入1滴酚酞指示剂，用0.142 9 mol·L^{-1}的NaOH滴定至终点，记录NaOH的消耗量。

3. 中和

将发酵液加热至70℃，同时加入发酵液总酸量72%的碳酸钙进行中和至pH 5.5～5.8，搅拌并保温10～20 min。

4. 离心与洗糖

将中和液趁热离心，1 000 r·min^{-1}，5min^{-1}，倾去上层清液后加入发酵液总量1/2的80℃热水搅拌均匀，再次离心所得固体即为柠檬酸钙。

5. 干燥

将所得柠檬酸钙转移于干净的表面皿中，于105℃烘干，冷却后称重。

五、思考题

(1)计算发酵液总酸浓度及发酵所得的总酸量。

(2)根据所得钙盐重量计算该法的提取收率。

(3)简述发酵液预处理的意义及洗糖的目的。

实验五　未知阳离子液的定性分析

一、实验目的

(1)加强基本操作的训练,练习混合阳离子的分离与鉴定。

(2)通过阳离子的分离和鉴定加深对金属元素性质的认识。

二、实验原理

一般阳离子分析都是利用阳离子的共同特性,先分成几组,然后再根据阳离子的个别特性加以检出。凡能使一组阳离子在适当的反应条件下生成沉淀而与其他组阳离子分离的试剂称为组试剂。利用不同的组试剂把阳离子逐组分离,再进行检出的方法叫阳离子系统分析。

以往阳离子系统分析大都采用经典的硫化氢系统分析(见图 6-1),其原理是根据阳离子的硫化物以及它们的氯化物、碳酸盐等溶解度的不同,用不同的组试剂将阳离子分成五组,然后分别加以检验。

硫化氢系统分析虽然系统性强,分离方法较严密,并能与溶度积等概念较好地配合,但是此法操作步骤繁杂,分析花费时间较多,硫化氢又污染空气,同时与化合物的两性及配合物的性质联系较少。本实验将常见的 20 多种阳离子分为六组。

第一组:易溶组　　Na^+,K^+,NH_4^+,Mg^{2+}

第二组:氯化物组　　Ag^+,Hg_2^{2+},Pb^{2+}

第三组:硫酸盐组　　Ba^{2+},Ca^{2+}

第四组:氨合物组　　Zn^{2+},Cd^{2+},Cu^{2+},Co^{2+},Ni^{2+}

第五组：两性组　　　Al^{3+}，Cr^{3+}，Sb^{3+}，Sn^{2+}

第六组：氢氧化物组　Fe^{2+}，Fe^{3+}，Bi^{3+}，Mn^{2+}，Hg^{2+}

然后再根据各组阳离子的特性用离心机和离心试管加以分离和鉴定，其分离方法见图 6-1。

三、实验用品

仪器：离心机、离心试管。

药品：

酸：$HCl(2.0\ mol \cdot L^{-1}, 6.0\ mol \cdot L^{-1})$，$HNO_3(1\ mol \cdot L^{-1}, 6\ mol \cdot L^{-1})$，$H_2SO_4(1\ mol \cdot L^{-1})$。

碱：$NaOH(2\ mol \cdot L^{-1}, 6\ mol \cdot L^{-1})$，$NH_3 \cdot H_2O(2\ mol \cdot L^{-1}, 6\ mol \cdot L^{-1})$；

盐：$SnCl_2$，$BaCl_2$，$HgCl_2$，$CrCl_3$，$MnSO_4$，Na_2SO_4，$NiSO_4$，$Pb(NO_3)_2$，$MgCl_2$，$FeCl_3$，$CoCl_2$，$CuSO_4$，$AgNO_3$，Na_2S，$K_4[Fe(CN)_6]$（以上均为 $0.1\ mol \cdot L^{-1}$），$KSCN(0.1\ mol \cdot L^{-1})$；

其他：$NaBiO_3$，H_2O_2（%），乙醚，丙酮。

四、实验内容

1. 设计分离和鉴定下列各对离子

①Cr^{3+} 和 Mn^{2+}。

②Fe^{3+} 和 Co^{2+}。

③Cu^{2+} 和 Ag^{+}。

2. 未知液的分析

①未知液中可能有 Sn^{2+}，Fe^{3+}，Ba^{2+}。

②未知液中可能有 Cr^{3+}，Ni^{2+}，Mg^{2+}。

③未知液中可能有 Hg^{2+}，Cu^{2+}，Pb^{2+}。

未知液中离子分离和鉴定参考简图，见图 6-1～图 6-4。

待测液
HCl
溶液
沉淀
AgCl, Hg_2Cl_2, $PbCl_2$
Ⅰ组(盐酸组)
0.3 mol/L HCl
H_2S
加热
溶液
沉淀
CuS, PbS, CdS, Bi_2S_3,
HgS, As_2S_3, Sb_2S_3, SbS_2
Ⅱ组(硫化氢组)
$NH_3·H_2O$
NH_4Cl
$(NH_4)_2S$
加热
Na_2S
沉淀
$Al(OH)_3$, $Cr(OH)_3$,
FeS, Fe_2S_4, CoS,
ZnS, MnS, NiS
Ⅲ组(硫化铵组)
溶液
$NH_3·H_2O$
NH_4Cl
$(NH_4)_2CO_3$
加热
溶液
AsS_3^{3-}, SbS_3^{3-},
SnS_3^{2-}, HgS_2^{2-}
ⅡB组(锡组)
沉淀
PbS, Bi_2S_3,
CdS, CuS
ⅡA组(铜组)
沉淀
$BaCO_3$, $CaCO_3$, $SrSO_3$
Ⅳ组(碳酸铵组)
溶液
K^+, Ba^{2+}, Mg^{2+}, NH_4^+
Ⅴ组(易溶组)

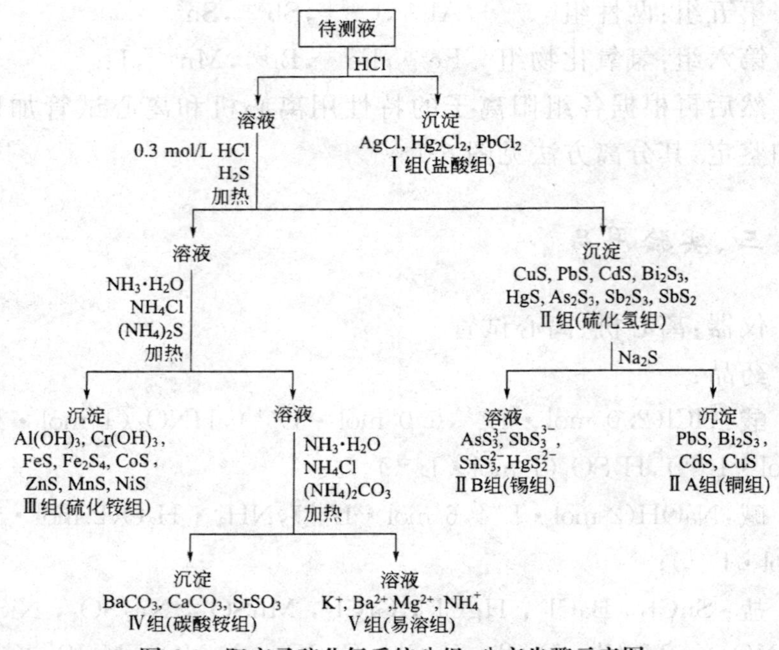

图 6-1 阳离子硫化氢系统分组、分离步骤示意图

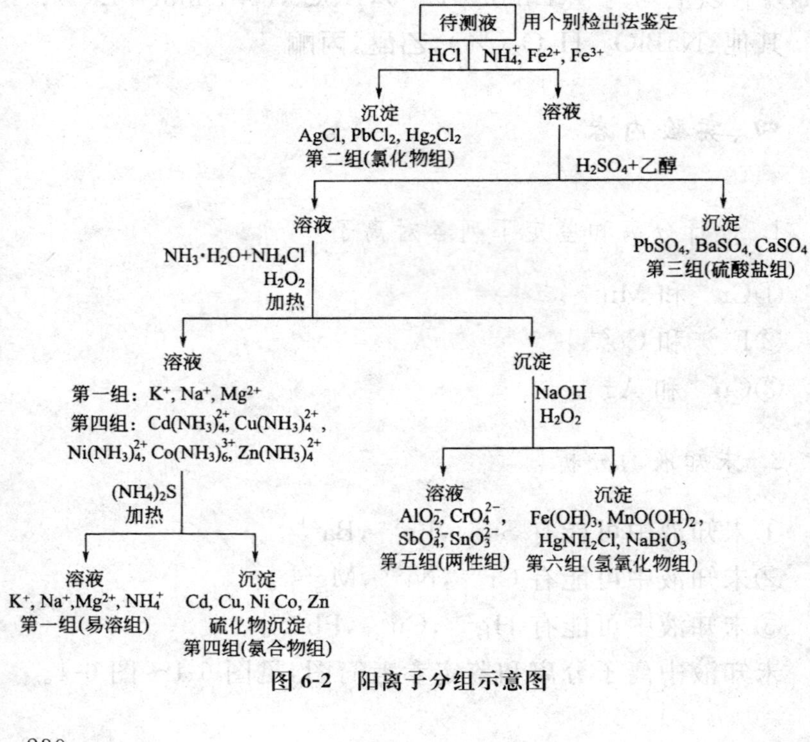

待测液
用个别检出法鉴定
HCl
NH_4^+, Fe^{2+}, Fe^{3+}
沉淀
AgCl, $PbCl_2$, Hg_2Cl_2
第二组(氯化物组)
溶液
H_2SO_4+乙醇
溶液
沉淀
$PbSO_4$, $BaSO_4$, $CaSO_4$
第三组(硫酸盐组)
$NH_3·H_2O+NH_4Cl$
H_2O_2
加热
溶液
第一组：K^+, Na^+, Mg^{2+}
第四组：$Cd(NH_3)_4^{2+}$, $Cu(NH_3)_4^{2+}$,
$Ni(NH_3)_4^{2+}$, $Co(NH_3)_6^{3+}$, $Zn(NH_3)_4^{2+}$
沉淀
NaOH
H_2O_2
$(NH_4)_2S$
加热
溶液
AlO_2^-, CrO_4^{2-},
SbO_4^{3-}, SnO_3^{2-}
第五组(两性组)
沉淀
$Fe(OH)_3$, $MnO(OH)_2$,
$HgNH_2Cl$, $NaBiO_3$
第六组(氢氧化物组)
溶液
K^+, Na^+, Mg^{2+}, NH_4^+
第一组(易溶组)
沉淀
Cd, Cu, Ni Co, Zn
硫化物沉淀
第四组(氨合物组)

图 6-2 阳离子分组示意图

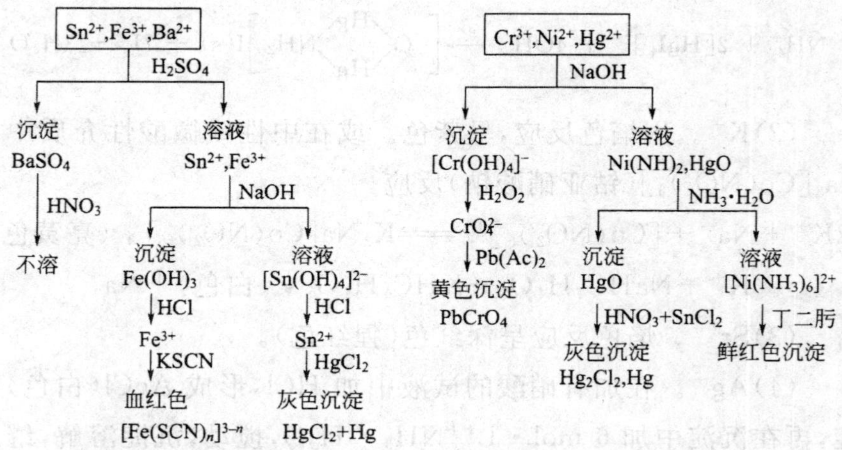

图 6-3　未知液阳离子分离和鉴定参考简图(一)

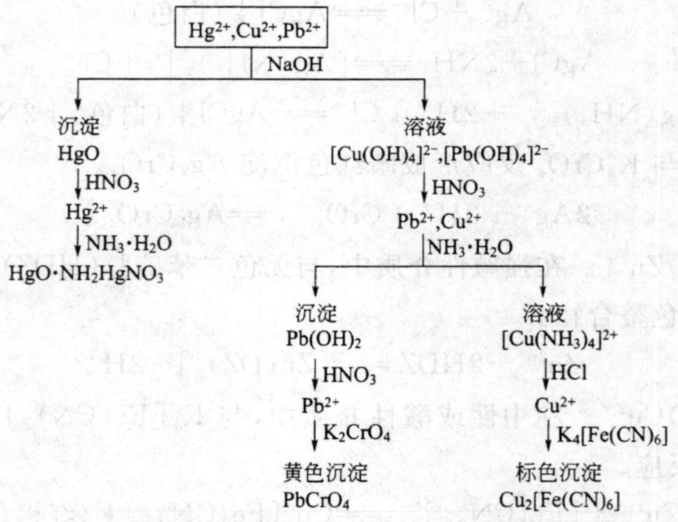

图 6-4　未知液阳离子分离和鉴定参考简图(二)

3. 阳离子的鉴定

一些阳离子的鉴定如下。

(1)NH_4^+。在碱性介质中,与奈斯勒试剂(K_2HgI_4)反应或与强碱反应放出 NH_3 气体,使润湿的红色石蕊试纸变为蓝色。常在气室中进行。

$$NH_4^+ + 2[HgI_4]^{2-} + 4OH^- \longrightarrow \left[O\begin{matrix} \diagup Hg \diagdown \\ \diagdown Hg \diagup \end{matrix} NH_2 \right] I(s) + 7I^- + 3H_2O$$

(2)K^+。用焰色反应，呈紫色。或在中性或微酸性介质中与 $Na_3[Co(NO_2)_6]$（钴亚硝酸钠）反应。

$$2K^+ + Na^+ + [Co(NO_2)_6]^{3-} \rightleftharpoons K_2Na[Co(NO_2)_6]\downarrow \text{（亮黄色）}$$

$$K^+ + NaHC_4H_4O_6 \rightarrow KHC_4H_4O_6\downarrow \text{（白色）} + Na^+$$

(3)Sr^{2+}。焰色反应呈深红色（猩红色）。

(4)Ag^+。在加有硝酸的试液中加 HCl，形成 AgCl（白色）沉淀，再在沉淀中加 6 $mol \cdot L^{-1}NH_3 \cdot H_2O$，搅动，沉淀溶解，继续加 6 $mol \cdot L^{-1}HNO_3$ 酸化，白色 AgCl 复析出，表示有 Ag^+ 离子。

$$Ag^+ + Cl^- \rightleftharpoons AgCl\downarrow \text{（白色）}$$

$$AgCl + 2NH_3 \rightleftharpoons [Ag(NH_3)_2]^+ + Cl^-$$

$$[Ag(NH_3)_2]^+ + 2H^+ + Cl^- \rightleftharpoons AgCl\downarrow \text{（白色）} + 2NH_4^+$$

或与 K_2CrO_4 反应形成暗红色沉淀 Ag_2CrO_4。

$$2Ag^+ + 2H^+ + CrO_4^{2-} \rightleftharpoons Ag_2CrO_4\downarrow$$

(5)Zn^{2+}。在强碱性介质中，与无色二苯硫腙（HDZ）反应，形成粉红色螯合物。

$$Zn^{2+} + 2HDZ \rightleftharpoons [Zn(DZ)_2] + 2H^+$$

(6)Cu^{2+}。在中性或酸性介质中，与 $K_4[Fe(CN)_6]$（亚铁氰化钾）反应。

$$2Cu^{2+} + [Fe(CN)_6]^{4-} \rightleftharpoons Cu_2[Fe(CN)_6]\downarrow \text{（红褐色）}$$

(7)Hg^{2+}。在酸性介质中，与 $SnCl_2$ 反应，先生成白色沉淀 Hg_2Cl_2，继续加 $SnCl_2$ 出现黑色沉淀。

$$SnCl_2 + 2HgCl_2 \rightleftharpoons Hg_2Cl_2\downarrow \text{（白）} + SnCl_4$$

$$SnCl_2 + Hg_2Cl_2 \rightleftharpoons 2Hg\downarrow \text{（黑）} + SnCl_4$$

(8)Cd^{2+}。在酸性介质中通入 H_2S，形成黄色沉淀，为了除去其他离子干扰，先在试液中加浓 HCl，再通 H_2S，取上部清液稀释，调至弱酸性后，再通入 H_2S。

五、思考题

(1)本实验将常见的阳离子分为六组,各组含有哪些离子?

(2)如果未知液呈碱性,哪些离子可能存在?

(3)在分离五、六组阳离子时,加入过量 NaOH、H_2O_2 以及加热作用是什么?

(4)用 KSCN 鉴定 Co^{2+} 时,Fe^{3+} 的存在有无干扰? 如有干扰应如何消除?

(5)在氯化物组沉淀中,如何分离和鉴定 Ag^+、Hg_2^{2+}、Pb^{2+}?

六、注意事项

(1)在一般情况下,为了沉淀完全,加入的沉淀剂只需比理论计量过量 20%～50%。沉淀剂过量太多,会引起较强的盐效应、配合物生成等副作用,反而增大了沉淀的溶解度。

(2)每次取 0.5～1.0 mL 未知溶液做实验。

(3)未知溶液中存在 Al^{3+} 时,一定要控制好沉淀条件,使沉淀完全。否则遗留到 Ni^{2+} 组,在 pH=10 时,会有 $Al(OH)_3$ 沉淀,误认为是 NiS。

(4)分离后面几组时,若体积过大,可在蒸发皿中蒸发浓缩后再做。

(5)为了提高分析结果的准确性,应进行“空白实验”和“对照实验”。

(6)在混合离子分离过程中,为使沉淀老化需要加热,加热方法通常采用水浴加热。

(7)每步获得沉淀后,都要将沉淀用少量带有沉淀剂的稀溶液或去离子水洗涤 1～2 次。

(8)$PbCl_2$ 溶解度较大,并易溶于热水,在 Pb^{2+} 浓度大时才析出沉淀。

(9)$CaSO_4$ 溶解度较大,只有当 Ca^{2+} 浓度很大时才析出沉淀。

(10)注意 $Fe(OH)_2$ 和 $Mn(OH)_2$ 还原性很强,在空气中极易被氧化成 $Fe(OH)_3$ 和 $MnO(OH)_2$。

(11)注意配离子$[Co(NH_3)_6]^{2+}$不稳定,在空气中易被氧化成$[Co(NH_3)_6]^{3+}$。

(12)$BaSO_4$ 转化为 $BaCO_3$ 较难,可用 Na_2CO_3 溶液进行多次转化。

实验六　未知阴离子液的定性分析

一、实验目的

(1)学会常见阴离子的分离与鉴定的方法。

(2)通过阴离子的分离与鉴定加深对非金属元素性质的认识。

二、实验原理

在实验中常见的阴离子并不很多,在酸性介质中主要表现氧化性的阴离子有 NO_3^-、ClO_3^-、ClO^- 等,主要表现还原性的阴离子有 Cl^-、Br^-、I^- 等,既有氧化性又有还原性的阴离子有 SO_3^{2-}、$S_2O_3^{2-}$、NO^{2-} 等,在稀酸中 CO_3^{2-}、SO_4^{2-}、PO_4^{3-} 等既无氧化性又无还原性。氧化性阴离子与还原性阴离子在酸性介质中由于发生氧化—还原反应而不能共存。在多数情况下,只有当阴离子能共存,而且彼此不妨碍鉴定时,才可以分离与鉴定或才进行个别检出。

在鉴定 NO_3^- 时,NO_2^- 存在对鉴定有干扰。消除 NO_2^- 干扰的方法为,在含有 NO_2^- 的溶液中,加入饱和 NH_4Cl 溶液并小心加热产生如下反应：

$$NH_4^+ + NO_2^- \xrightarrow{\triangle} N_2 + 2H_2O$$

在酸性溶液中也可以加入尿素发生如下反应：

$$CO(NH_2)_2 + 2NO_2^- + 2H^+ \longrightarrow CO_2\uparrow + 2N_2\uparrow + 2H_2O$$

三、实验用品

仪器：离心机、离心试管、滴管。

药品：

酸：HNO_3（1 mol·L^{-1}，6 mol·L^{-1}），HCl（2 mol·L^{-1}），H_2SO_4（2 mol·L^{-1}）；

碱：$NH_3 \cdot H_2O$（2 mol·L^{-1}，6 mol·L^{-1}），$Ba(OH)_2$（0.1 mol·L^{-1}）；

盐：NaCl，KBr，KI，Na_2SO_4，$KClO_3$，Na_2CO_3，Na_2S，$AgNO_3$，$Na_2S_2O_3$（以上均为 0.1 mol·L^{-1}）；

其他：氯水，CCl_4，锌粉。

四、实验内容

根据要求试对下列几组阴离子溶液进行分离与鉴定：

(1)SO_4^{2-}，Cl^-，ClO_3^- 混合液；

(2)CO_3^{2-}，S^{2-}，Cl^-混合液；

(3)Cl^-，Br^-，I^-混合液；

(4)S^{2-}，$S_2O_3^{2-}$，SO_3^{2-} 混合液。

(1)～(3)组阴离子混合液分离与鉴定可参考下面的流程简图（图 6-5～图 6-7），第(4)组混合液请自己设计分离与鉴定流程简图。

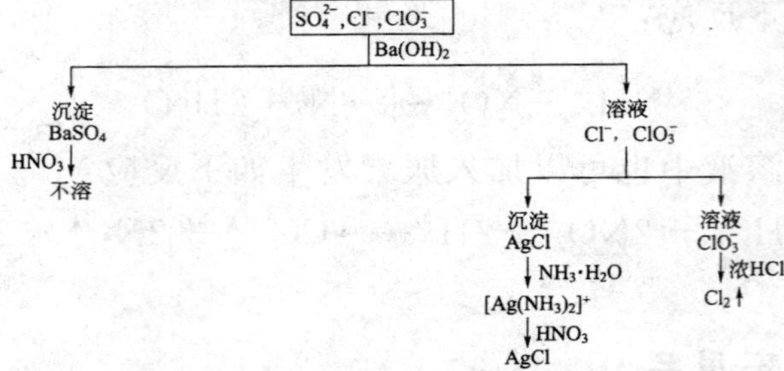

图 6-5 SO_4^{2-}, Cl^-, ClO_3^- 混合液的分离鉴定流程图

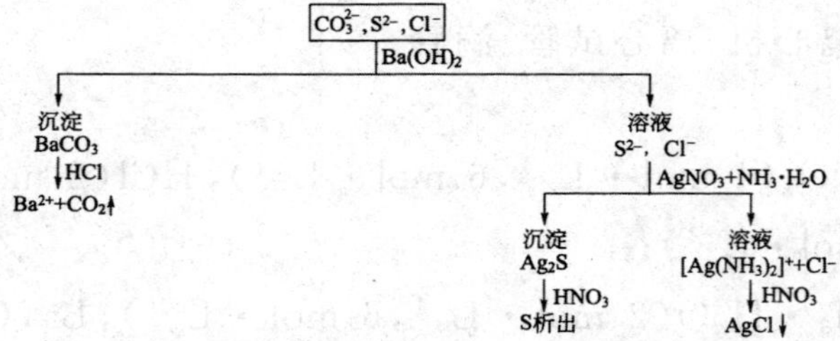

图 6-6 CO_3^{2-}, S^{2-}, Cl^- 混合液的分离鉴定流程图

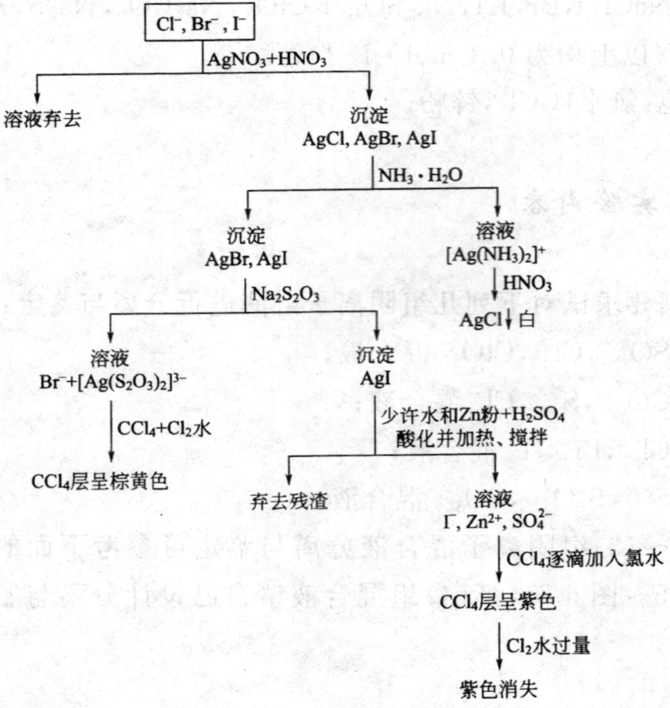

图 6-7 Cl^-, Br^-, I^- 混合液的分离鉴定流程图

常见阴离子的鉴定方法见表 6-1。

表 6-1　常见阴离子的鉴定方法

离子	鉴定方法	条件
S^{2-}	试液中 S^{2-} 含量较多时，取少量试液于试管中，用 HCl 酸化，将湿的 $Pb(Ac)_2$ 试纸放在试管口，若试纸变棕黑，则表示有 S^{2-} 存在	酸性
	试液中 S^{2-} 含量较少时，取试液几滴于点滴盘中，加 NaOH 溶液使试液呈碱性，滴加新配制的 1%亚硝酰铁氰化钠溶液，出现紫红色，表示有 S^{2-} 存在	碱性
$S_2O_3^{2-}$	取少量试液于试管中，加入过量 $AgNO_3$ 溶液，若见到白色沉淀，并变为黄色、棕色，最后变为黑色的 Ag_2S，证明有 $S_2O_3^{2-}$ 存在	
SO_3^{2-}	在点滴盘上滴加 2 滴饱和 $ZnSO_4$ 溶液，加 1 滴 $K_4[Fe(CN)_6]$和 1%$Na_2[Fe(CN)_5NO]$，再滴加试液，搅动，出现红色沉淀表示 SO_3^{2-} 存在。酸使红色沉淀消失，故酸性溶液必须中和，S^{2-} 离子存在，妨碍 S_3^{2-} 离子的鉴定	酸性
	取试液数滴于试管中，加 Sr^{2+} 有白色沉淀，再加稀 HCl，白色沉淀溶解(或部分溶解)，在清液中加 H_2O_2(3%)及 $BaCl_2$ 溶液，若有白色沉淀产生，表示有 SO_3^{2-} 离子存在	
NO_2^-	取试液数滴于试管中，加 $FeSO_4$ 溶液(或固体)，再加入 H_2SO_4 或醋酸，若溶液呈棕色，则表示有 NO_2^- 离子存在	酸性
	在点滴盘中滴加 2 滴试液(中性或醋酸酸性)，再加氨基苯磺酸和 α—萘胺溶液各 1 滴，若立即(或短时间内)生成特殊红色(偶氮染料)，则表示有 NO_2^- 存在	
PO_4^{3-}	取数滴试液，加入 2 倍的 1∶1 HNO_3，加热数分钟(若已知有 SiO_3^{2-} 存在时，加数滴 20%酒石酸钠溶液)，再加入 5% $(NH_4)_2MoO_4$ 溶液 8～10 滴，再于 60～70℃保温数分钟，析出黄色沉淀，证明有 PO_4^{3-} 存在 $PO_4^{3-}+3NH_4^++12MoO_4^{2-}+24H^+ \longrightarrow (NH_4)_3PO_4 \cdot 12MoO_3 \cdot 6H_2O\downarrow$(黄色)$+6H_2O$	酸性

续表

离子	鉴定方法	条件
NO_3^-	加 $FeSO_4$ + 浓 H_2SO_4(沿倾斜管壁)$\longrightarrow$交界面出现棕色环 $NO_3^- + 3Fe^{2+} + 4H^+ \longrightarrow 3Fe^{3+} + NO\uparrow + 2H_2O$ $Fe^{2+} + NO \longrightarrow [Fe(NO)]^{2+}$	
CO_3^{2-}	加 2 mol·L^{-1} HCl$\longrightarrow$气体,气体通入饱和石灰水$\longrightarrow$白色沉淀 $CO_3^{2-} + 2H^+ \longrightarrow CO_2\uparrow + H_2O$ $CO_2 + Ca(OH)_2 \longrightarrow CaCO_3\downarrow + H_2O$	酸性 (HCl) 碱性
Cl^-	加 2 mol·L^{-1} HNO_3 + 0.1 mol·L^{-1} $AgNO_3$ $\longrightarrow$白色沉淀,沉淀可溶于 6 mol·L^{-1} $NH_3\cdot H_2O$(过量),HNO_3 酸化又有白色沉淀	
Br^-	加 1 mol·L^{-1} H_2SO_4 + CCl_4 + Cl_2 水$\longrightarrow$$CCl_4$ 层显橙黄色至橙红色 $2Br^- + Cl_2 \longrightarrow Br_2 + 2Cl^-$	酸性
I^-	加 CCl_4 + Cl_2 水$\longrightarrow$$CCl_4$ 层显紫色,过量氯水变无色 $2I^- + Cl_2 \longrightarrow I_2 + 2Cl^-$ $I_2 + 5Cl_2 + 6H_2O \longrightarrow 2HIO_3 + 10HCl$	

五、思考题

(1)常见的既有氧化性又有还原性的阴离子有哪些?

(2)酸性条件下这些阴离子能否共存:$S_2O_3^{2-}$,I^-,PO_4^{3-},NO_3^-?

(3)NO_2^- 在酸性介质中与 $FeSO_4$ 也产生棕色环反应,那么在 NO_3^- 和 NO_2^- 混合液中,将怎样鉴定 NO_3^- 的存在?

(4)现有四瓶无色溶液,它们是 Na_2S,Na_2SO_3,$Na_2S_2O_3$,Na_2SO_4,如何通过实验进行鉴别?

六、注意事项

(1)由于酸碱性和氧化还原性的限制,很多阴离子不能共存于同一溶液中。如 PbS 与 HCl 生成配合物 $H_2[PbCl_4]$,PbS 与

HNO_3 生成 $Pb(NO_3)_2$。共存于溶液中的各离子彼此干扰较少，且许多阴离子有特征反应。

(2)由于阴离子间相互干扰较少，实际上许多离子共存的机会也较少，因此大多数阴离子一般都采用分别分析的方法，只有少数相互有干扰的离子才采用系统分析法，如 SO_3^{2-}、$S_2O_3^{2-}$、S^{2-}、Cl^-、Br^- 和 I^- 等。为了了解溶液中离子的存在情况，对阴离子进行系统分组还是必要的，但分组的主要目的不是用于离子分离，而是用于预先确定哪些离子可能存在。

(3)为了提高分析结果的准确性，应进行“空白试验”和“对照试验”。“空白试验”是以去离子水代替试样，而“对照试验”是用已知含有被检验离子的溶液代替试样。

(4)许多阴离子只在碱性溶液中存在或共存，一旦溶液被酸化，它们就会分解或相互间发生反应。酸性条件下易分解的有 NO_2^-、NO_3^-、SO_3^{2-}、S^{2-} 和 CO_3^{2-}；酸性条件下氧化性阴离子 NO_2^-、NO_3^-、SO_3^{2-} 可与还原性阴离子 I^-、SO_3^{2-}、$S_2O_3^{2-}$、S^{2-} 发生氧化还原反应。还有些阴离子易被空气氧化，如 NO_2^-、S^{2-} 和 SO_3^{2-} 易被空气氧化成 NO_3^-、S 和 SO_4^{2-}，所以分析不当容易造成误差。

实验七　水热法制备纳米二氧化锡

一、实验目的

(1)了解纳米的概念和水热法制备纳米氧化物的原理及实验方法。

(2)研究 SnO_2 纳米粉制备的工艺条件。

(3)学习用透射电子显微镜检测超细微粒的粒径。

(4)学习用 X 射线衍射法(XRD)确定产物的物相。

二、实验原理

纳米粒子通常是指粒径大约为1～100 nm的超微颗粒。物质处于纳米尺度状态时，其许多性质既不同于原子、分子，又不同于大块体相物质，而构成物质的一种新的状态。

处于纳米尺度的粒子，其电子的运动受到颗粒边界的束缚而被限制在纳米尺度内，当粒子的尺寸可以与其中电子（或空穴）的de Broglie波长相近时，电子运动呈现显著的波粒二象性，此时材料的光、电、磁性质出现许多新的特征和效应。纳米材料位于表、界面上的原子数足以与粒子内部的原子数相抗衡，总表面能大大增加。粒子的表、界面化学性质异常活泼，可能产生宏观量子隧道效应、介电限域效应等。纳米粒子的新特性为物理学、电子学、化学和材料科学等开辟了全新的研究领域。

纳米材料的合成方法有气相法、液相法和固相法。其中气相法包括：化学气相沉积、激光气相沉积、真空蒸发和电子束或射频束溅射等；液相法包括溶胶—凝胶（Sol—Gel）法、水热法和共沉淀法。制备纳米氧化物微粉常用水热法，其优点是产物直接为晶态，无须经过焙烧晶化过程，可以减少颗粒团聚，同时粒度比较均匀，形态也比较规则。

SnO_2是一种功能基材料，在气敏、湿敏、光学技术等方面具有广泛的用途。纳米SnO_2具有很大的比表面积，是目前最常见的气敏半导体材料，对许多可燃性气体，如H_2、CO、CH_4等都有相当高的灵敏度。本实验采用水热法制备SnO_2纳米粉。

以$SnCl_4$为原料，配制一定的浓度，用KOH溶液调节pH后，水热条件下利用水解产生的$Sn(OH)_4$脱水缩合晶化产生SnO_2纳米微晶，然后经过沉降、过滤和干燥即可以得到SnO_2纳米粉。

$$SnCl_4 + 4H_2O \longrightarrow Sn(OH)_4 \downarrow + 4HCl$$

$$nSn(OH)_4 \longrightarrow nSnO_2 + 2nH_2O$$

三、实验用品

仪器：烧杯(50 mL)、量筒(25 mL)、吸滤瓶、布氏漏斗、台秤、水泵、反应釜(带有聚四氟乙烯内衬，35 mL)、pH 计、恒温箱(带有控温装置)、多晶 X 射线衍射仪、透射电镜。

药品：KOH(3 mol · L^{-1})、盐酸(浓)、蒸馏水、乙醇(95%)、乙酸—乙酸铵缓冲溶液，$SnCl_4 \cdot 5H_2O$(A. R.)。

四、实验内容

(一)反应条件的选择

水热反应的条件，如反应物的浓度、温度、介质的 pH、反应时间等对反应物的物相、形态、粒子尺寸及其分布均有较大影响。

反应温度适度升高能促进 $SnCl_4$ 的水解及 $Sn(OH)_4$ 的脱水缩合，利于重结晶，但温度太高将导致 SnO_2 微晶长大。本实验反应温度控制在 120～160℃范围内。

反应介质的酸度较高，$SnCl_4$ 的水解受到抑制，生成的 $Sn(OH)_4$ 较少，反应液中残留 Sn^{4+} 多，将产生 SnO_2 微晶并造成粒子间的聚结，导致硬团聚；反应介质的酸度较低时，$SnCl_4$ 水解完全，形成大量 $Sn(OH)_4$，进一步脱水缩合晶化成 SnO_2 纳米微晶。本实验介质的酸度控制在 pH 为 1～2。

水热反应时间在 2 h 左右。反应容器是聚四氟乙烯衬里的不锈钢压力釜，密封后置于恒温箱中控温。

(二)SnO_2 纳米粉的制备

称取 3.5 g $SnCl_4 \cdot 5H_2O$ 放入 50 mL 带刻度烧杯中，加入少量浓盐酸溶解后，再加入适量蒸馏水稀释成 1 mol · L^{-1} 的 $SnCl_4$ 水溶液，过滤掉不溶物，得无色澄清溶液，用 3 mol · L^{-1} 的 KOH

调节溶液的 pH＝1.5 后，取 20 mL 装入具有聚四氟乙烯内衬容积为 35 mL 的不锈钢反应釜内，反应釜拧紧后放于连接有控温装置(升温速率 3℃ · min^{-1})的恒温箱内，120～220℃下反应 1～2 h，然后关闭恒温箱电源，冷却至室温，打开反应釜取出反应产物，静置沉降一天，移去上层清液后减压过滤，粉末状固体用体积比 10∶1 的乙酸—乙酸铵缓冲溶液洗涤 2～3 次，再用 95%的乙醇洗涤 2～3 次，最后将固体放置于恒温箱内，80℃下干燥 2 h 即得 SnO_2 纳米粉。

(三)产物表征

1. 物相分析

用多晶 X 射线衍射仪测定产物物相(见图 6-8)，在 JCPDS 卡片集中查出 SnO_2 的多晶标准衍射卡片，将样品的 d 值和相对强度与标准卡片的数据相对照，确定产物是否是 SnO_2。

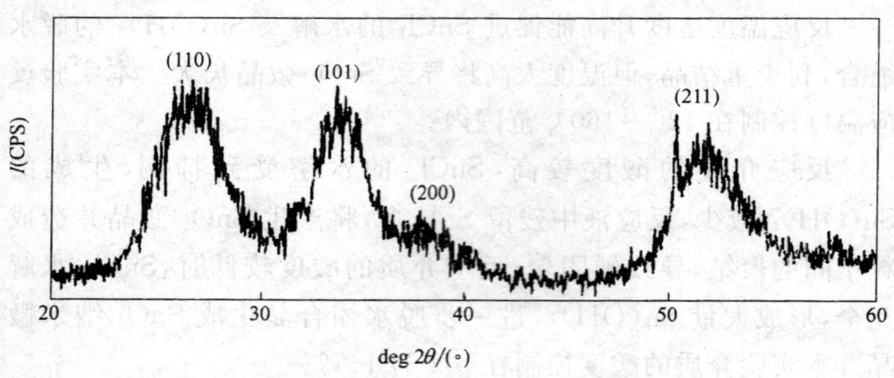

图 6-8 纳米 SnO_2 的多晶 X 射线衍射图

2. 粒子大小的分析与观察

由多晶 X 射线衍射峰的半峰宽，用谢乐(Scherrer)公式计算样品 *hkl* 方向上的平均晶粒尺寸。

$$D_{hkl}=\frac{K\lambda}{\beta\cdot\cos\theta_{hkl}}$$

式中，β 为 hkl 的衍射峰的半峰宽（一般可取为半峰宽）；K 为常数，通常取 0.9；θ_{hkl} 为 hkl 的衍射峰的衍射角；λ 为 X 射线的波长。

用透射电子显微镜（TEM）直接观察样品离子的尺寸与形貌。

五、思考题

（1）水热法制备纳米粒子与其他化学合成方法比较，有哪些优点？

（2）影响水热法制备纳米粒子的主要因素有哪些？

（3）如何在洗涤纳米粒子沉淀物过程中防止沉淀物的胶溶？

实验八　废旧电池的回收利用

一、实验目的

（1）进一步熟练无机物的实验室提取、制备、提纯、分析等方法和技能。

（2）学习实验方案的设计。

（3）了解废弃物中有效成分的回收利用方法。

二、实验原理

在我国的干电池使用中，锌锰干电池最为常用。报废的干电池如不回收利用，处置不当可能造成严重的环境污染，而且也是极大的资源浪费。

锌锰干电池的负极为锌电极（电池壳体），正极为被 MnO_2（为增强导电能力，填充有炭粉）包围着的石墨电极，电解质是氯化锌及氯化铵的糊状物，发生的电池反应为

$$Zn + 2NH_4Cl + 2MnO_2 = Zn(NH_3)_2Cl_2 + 2MnOOH$$

在使用过程中，锌皮消耗最多，MnO_2 只起氧化作用，NH_4Cl

作为电解质没有消耗，碳粉是填料。因而回收处理废干电池可以获得多种物质，如铜、锌、二氧化锰、氯化铵以及碳棒等，废干电池实为一种可变废为宝的可利用资源。

回收时，剥去电池外壳包装纸，用螺丝刀撬开顶盖，用小刀挖去盖小面的沥青层，即可用钳子慢慢拔出碳棒(连同铜帽)。取下铜帽集存，可作为实验或生产硫酸铜的原料。碳棒留做电极使用。

用剪刀或钢锯片把废电池外壳剥开，即可取出里面的黑色物质，它为二氧化锰、碳粉、氯化铵和氯化锌等的混合物。把这些黑色混合物倒入烧杯中，按每节大电池加入蒸馏水 50 mL 左右，搅拌、溶解、过滤，滤液用于提取氯化铵。滤渣可用于制备 MnO_2 及锰的化合物，电池的外壳可用于制锌或锌盐。

三、实验用品

查阅有关文献，自己选用相应的仪器和试剂。

四、实验内容

查阅有关文献，设计实验方案，完成下列三项实验内容。

1. 从黑色混合物的滤液中提取氯化铵

(1)设计实验方案，提取并提纯氯化铵。

(2)产品定性检验：证实其为铵盐；证实其为氯化物。

已知滤液的主要成分是 $ZnCl_2$ 和 NH_4Cl，两者在不同温度下的溶解度(g·100g^{-1}水)见表 6-2。

表 6-2　$ZnCl_2$ 和 NH_4Cl 在不同温度下的溶解度

温度/K	273	283	293	303	313	333	353	363	373
NH_4Cl/(g·100g^{-1}水)	29.4	33.2	37.2	31.4	45.8	55.3	65.6	71.2	77.3
$ZnCl_2$/(g·100g^{-1}水)	342	363	395	437	452	488	541	—	614

氯化铵在 100℃ 时开始显著挥发，338℃ 时离解，350℃ 时升

华。氯化铵和甲醛作用生成六亚甲基四胺、盐酸，后者用 NaOH 标准溶液滴定，便可求出产品中氯化铵的含量。有关反应为：

$$4NH_4Cl+6HCHO = (CH_2)_6N_4+4HCl+6H_2O$$

2. 从黑色混合物的滤渣中提取 MnO_2

(1)设计实验方案，精制 MnO_2。

(2)试验 MnO_2 与盐酸、MnO_2 与 $KMnO_4$ 的作用。

黑色混合物的滤渣中含有二氧化锰、碳粉和其他少量有机物。用少量的水冲洗，滤干固体，灼烧除去碳粉和有机物。粗的二氧化锰中尚含有一些低价锰和少量其他金属化合物，应设法除去，以获得精制二氧化锰。

3. 由锌壳制取七水硫酸锌

(1)设计实验方案，以含锌单质的锌壳制备七水硫酸锌。

(2)产品定性检验：硫酸盐验证；证实为锌盐；证实不含 Fe^{3+}、Cu^{2+}。

将洁净的碎锌壳以适量的酸溶解。溶液中含有 Fe^{3+}、Cu^{2+} 杂质时，设法除去。

五、思考题

(1)查阅相关资料，了解有关背景知识和废电池回收处理的意义。

(2)制取七水硫酸锌时可能含有哪些杂质离子？如何除去？

实验九　水的总硬度测定

一、实验目的

(1)了解水的硬度的表示方法。

(2)掌握配位滴定法测定水总硬度的原理和方法。

(3)掌握铬黑 T、钙指示剂的使用条件。

二、实验原理

在水质分析中，一般将含有钙、镁盐类的水叫硬水。用硬度来衡量水中钨、镁盐类含量的高低，硬度又可分为暂时硬度和永久硬度。因含有钙、镁的酸式碳酸盐引起的硬度称为暂时硬度；因含有钙、镁的硫酸盐、硝酸盐、氯化物引起的硬度称为永久硬度。暂时硬度和永久硬度的总和称为"总硬"。由镁离子形成的硬度称为"镁硬"，而由钙离子形成的硬度称为"钙硬"。

大多数水硬度一般主要指钙镁离子浓度的总和，水的硬度大小是以 Ca^{2+}、Mg^{2+} 总量折算成 CaO 或 $CaCO_3$ 的量来衡量的。我国目前常用的表示方法有两种，一种是以每升水中含 $CaCO_3$（或 CaO）的质量来表示，单位是 mg/L；另一种是用德国度（°）来表示，即每升水中含有 10 mg CaO 为 1°，一般把天然水分成五类：小于 4°叫最软水，4°～8°为软水，8°～16°为稍硬水，16°～30°为硬水，30°以上为最硬水。

Ca^{2+}、Mg^{2+} 总硬度的测定：以铬黑 T（EBT）为指示剂，用 pH＝10 的 $NH_3 \cdot H_2O-NH_4Cl$ 缓冲溶液进行直接滴定。铬黑 T、EDTA 都能和 Ca^{2+}、Mg^{2+} 生成配合物，其稳定性依次为：

$$CaY > MgY > MgIn > CaIn$$

滴定前铬黑 T 和 Mg^{2+} 首先生成酒红色的配合物 MgIn。随着 EDTA 的滴入，EDTA 先结合 Ca^{2+}，其次结合游离的 Mg^{2+}，最后夺取与铬黑 T 结合的 Mg^{2+}，使指示剂游离出来，溶液颜色由酒红色突变为纯蓝色，即为终点。滴定时，用三乙醇胺掩蔽 Fe^{3+}、Al^{3+} 等共存离子。

$$\rho(\mathrm{CaO})(°)=\frac{c(\mathrm{EDTA})\cdot V_1(\mathrm{EDTA})\cdot M(\mathrm{CaO})}{V_0\times 10}\times 1\,000$$

$$\rho(\mathrm{CaCO_3})(\mathrm{mg\cdot L^{-1}})=\frac{c(\mathrm{EDTA})\cdot V_1(\mathrm{EDTA})\cdot M(\mathrm{CaCO_3})}{V_0}\times 1\,000$$

式中，ρ(CaO)为水样中 CaO 的含量；ρ($CaCO_3$)为水样中 $CaCO_3$ 的含量；c(EDTA)为 EDTA 标准溶液的浓度，$mol \cdot L^{-1}$；V_1

(EDTA)为滴定时消耗 EDTA 标准溶液的体积,mL;V_0 为水样的体积,mL;$M(CaO)$为 CaO 摩尔质量,g·mol^{-1};$M(CaCO_3)$为 $CaCO_3$ 摩尔质量,g·mol^{-1}。

Ca^{2+}、Mg^{2+} 含量的测定:用 10%的 NaOH 溶液,调节溶液 pH=12,使 Mg^{2+} 生成 $Mg(OH)_2$ 沉淀,然后加钙指示剂,用 EDTA 标准溶液直接滴定,EDTA 首先和游离的 Ca^{2+} 结合,然后夺取和钙指示剂结合的 Ca^{2+},释放出指示剂,溶液由酒红色变纯蓝色,即为终点。

$$钙硬度(mg \cdot L^{-1})=\frac{V_2 \cdot c(EDTA) \cdot M(Ca)}{V_{水}}\times 1\,000$$

$$镁硬度(mg \cdot L^{-1})=\frac{(V_1-V_2) \cdot c(EDTA) \cdot M(Mg)}{V_{水}}\times 1\,000$$

式中,c 为 EDTA 标准溶液的浓度,mol·L^{-1};V_1 为滴定 Ca^{2+}、Mg^{2+} 总含量时消耗的 EDTA 的体积,L;V_2 为滴定 Ca^{2+} 的含量时消耗的 EDTA 的体积,L;$V_{水}$ 为测定时水样的体积,L;$M(Ca)$为 Ca 的摩尔质量,g·mol^{-1};$M(Mg)$为 Mg 的摩尔质量,g·mol^{-1}。

三、实验用品

仪器:50 mL 酸式滴定管,10 mL 量筒,50 mL 移液管,锥形瓶。

药品:$NH_3 \cdot H_2O—NH_4Cl$ 缓冲溶液(pH=10 称 54 gNH_4Cl 溶于水中,加入浓氨水 410 mL,用蒸馏水稀释至 1 000 mL),铬黑 T 指示剂(将铬黑 T 与固体 NaCl 按质量比 1∶100 混合,研磨混匀,装瓶备用),10% NaOH,钙指示剂,三乙醇胺水溶液(1∶2),0.01 mol/L EDTA 标准溶液。

四、实验内容

(一)水样总硬度的测定

吸取水样 50.00 mL 于 250 mL 锥形瓶中,加入三乙醇胺溶液 3 mL，摇匀后再加入 $NH_3 \cdot H_2O-NH_4Cl$ 缓冲溶液 5 mL 及少许铬黑 T 指示剂（约 0.1 g），摇匀，用 EDTA 标准溶液滴定至溶液由酒红色恰变为纯蓝色即为终点，记录 EDTA 用量 V_1(mL)，根据 EDTA 溶液的用量计算水样的硬度。平行测定三份。

（二）钙硬度的测定

准确吸取水样 50.00 mL 于 250 mL 锥形瓶中，加 5 mL 10% NaOH 溶液调节溶液的 pH＝12，摇匀。加少许钙指示剂（约 0.1 g），摇匀，用 EDTA 标准溶液滴定至酒红色变为纯蓝色即为终点，记录 EDTA 用量 V_2(mL)。平行测定三份。

五、数据记录与处理

1. 水样总硬度的测定

见表 6-3。

表 6-3　水样总硬度测定的实验数据

项目		1	2	3
EDTA 标准溶液的浓度 c(EDTA)/($mol \cdot L^{-1}$)				
EDTA 溶液初读数/mL				
EDTA 溶液终读数/mL				
滴定所需 EDTA 溶液的体积 V_1/mL				
水样总硬度	ρ(CaO)/(°)			
	平均 ρ(CaO)/(°)			
	$\rho(CaCO_3)$/($mg \cdot L^{-1}$)			
	平均 $\rho(CaCO_3)$/($mg \cdot L^{-1}$)			

2. 钙含量的测定

见表 6-4。

表 6-4 钙含量测定的实验数据

项目		1	2	3
EDTA 标准溶液的浓度 c(EDTA)/($mol \cdot L^{-1}$)				
EDTA 溶液初读数/mL				
EDTA 溶液终读数/mL				
滴定所需 EDTA 溶液的体积 V_2/mL				
钙、镁含量	Ca^{2+} 含量/($mg \cdot L^{-1}$)			
	Ca^{2+} 含量平均值/($mg \cdot L^{-1}$)			
	Mg^{2+} 含量/($mg \cdot L^{-1}$)			
	Mg^{2+} 含量平均值/($mg \cdot L^{-1}$)			

六、思考题

(1)如果对硬度测定中的数据要求保留 3 位有效数字，应如何量取 50 mL 水样？

(2)用 EDTA 法如何测出水的总硬？用什么指示剂？产生什么反应？终点颜色变化如何？滴定介质的 pH 应控制在什么范围？应如何控制？测定钙硬又如何呢？

(3)用 EDTA 为标准溶液的络合滴定法测定水的硬度时，其干扰离子有哪些？如何消除？

(4)为什么测定 Ca^{2+}、Mg^{2+} 总硬度时，要控制溶液 pH＝10，而测定 Ca^{2+} 含量时要控制溶液 pH＝12？

实验十 食品总酸度的测定

一、实验目的

(1)学习用酸碱滴定法、电位滴定法分析食品总酸度的原理和方法。

(2)掌握果蔬食品试样预处理的方法。

(3)了解有色食品总酸度的测定方法。

二、实验原理

食品中所有酸性物质的总量称之为总酸度,包括已解离和未解离的酸。通过测定酸度可判断蔬菜、水果的成熟度。不同种类的水果和蔬菜,一般成熟度越高,酸的含量越低;食品的新鲜程度也与酸含量有关,新鲜牛奶中的乳酸含量过高,说明牛奶已腐败变质;食品中有机酸含量的多少,会影响食品的风味、色泽、稳定性和品质,故酸度能反映食品的质量。

食品中的酸是有机酸,一般为弱酸,根据酸碱中和原理,用碱标准溶液滴定试液中的酸,生成盐,通常有两种方法:直接滴定法和电位滴定法。直接滴定法是以酚酞为指示剂,直接用碱标准溶液滴定;电位滴定法,则在待测溶液中由玻璃电极和参比电极两者构成工作电池,滴定时,因溶液的 pH 发生变化,电池的电动势值也随之变化,当达到终点时溶液 pH 发生突跃来判断滴定终点。两种方法均根据消耗碱标准溶液的体积,计算食品中的总酸度。

各种酸滴定终点的 pH:柠檬酸,8.0～8.1;苹果酸,8.0～8.1;酒石酸,8.1～8.2;乳酸,8.1～8.2;乙酸,8.0～8.1;盐酸,8.1～8.2;磷酸,8.7～8.8。一般测定食品的总酸度,其滴定终点 pH 为 8.2,啤酒为 9.0。

三、实验用品

仪器:电子分析天平(0.1 mg),电磁搅拌器,玻璃电极,甘汞饱和电极(或复合电极),恒温水浴,碱式滴定管,250 mL 容量瓶,250 mL 锥形瓶,25 mL、50 mL 移液管,研钵,烧杯。

药品:0.1 $mol \cdot L^{-1}$ NaOH 标准溶液,80% 乙醇,酚酞指示

剂，pH＝4.00、pH＝6.86 标准缓冲溶液。

四、实验内容

(一)样品的预处理

1. 固体样品(蔬菜、水果)

洗净样品，用滤纸吸干，切碎后于匀浆机匀浆，混合均匀后，取适量样品至烧杯中，加入已除去 CO_2 的蒸馏水溶解样品，在 75～80℃恒温水浴上加热 30 min，冷却，完全转移至 250 mL 容量瓶中，加水稀释至刻度，摇匀。用干燥滤纸过滤，弃去 15 mL 初液，收集滤液备用。

2. 不含二氧化碳饮料、酒类及调味品

充分混匀样品，直接取样，遇浓度太高时加适量水稀释，若浑浊，则需过滤。

3. 含二氧化碳的样品去除二氧化碳的方法

取不少于 200 mL 充分混匀的样品于 500 mL 锥形瓶中，旋摇至无气泡，装上冷凝管，于水浴锅中加热，并保持沸腾 10 min，取出，冷却。

4. 咖啡样品

样品在研钵中研细，过 40 目标准筛。取 10 g 已研细的样品于锥形瓶中，加 75 mL 80%乙醇，加塞放置 16 h，并间隙摇动，用干燥滤纸过滤，滤液备用。

(二)直接滴定法测定食品的总酸度

1. 样品测定

准确移取制备的滤液 50.00 mL 于锥形瓶中，滴加 2 滴酚酞指示剂，用 0.1 mol・L^{-1}NaOH 标准溶液滴至浅红色，30 s 内不褪即为终点，记录所消耗 NaOH 标准溶液的体积，平行测定 3 次。

2. 空白试验

取 100 mL 已除去 CO_2 的蒸馏水于锥形瓶中，按样品测定步骤进行滴定，记录消耗 NaOH 标准溶液的体积，平行测定 3 次。

（三）电位滴定法测定食品中的总酸度

1. 样品测定

将酸度计插上电源，开机预热，用标准缓冲溶液对酸度计作双点校正。准确移取上述准备液 25.00 mL 于烧杯中，加 75 mL 已除去 CO_2 的蒸馏水，放入磁转子，连接好电极，打开磁力搅拌器，调节好搅拌速度，记录滴定开始前的 pH。用 0.1 mol・L^{-1}NaOH 标准溶液滴至终点，记录 NaOH 标准溶液的体积，绘制 pH—V 曲线，确定终点时消耗 NaOH 标准溶液的体积，平行测定 3 次。

2. 空白试验

取 100 mL 已除去 CO_2 的蒸馏水于烧杯中，按样品测定步骤进行滴定，确定终点时消耗 NaOH 标准溶液的体积，平行测定 3 次。

自行设计记录表格。根据测定样品时所消耗 NaOH 标准溶液的体积，减去空白试验消耗 NaOH 标准溶液的体积，就能计算食品的总酸度。

五、思考题

（1）如何消除有色试样的颜色干扰？

（2）为了确保实验结果的可靠性，在样品预处理时，应注意哪些问题？

(3)比较指示剂法和电位滴定法的优缺点。

六、注意事项

(1)CO_2 溶于水生成 H_2CO_3,会影响酚酞指示剂终点颜色变化的敏锐性,所以本实验所用的水,均为不含 CO_2 的去离子水,一般的做法:将去离子水煮沸,并迅速冷却,除去水中的 CO_2。样品中若含有 CO_2,同样对测定有影响,对含有 CO_2 的如碳酸饮料样品,测定前需除 CO_2。

(2)样品的取样量的确定是根据其酸的含量,一般要求滴定时消耗 0.1 $mol \cdot L^{-1}$ NaOH 标准溶液的体积在 10～15 mL,不能小于 5 mL,才能使误差在允许的范围内。

(3)电位滴定中,酸度计也可用单点校正法进行校正。

附录1 重要理化数据

附录1.1 中华人民共和国法定计量单位

我国的法定计量单位(以下简称法定单位)包括:

1. 国际单位制的基本单位(附录1.1.1)

2. 国家选定的非国际单位制单位(附录1.1.2)

3. 国际单位制的辅助单位(附录1.1.3)

4. 国际单位制中具有专门名称的导出单位(附录1.1.4)

5. 由词头和以上单位所构成的十进倍数和分数单位(附录1.1.5)

附录1.1.1 国际单位制的基本单位

量的名称	单位名称	单位符号
长度	米	m
质量	千克(公斤)	kg
时间	秒	s
电流	安[培]	A
热力学温度	开[尔文]	K
物质的量	摩[尔]	mol
发光强度	坎[德拉]	cd

附录 1.1.2　国家选定的非国际单位制单位

量的名称	单位名称	单位符号	换算关系和说明
时间	分	min	1 min＝60 s
	［小］时	h	1 h＝60 min＝3 600 s
	天(日)	d	1 d＝24 h＝86 400 s
［平面］角	［角］秒	(″)	1″＝(π/648 000)rad(7c 为圆周率)
	［角］分	(′)	1′＝60″(π/10 800)rad
	度	(°)	1° ＝60′＝(π/180)rad
旋转速度	转每分	r/min	1 r/min＝(l/60)s^{-1}
长度	海里	n mile	1 n mile＝1 852 m(只用于航程)
速度	节	kn	1 kn＝1 n mile/h＝(1 852/3 600)m/s
质量	吨	t	1 t＝10^3 kg
	原子质量单位	u	1 u≈1.660 565 5×10^{-27} kg
体积	升	L(l)	1 L＝1 dm^3＝10^{-3} m^3
能	电子伏	eV	1 eV≈1.602 189 2×10^{-19} J
级差	分贝	dB	
线密度	特［克斯］	tex	1 tex＝1 g/km＝10^{-6} kg/m

附录 1.1.3　国际单位制的辅助单位

量的名称	单位名称	单位符号
平面角	弧度	rad
立体角	球面度	sr

附录 1.1.4　国际单位制中具有专门名称的导出单位

量的名称	单位名称	单位符号	量的名称	单位名称	单位符号
频率	赫［兹］	Hz	磁通量	韦［伯］	Wb
力，重力	牛［顿］	N	磁通量密度	特［斯拉］	T

续表

量的名称	单位名称	单位符号	量的名称	单位名称	单位符号
压力,压强	帕[斯卡]	Pa	电感	亨[利]	H
能量,功,能	焦[耳]	J	摄氏温度	摄氏度	℃
功率,辐射通量	瓦[特]	W	光通量	流[明]	lm
电荷量	库[仑]	C	光照度	勒[克斯]	lx
电位,电压	伏[特]	V	放射性活度	贝克[勒尔]	Bq
电容	法[拉]	F	吸收剂量 比授[予]能 比释动能	戈[瑞]	Gy
电阻	欧[姆]	Ω	剂量当量	希[沃特]	Sv
电导	西[门子]	S			

附录 1.1.5 用于构成十进倍数和分数单位的词头

所表示的因数	词头名称	词头符号	所表示的因数	词头名称	词头符号
10^{18}	艾[可萨]	E	10^{-1}	分	d
10^{15}	拍[它]	P	10^{-2}	厘	C
10^{12}	太[拉]	T	10^{-3}	毫	m
10^{9}	吉[咖]	G	10^{-6}	微	μ
10^{6}	兆	M	10^{-9}	纳[诺]	n
10^{3}	千	k	10^{-12}	皮[可]	p
10^{2}	百	h	10^{-15}	飞[母托]	f
10^{1}	十	da	10^{-18}	阿[托]	a

注:1. []内的字,是在不致混淆的情况下,可以省略的字。

2. ()内的字为前者的同义语。

3. 角度单位度分秒的符号不处于数字后时,用括弧。

附录 1.2 元素的相对原子质量

（1997 年国际相对原子质量表）

序数	元素		相对原子质量	序数	元素		相对原子质量	序数	元素		相对原子质量
	名称	符号			名称	符号			名称	符号	
1	氢	H	1.007 9	38	锶	Sr	87.62	75	铼	Re	186.2
2	氦	He	4.002 6	39	钇	Y	88.906	76	锇	Os	190.23
3	锂	Li	6.941	40	锆	Zr	91.224	77	铱	Ir	192.22
4	铍	Be	9.012 2	41	铌	Nb	92.906	78	铂	Pt	195.08
5	硼	B	10.811	42	钼	Mo	95.94	79	金	Au	196.97
6	碳	C	12.011	43	锝	Tc	(98)	80	汞	Hg	200.59
7	氮	N	14.007	44	钌	Ru	101.07	81	铊	Tl	204.38
8	氧	0	15.999	45	铑	Rh	102.91	82	铅	Pb	207.2
9	氟	F	18.998	46	钯	Pd	106.42	83	铋	Bi	208.98
10	氖	Ne	20.180	47	银	Ag	107.87	84	钋	Po	(209)
11	钠	Na	22.990	48	镉	Cd	112.41	85	砹	At	(210)
12	镁	Mg	24.305	49	铟	In	114.82	86	氡	Rn	(222)
13	铝	Al	26.982	50	锡	Sn	118.71	87	钫	Fr	(223)
14	硅	Si	28.086	51	锑	Sb	121.75	88	镭	Ra	(226)
15	磷	P	30.974	52	碲	Te	127.60	89	锕	Ac	(227)
16	硫	S	32.066	53	碘	I	126.90	90	钍	Th	232.04
17	氯	Cl	35.453	54	氙	Xe	131.29	91	镤	Pa	231.04
18	氩	Ar	39.948	55	铯	Cs	132.91	92	铀	U	238.03
19	钾	K	39.098	56	钡	Ba	137.33	93	镎	Np	(237)
20	钙	Ca	40.078	57	镧	La	138.91	94	钚	Pu	(244)
21	钪	Sc	44.956	58	铈	Ce	140.12	95	镅	Am	(243)
22	钛	Ti	47.867	59	镨	Pr	140.91	96	锔	Cm	(247)
23	钒	V	50.942	60	钕	Nd	144.24	97	锫	Bk	(247)
24	铬	Cr	51.996	61	钷	Pm	(145)	98	锎	Cf	(251)
25	锰	Mn	54.938	62	钐	Sm	150.36	99	锿	Es	(252)
26	铁	Fe	55.845	63	铕	Eu	151.96	100	镄	Fm	(257)
27	钴	Co	58.933	64	钆	Gd	157.25	101	钔	Md	(258)
28	镍	Ni	58.693	65	铽	Tb	158.93	102	锘	No	(259)
29	铜	Cu	63.546	66	镝	Dy	162.50	103	铹	Lr	(260)
30	锌	Zn	65.39	67	钬	Ho	164.93	104	𬬻	Rf	(261)
31	镓	Ga	69.723	68	铒	Er	167.26	105	𬭊	Db	(262)
32	锗	Ge	72.61	69	铥	Tm	168.93	106	𬭳	Sg	(263)
33	砷	As	74.922	70	镱	Yb	173.04	107	𬭛	Bh	(264)
34	硒	Se	78.96	71	镥	Lu	174.97	108	𬭶	Hs	(265)
35	溴	Br	79.904	72	铪	Hf	178.49	109	鿏	Mt	(268)
36	氪	Kr	83.80	73	钽	Ta	180.95	110	𫟼	Ds	(269)
37	铷	Rb	85.468	74	钨	W	183.84	111	𬬭	Rg	(272)

附录 1.3 常用化合物的摩尔质量

化合物	摩尔质量/(g·mol⁻¹)	化合物	摩尔质量/(g·mol⁻¹)
AgBr	187.77	$Ca(NO_3)_2\cdot 4H_2O$	236.15
AgCl	143.32	$Ca(OH)_2$	74.09
AgCN	133.89	$Ca_3(PO_4)_2$	310.18
AgSCN	165.95	$CaSO_4$	136.14
Ag_2CrO_4	331.73	$CdCO_3$	172.42
AgI	234.77	$CdCl_2$	183.32
$AgNO_3$	169.87	CdS	144.47
$AlCl_3$	133.34	$Ce(SO_4)_2$	332.24
$AlCl_3\cdot 6H_2O$	241.43	$Ce(SO_4)_2\cdot 4H_2O$	404.30
$Al(NO_3)_3$	213.00	$CoCl_2$	129.84
$Al(NO_3)_3\cdot 9H_2O$	375.13	$CoCl_2\cdot 6H_2O$	237.93
Al_2O_3	101.96	$Co(NO_3)_2$	182.94
$Al(OH)_3$	78.00	$Co(NO_3)_2\cdot 6H_2O$	291.03
$Al_2(SO_4)_3$	342.14	CoS	90.99
$Al_2(SO_4)\cdot 18H_2O$	666.41	$CoSO_4$	154.99
As_2O_3	197.84	$CoSO_4\cdot 7H_2O$	281.10
As_2O_5	229.84	$Co(NH_2)_2$	60.06
AS_2S_3	246.02	$CrCl_3$	158.35
$BaCO_3$	197.34	$CrCl_3\cdot 6H_2O$	266.45
$BaCl_2$	208.24	$Cr(NO_3)_3$	238.01
$BaCl_2\cdot 2H_2O$	244.27	Cr_2O_3	151.99
$BaCrO_4$	253.32	CuCl	98.999
BaO	153.33	$CuCl_2$	134.45
$Ba(OH)_2$	171.34	$Cu(NO_3)_2$	187.56

续表

化合物	摩尔质量/($g \cdot mol^{-1}$)	化合物	摩尔质量/($g \cdot mol^{-1}$)
$BaSO_4$	233.39	$Cu(NO_3)_2 \cdot 3H_2O$	241.60
$BiCl_3$	315.34	CuO	79.545
$BiOCl$	260.43	Cu_2O	143.09
CO_2	44.01	CuS	95.61
CH_3COOH	60.052	$CuSO_4$	159.60
$C_6H_8O \cdot H_2O$(柠檬酸)	210.14	$CuSO_4 \cdot 5H_2O$	249.68
$C_4H_6O_6$(酒石酸)	150.09	$FeCl_2$	126.75
C_6H_5OH	94.11	$FeCl_2 \cdot 4H_2O$	198.81
$C_2H_2(COOH)_2$(丁烯二酸)	116.07	$FeCl_3$	162.21
CaO	56.08	$FeCl_3 \cdot 6H_2O$	270.30
$CaCO_3$	100.09	$FeNH_4(SO_4)_2 \cdot 12H_2O$	482.18
CaC_2O_4	128.10	$Fe(NO_3)_3$	241.86
$CaCl_2$	110.99	$Fe(NO_3)_3 \cdot 9H_2O$	404.00
$CaCl_2 \cdot 6H_2O$	219.08	FeO	71.846
Fe_2O_3	159.69	KCl	74.551
Fe_3O_4	231.54	$KClO_3$	122.55
$Fe(OH)_3$	106.87	$KClO_4$	138.55
FeS	87.91	KCN	65.116
$FeSO_4$	151.90	$KSCN$	97.18
$FeSO_4 \cdot 7H_2O$	278.01	K_2CO_3	138.21
$FeSO_4 \cdot (NH_4)_2SO_4 \cdot 6H_2O$	392.13	K_2CrO_4	194.19
H_3AsO_3	125.94	$K_2Cr_2O_7$	294.18
H_3AsO_4	141.94	$K_3Fe(CN)_6$	329.25
H_3BO_3	61.83	$K_4Fe(CN)_6$	368.35
HBr	80.912	$KFe(SO_4)_2 \cdot 12H_2O$	503.24
HCN	27.026	$KHC_4H_4O_6$	188.18
$HCOOH$	46.026	$KHSO_4$	136.16

续表

化合物	摩尔质量/($g \cdot mol^{-1}$)	化合物	摩尔质量/($g \cdot mol^{-1}$)
H_2CO_3	62.025	KI	166.00
$H_2C_2O_4$	90.035	KIO_3	214.00
$H_2C_2O_4 \cdot 2H_2O$	126.07	$KMnO_4$	158.03
HCl	36.461	$KNaC_4H_4O_6 \cdot 4H_2O$	282.22
HF	20.006	KNO_3	101.10
HI	127.91	K_2O	85.104
HIO_3	175.91	KOH	94.196
HNO_3	63.013	K_2SO_4	174.25
HNO_2	47.013	$MgCO_3$	84.314
H_2O	18.015	$MgCl_2$	95.211
H_2O_2	34.015	$MgCl_2 \cdot 6H_2O$	203.30
H_3PO_4	97.995	$Mg(NO_3)_2 \cdot 6H_2O$	256.41
H_2S	34.08	MgO	40.304
H_2SO_3	82.07	$Mg(OH)_2$	58.32
H_2SO_4	98.07	$MgSO_4 \cdot 7H_2O$	246.47
$HgCl_2$	271.50	$MnCO_3$	114.95
Hg_2Cl_2	472.09	$MnCl_2 \cdot 4H_2O$	197.91
HgI_2	454.40	$Mn(NO_3)_2 \cdot 6H_2O$	287.04
$Hg_2(NO_3)_2$	525.19	MnO	70.937
$Hg_2(NO_3)_2 \cdot 2H_2O$	561.22	MnO_2	86.937
$Hg(NO_3)_2$	324.60	MnS	87.00
HgO	216.59	$MnSO_4$	151.00
HgS	232.65	$MnSO_4 \cdot 4H_2O$	223.06
$HgSO_4$	296.65	NO	30.006
$KAl(SO_4)_2 \cdot 12H_2O$	474.38	NO_2	46.006
KBr	119.00	NH_3	17.03
$KBrO_3$	167.00	CH_3COONH_4	77.083

续表

化合物	摩尔质量/(g·mol^{-1})	化合物	摩尔质量/(g·mol^{-1})
NH_4Cl	53.491	NiO	74.69
$(NH_4)_2CO_3$	96.086	$Ni(NO_3)_2 \cdot 6H_2O$	290.79
$(NH_4)_2C_2O_4$	124.10	NiS	90.75
NH_4SCN	76.12	$NiSO_4 \cdot 7H_2O$	280.85
NH_4HCO_3	79.055	P_2O_5	141.94
$(NH_4)_2MoO_4$	196.01	$PbCO_3$	267.20
NH_4NO_3	80.043	$PbCl_2$	278.10
$(NH)_2S$	68.14	$PbCrO_4$	323.20
$(NH_4)_2SO_4$	132.13	$Pb(CH_3COO)_2$	325.30
Na_3AsO_3	191.89	$Pb(CH_3COO)_2 \cdot 3H_2O$	379.30
$Na_2B_4O_7$	201.22	PbI_2	461.00
$Na_2B_4O_7 \cdot 10H_2O$	381.37	$Pb(NO_3)_2$	331.20
$NaBiO_3$	279.97	PbO	223.20
$NaCN$	49.007	PbO_2	239.20
$NaSCN$	81.07	PbS	239.30
Na_2CO_3	105.99	$PbSO_4$	303.30
$Na_2CO_3 \cdot 10H_2O$	286.14	SO_3	80.06
$Na_2C_2O_4$	134.00	SO_2	64.06
CH_3COONa	82.034	$SbCl_3$	228.11
$CH_3COONa \cdot 3H_2O$	136.08	$SbCl_5$	299.02
$NaCl$	58.443	Sb_2O_3	291.50
$NaClO$	74.442	Sb_2S_3	339.68
$NaHCO_3$	84.007	SiF_4	104.08
$Na_2HPO_4 \cdot 12H_2O$	358.14	SiO_2	60.084
$Na_2H_2Y \cdot 2H_2O$	372.24	$SnCl_2$	189.62
$NaNO_2$	68.995	$SnCl_2 \cdot 2H_2O$	225.65
$NaNO_3$	84.995	$SnCl_4 \cdot 5H_2O$	350.596

续表

化合物	摩尔质量/($g \cdot mol^{-1}$)	化合物	摩尔质量/($g \cdot mol^{-1}$)
Na_2O	61.979	SnO_2	150.71
Na_2O_2	77.978	SnS	150.776
$NaOH$	39.997	$SrCO_3$	147.63
Na_3PO_4	163.94	$SrSO_4$	183.68
Na_2S	78.04	$ZnCO_3$	125.39
$Na_2S \cdot 9H_2O$	240.18	$ZnCl_2$	136.29
Na_2SO_3	126.04	$Zn(CH_3COO)_2$	183.47
Na_2SO_4	142.04	$Zn(NO_3)_2$	189.39
$Na_2S_2O_3$	158.10	ZnO	81.38
$Na_2S_2O_3 \cdot 5H_2O$	248.17	ZnS	97.44
$NiCl_2 \cdot 6H_2O$	237.69	$ZnSO_4$	161.44

附录 1.4　常用酸碱试剂浓度及密度

名称	密度 ρ_B/($g \cdot cm^{-3}$)	$\omega_B \times 100$	物质的量浓度 c_B/($mol \cdot dm^{-3}$)
浓硫酸	1.84	98	18
稀硫酸	1.06	9	1
浓硝酸	1.42	69	16
稀硝酸	1.07	12	2
浓盐酸	1.19	38	12
稀盐酸	1.03	7	2
磷酸	1.7	85	15
高氯酸	1.7	70	12
冰醋酸	1.05	99	17

续表

名称	密度 ρ_B/($g\cdot cm^{-3}$)	$\omega_B\times 100$	物质的量浓度 c_B/($mol\cdot dm^{-3}$)
稀醋酸	1.02	12	2
氢氟酸	1.13	40	23
氢溴酸	1.38	40	7
氢碘酸	1.70	57	7.5
浓氨水	0.88	28	15
稀氨水	0.98	4	2
浓氢氧化钠溶液	1.43	40	14
稀氢氧化钠溶液	1.09	8	2
饱和氢氧化钡溶液	—	2	0.1
饱和氢氧化钙溶液	—	0.15	—

附录1.5　常用指示剂

名称	变色范围 pH	颜色变化	配制方法
百里酚蓝/($1\ g\cdot L^{-1}$)	1.2～2.8	红—黄	0.1 g指示剂与4.3 mL 0.05 $mol\cdot L^{-1}$ NaOH溶液一起摇匀，加水稀释成100 mL
	8.0～9.6	黄—蓝	
甲基橙/($1\ g\cdot L^{-1}$)	3.1～4.4	红—黄	0.1 g甲基橙溶于100 mL热水
溴酚蓝/($1\ g\cdot L^{-1}$)	3.0～4.6	黄—紫蓝	0.1 g溴酚盐与3 mL 0.05 $mol\cdot L^{-1}$ NaOH溶液一起摇匀，加水稀释成100 mL
溴甲酚绿/($1\ g\cdot L^{-1}$)	3.8～5.4	黄—蓝	0.1 g指示剂与21 mL 0.05 $mol\cdot L^{-1}$ NaOH溶液一起摇匀，加水稀释成100 mL

续表

名称	变色范围 pH	颜色变化	配制方法
甲基红/($1\ g \cdot L^{-1}$)	4.4～6.2	红—黄	0.1 g 甲基红溶于 60 mL 乙醇中，加水至 100 mL
中性红/($1\ g \cdot L^{-1}$)	6.8～8.0	红—黄橙	0.1g 中性红溶于 60 mL 乙醇中，加水至 100 mL
酚酞/($10\ g \cdot L^{-1}$)	8.2～10.0	无色—淡红	1 g 酸酞溶于 90 mL 乙醇中，加水至 100 mL
百里酚酞/($1\ g \cdot L^{-1}$)	9.4～10.6	无色—蓝色	0.1 g 指示剂溶于 90 mL 乙醇中，加水至 100 mL
茜素黄 R/($1\ g \cdot L^{-1}$)	1.9～3.3 10.1～12.1	红—黄 黄—淡紫	0.1 g 茜素黄溶于 100 mL 水中
混合指示剂：			
甲基红—溴甲酚绿	5.1	红—绿	3 份 $1\ g \cdot L^{-1}$ 的溴甲酚绿乙醇溶液与 1 份 $2\ g \cdot L^{-1}$ 的甲基红乙醇溶液混合
甲酚红—百里酚蓝	8.3	黄—紫	1 份 $1\ g \cdot L^{-1}$ 的甲酚红钠盐水溶液与 3 份 $1\ g \cdot L^{-1}$ 的百里酚蓝钠盐水溶液
百里酚酞—茜素黄 R	10.2	黄—紫	0.1 g 茜素黄和 0.2 g 百里酚酞溶于 100 mL 乙醇中

附录 1.5.1　氧化还原指示剂

名称	变色电势	颜色		配制方法
	$E^{\ominus}$/V	氧化态	还原态	
二苯胺/($10\ g \cdot L^{-1}$)	0.76	紫	无色	1 g 二苯胺在搅拌下溶于 100 mL 浓硫酸，贮于棕色瓶中
二苯胺磺酸钠/($5\ g \cdot L^{-1}$)	0.85	紫	无色	0.5 g 二苯胺磺酸钠溶于 100 mL 水中，必要时过滤
邻苯氨基苯甲酸/($2\ g \cdot L^{-1}$)	1.08	红	无色	0.2 g 邻苯氨基苯甲酸加热溶解在 100 mL ω= 0.002 的 Na_2CO_3 溶液中，必要时过滤

续表

名称	变色电势	颜色		配制方法
	$E^{\ominus}$/V	氧化态	还原态	
邻二氮菲 Fe(Ⅱ)	1.06	淡蓝	红	0.965 g $FeSO_4$ 加 1.485 g 邻二氮菲溶于 100 mL 水中
5-硝基邻二氮菲-Fe(Ⅱ)	1.25	浅蓝	紫红	1.608 g 5－硝基邻二氮菲加 0.695 g $FeSO_4$，溶于 100 mL 水中

附录 1.5.2　沉淀及金属指示剂

名称	颜色		配制方法
	游离态	化合物	
铬酸钾(ω=0.05 的水溶液)	黄	砖红	
硫酸铁铵(ω=0.40)	无	血红	$NH_4Fe(SO_4)_2 \cdot 12H_2O$ 饱和水溶液，加数滴浓 H_2SO_4
荧光黄(5 g·L^{-1})	绿色荧光	玫瑰红	0.5 g 荧光黄溶于乙醇，并用乙醇稀释至 100 mL
铬黑 T	蓝	酒红	(1)0.2 g 铬黑 T 溶于 15 mL 三乙醇胺及 5 mL 甲醇中 (2)1 g 铬黑 T 与 100 g NaCl 研细、混匀
钙指示剂	蓝	红	0.5 g 钙指示剂与 100 g NaCl 研细、混匀
二甲酚橙/(1 g·L^{-1})	黄	红	0.1 g 二甲酚橙溶于 100 mL 水中
K-B 指示剂	蓝	红	0.5 g 酸性铬蓝 K 加 1.25 g 萘酚绿 B，再加 25 g K_2SO_4 研细、混匀
磺基水杨酸(10 g·L^{-1} 水溶液)	无	红	1 g 磺基水杨酸溶于 100 mL 水中
吡啶偶氮萘酚(PAN)/(2 g·L^{-1})	黄	红	0.2 g PAN 溶于 100 mL 乙醇中
邻苯二酚紫/(1 g·L^{-1})	紫	蓝	0.1 g 邻苯二酚紫溶于 100 mL 水中

附录 1.6 常用缓冲溶液

附录 1.6.1 常用 pH 标准缓冲溶液的配制方法

pH 基准试剂	干燥条件 T/K	配制方法	pH 标准值 (298 K)
邻苯二甲酸氢钾	378±5,烘 2 h	称取 10.12 g KHC_8H_{44},用水溶解后转入 1 L 容量瓶中,稀释至刻度,摇匀	4.00±0.01
磷酸氢二钠—磷酸二氢钾	383～393,烘 2～3 h	称取 3.533 g Na_2HPO_4、3.387 g KH_2PO,用水溶解后转入 1 L 容量瓶中,稀释至刻度,摇匀	6.86±0.01
四硼酸钠	在含 NaCl 蔗糖饱和溶液的干燥器中干燥至恒重	称取 3.80 g $Na_2B_4O_7\cdot10H_2O$ 溶于水后,转入 1 L 容量瓶中,稀释至刻度,摇匀	9.18±0.01

注:1. 配制标准缓冲溶液时,所用纯水的电导率应小于 1.5 $\mu S\cdot cm^{-1}$。配制碱性溶液时,所用纯水要预先煮沸 15 min,以除去溶解的二氧化碳。

2. 缓冲溶液可保存 2～3 个月,若发现有浑浊、沉淀或发霉现象时,则不能再用。

附录 1.6.2 常用缓冲溶液的配制

缓冲溶液组成	pK_a	缓冲溶液 pH	缓冲溶液配制方法
氨基乙酸-HCl	2.35 (pK_{a1})	2.3	取 150 g 氨基乙酸溶于 500 mL 水中后,加 80 mL 浓 HCl,用水稀至 1 L
柠檬酸-Na_2HPO_4		2.5	取 113 g $Na_2HPO_4\cdot12H_2O$ 溶于 200 mL 水中后,加 387 g 柠檬酸,溶解,过滤,用水稀至 1 L
一氯乙酸-NaOH	2.86	2.8	取 200 g 一氯乙酸溶于 200 mL 水中,加 40 g NaOH 溶解后,稀至 1 L

续表

缓冲溶液组成	pK_a	缓冲溶液pH	缓冲溶液配制方法
邻苯二甲酸氢钾-HCl	2.95 (pK_{a1})	2.9	取500 g邻苯二甲酸氢钾溶于500 mL水中,加80 mL浓HCl,稀至1 L
甲酸-NaOH	3.76	3.7	取95 g甲酸和40 g NaOH溶于500 mL水中,稀至1 L
HAc-NaAc	4.74	4.2	取3.2 g无水NaAc溶于水中,加50 mL冰HAc,用水稀至1 L
$HAc-NH_4Ac$		4.5	取77 g NH_4Ac溶于200 mL水中,加59 mL冰HAc用水稀至1 L
HAc-NaAc	4.74	4.7	取83 g无水NaAc溶于水中,加60 mL冰HAc,稀至1 L
HAc-NaAc	4.74	5.0	取160 g无水NaAc溶于水中,加60 mL冰HAc,稀至1 L
$HAc-NH_4Ac$		5.0	取250 g NH_4Ac溶于水中,加25 mL冰HAc,稀至1 L
六亚甲基四胺-HCl	5.15	5.4	取40 g六亚甲基四胺溶于200 mL水中,加10 mL浓HCl,稀至1 L
$HAc-NH_4Ac$		6.0	取600 g NH_4Ac溶于水中,加20 mL冰HAc,稀至1 L
$NaAc-Na_2HPO_4$		8.0	取50 g无水NaAc和50 g $Na_2HPO_4 \cdot 12H_2O$溶于水中,稀至1 L
THs-HCl[三羟甲基氨甲烷$CNH_2(HOCH_3)_3$]	8.21	8.2	取25 g Tris试剂溶于水中,加18 mL浓HCl,稀至1 L
NH_3-NH_4Cl	9.26	9.2	取54 g NH_4Cl溶于水,加63 mL浓氨水,稀至1 L
NH_3-NH_4Cl	9.26	9.5	取54 g NH_4Cl溶于水,加126 mL浓氨水,稀至1 L
NH_3-NH_4Cl	9.26	10.0	(1)取54 g NH_4Cl溶于水,加350 mL浓氨水,稀至1 L (2)取67.5 g NH_4Cl溶于200 mL水中,加570 mL浓氨水,用水稀至1 L

附录 1.7 常用基准物及其干燥条件

基准物	标定对象	干燥条件
$NaHCO_3$	酸	260～270℃干燥至恒重
$Na_2B_4O_7 \cdot 10H_2O$	酸	放在含 NaCl 蔗糖饱和溶液的干燥器中
$KHC_6H_4(COO)_2$	NaOH	105～110℃干燥至恒重
$Na_2C_2O_4$	$KMnO_4$	105～110℃干燥至恒重
$K_2Cr_2O_7$	$Na_2S_2O_3$，$FeSO_4$	120℃干燥至恒重
$KBrO_3$	$Na_2S_2O_3$	150℃干燥至恒重
KIO_3	$Na_2S_2O_3$	180℃干燥至恒重
As_2O_3	I_2	硫酸干燥器中干燥至恒重
$(NH_4)_2Fe(SO_4)_2 \cdot 6H_2O$	氧化剂	室温空气干燥
NaCl	$AgNO_3$	500～600℃加热至恒重
$AgNO_3$	卤化物，硫氰酸盐	H_2SO_4 干燥器中干燥至恒重
ZnO	EDTA	800℃灼烧至恒重
无水 Na_2CO_3	HCl，H_2SO_4	260～270℃加热至恒重
$CaCO_3$	EDTA	105～110℃干燥至恒重

附录 1.8 酸、碱的解离常数

附录 1.8.1 弱酸的解离常数(298.15 K)

弱酸	分子式	解离常数
砷酸	H_3AsO_4	$5.7\times10^{-3}(K_{a1}^{\ominus})$；$1.7\times10^{-7}(K_{a2}^{\ominus})$；$2.5\times10^{-12}(K_{a3}^{\ominus})$
亚砷酸	H_3AsO_3	$5.9\times10^{-10}(K_{a1}^{\ominus})$
硼酸	H_3BO_3	5.8×10^{-10}

续表

弱酸	分子式	解离常数
次溴酸	$HBrO$	2.6×10^{-9}
碳酸	H_2CO_3	$4.2\times10^{-7}(K_{a1}^{\ominus})$；$4.7\times10^{-11}(K_{a2}^{\ominus})$
氢氰酸	HCN	5.8×10^{-10}
铬酸	H_2CrO_4	$9.55(K_{a1}^{\ominus})$；$3.2\times10^{-7}(K_{a2}^{\ominus})$
次氯酸	$HClO$	2.8×10^{-8}
氢氟酸	HF	6.9×10^{-4}
次碘酸	HIO	2.4×10^{-11}
碘酸	HIO_3	0.16
高碘酸	H_5IO_6	$4.4\times10^{-4}(K_{a1}^{\ominus})$；$2\times10^{-7}(K_{a2}^{\ominus})$； $6.3\times10^{-13}(K_{a3}^{\ominus})$
亚硝酸	HNO_2	6.0×10^{-4}
过氧化氢	H_2O_2	$2.0\times10^{-12}(K_{a1}^{\ominus})$
磷酸	H_3PO_4	$6.7\times10^{-3}(K_{a1}^{\ominus})$；$6.2\times10^{-8}(K_{a2}^{\ominus})$； $4.5\times10^{-13}(K_{a3}^{\ominus})$
焦磷酸	$H_4P_2O_7$	$2.9\times10^{-2}(K_{a1}^{\ominus})$；$5.3\times10^{-3}(K_{a2}^{\ominus})$； $2.2\times10^{-7}(K_{a3}^{\ominus})$；$4.8\times10^{-10}(K_{a4}^{\ominus})$
硫酸	H_2SO_4	$1.0\times10^{-2}(K_{a1}^{\ominus})$
亚硫酸	H_2SO_3	$1.7\times10^{-2}(K_{a1}^{\ominus})$；$6.0\times10^{-8}(K_{a2}^{\ominus})$
氢硒酸	H_2Se	$1.5\times10^{-4}(K_{a1}^{\ominus})$；$1.1\times10^{-15}(K_{a2}^{\ominus})$
氢硫酸	H_2S	$8.9\times10^{-5}(K_{a1}^{\ominus})$；$7.1\times10^{-19}(K_{a2}^{\ominus})$
硒酸	H_2SeO_4	$1.2\times10^{-2}(K_{a1}^{\ominus})$
亚硒酸	H_2SeO_3	$2.7\times10^{-2}(K_{a1}^{\ominus})$；$5.0\times10^{-5}(K_{a2}^{\ominus})$
硫氰酸	$HSCN$	0.14
草酸	$H_2C_2O_4$	$5.4\times10^{-2}(K_{a1}^{\ominus})$；$5.4\times10^{-5}(K_{a2}^{\ominus})$
甲酸	$HCOOH$	1.8×10^{-4}
乙酸	CH_3COOH	1.8×10^{-5}
氯乙酸	$ClCH_2COOH$	1.4×10^{-3}
乳酸	$CH_3CHOHCOOH$	1.4×10^{-4}

续表

弱酸	分子式	解离常数
苯甲酸	C_6H_5COOH	6.2×10^{-5}
酒石酸	CH(OH)COOH	$9.1\times10^{-4}(K_{a1}^{\ominus})$;$4.3\times10^{-5}(K_{a2}^{\ominus})$
邻苯二甲酸	$C_6H_4(COOH)_2$	$1.1\times10^{-3}(K_{a1}^{\ominus})$;$3.9\times10^{-6}(K_{a2}^{\ominus})$
柠檬酸	CH(OH)COOH | C(OH)COOH | CH_2COOH	$7.4\times10^{-4}(K_{a1}^{\ominus})$;$1.7\times10^{-5}(K_{a2}^{\ominus})$; $4.0\times10^{-7}(K_{a3}^{\ominus})$
弱酸	分子式	解离常数 $K_a^{\ominus}$
苯酚 乙二胺四乙酸	C_6H_5OH EDTA	1.1×10^{-10} $1.0\times10^{-2}(K_{a1}^{\ominus})$;$2.1\times10^{-3}(K_{a2}^{\ominus})$; $6.9\times10^{-7}(K_{a3}^{\ominus})$;$5.9\times10^{-11}(K_{a4}^{\ominus})$

注:数据取自:《无机化学丛书》第六卷(科学出版社,1995 年 12 月)。

附录 1.8.2　弱碱的解离常数(298.15 K)

弱 碱	分子式	解离常数 $K_b^{\ominus}$
氨水	$NH_3\cdot H_2O$	1.8×10^{-5}
联胺	N_2H_4	9.8×10^{-7}
羟胺	NH_2OH	9.1×10^{-9}
甲胺	CH_3NH_2	4.2×10^{-4}
苯胺	$C_6H_5NH_2$	(4.0×10^{-10})
六亚甲基四胺	$(CH_2)_6N_4$	(1.4×10^{-9})
乙二胺	$H_2NCH_2CH_2NH_2$	$8.5\times10^{5}(K_{a1}^{\ominus})$;$7.1\times10^{-8}(K_{a2}^{\ominus})$
吡啶	C_5H_5N	1.7×10^{-9}

注:数据取自:Lide D R. CRC Handbook of Chemstry and Physics 78th,1997—1998。括号中的数据取自;Lange's Handbook of Chemistry(13th ed. 1985)。其余数据均按《NBS 化学热力学性质表》(刘天和,赵梦月泽．中国标准出版社,1998 年 6 月)的数据计算得来的。

附录1.9　溶度积常数

化学式	$K_{sp}^{\ominus}$	化学式	$K_{sp}^{\ominus}$
AgAc	1.9×10^{-3}	Ag_2SO_3	1.5×10^{-14}
Ag_3AsO_4	1.0×10^{-22}	Ag_2S-α	6.3×10^{-50}
AgBr	5.3×10^{-13}	Ag_2S-β	1.0×10^{-49}
AgCl	1.8×10^{-10}	AgSCN	1.0×10^{-12}
Ag_2CO_3	8.3×10^{-12}	$Al(OH)_3$(无定形)	(1.3×10^{-33})
Ag_2CrO_4	1.1×10^{-12}	AuCl	(2.0×10^{-13})
AgCN	5.9×10^{-17}	$AuCl_3$	(3.2×10^{-25})
$Ag_2Cr_2O_7$	(2.0×10^{-7})	$BaCO_3$	2.6×10^{-9}
$Ag_2C_2O_4$	5.3×10^{-12}	$BaCO_4$	1.2×10^{-10}
$Ag_4[Fe(CN)_6]$	8.0×10^{-41}	BaF_2	1.8×10^{-7}
AgOH	(2.0×10^{-8})	$Ba(NO_3)_2$	6.4×10^{-4}
$AgIO_3$	3.1×10^{-8}	$Ba_3(PO_4)_2$	(3.4×10^{-23})
AgCl	8.3×10^{-17}	$BaSO_4$	1.1×10^{-10}
Ag_2MoO_4	2.8×10^{-12}	$Be(OH)_2$-α	6.7×10^{-22}
$AgNO_2$	3.0×10^{-5}	$Be(OH)_2$-β	2.5×10^{-22}
Ag_3PO_4	8.7×10^{-17}	$Bi(OH)_3$	(4.0×10^{-31})
Ag_2SO_4	1.2×10^{-5}	$BiCl_3$	7.5×10‐19
BiOBr	6.7×10^{-9}	Hg_2CrO_4	(2×10^{-9})
BiOCl	1.6×10^{-8}	Hg_2I_2	5.3×10^{-29}
$BiONO_3$	4.1×10^{-5}	Hg_2SO_4	7.9×10^{-7}
$CaCO_3$	4.9×10^{-9}	Hg_2S	(1.0×10^{-47})
$CaC_2O_4\cdot H_2O$	2.3×10^{-9}	HgS(红)	2.0×10^{-53}
$CaCrO_4$	(7.1×10^{-4})	HgS(黑)	6.4×10^{-53}
CaF_2	1.5×10^{-10}	$K_2[PtCl_6]$	7.5×10^{-6}
$Ca(OH)_2$	4.6×10^{-6}	Li_2CO_3	8.1×10^{-4}

续表

化学式	$K_{sp}^{\ominus}$	化学式	$K_{sp}^{\ominus}$
$CaHPO_4$	1.8×10^{-7}	LiF	1.8×10^{-3}
$Ca_3(PO_4)_2$(低温)	2.1×10^{-33}	Li_3PO_4	(3.2×10^{-9})
$Ca_3(PO_4)_2$(高温)	8.4×10^{-32}	$MgCO_3$	6.8×10^{-6}
$CaSO_4$	7.1×10^{-5}	MgF_2	7.4×10^{-11}
$Cd(OH)_2$	5.3×10^{-15}	$Mg(OH)_2$	5.1×10^{-12}
CdS	1.4×10^{-29}	$Mg_3(PO_4)_2$	1.0×10^{-24}
CeF_3	(8.0×10^{-16})	$MnCO_3$	2.2×10^{-11}
$Ce(OH)_3$	(1.6×10^{-20})	$Mn(OH)_2$(atn)	2.0×10^{-13}
$Ce(OH_4$	2.0×10^{-28}	MnS(am)	(2.5×10^{-10})
$Co(OH)_2$(新)	9.7×10^{-16}	MnS(cr)	4.5×10^{-14}
$Co(OH)_2$(陈)	2.3×10^{-16}	$NiCO_3$	1.4×10^{-7}
$Co(OH)_3$	(1.6×10^{-44})	$Ni(OH)_2$(新)	5.0×10^{-16}
CoS-α	(4.0×10^{-21})	NiS-α	1.1×10^{-21}
CoS-β	(2.0×10^{-25})	NiS-β	(1.0×10^{-24})
$Cr(OH)_3$	(6.3×10^{-31})	NiS-γ	2.0×10^{-26}
$CuBr$	6.9×10^{-9}	$PbCO_3$	1.5×10^{-13}
$CuCl$	1.7×10^{-7}	$PbBr_2$	6.6×10^{-6}
$CuCN$	3.5×10^{-20}	$PbCl_2$	1.7×10^{-5}
$CuCl_2$	1.2×10^{-12}	$PbCrO_3$	(2.8×10^{-13})
$CuSCN$	1.8×10^{-13}	PbI_2	8.4×10^{-9}
$CuCO_3$	(1.4×10^{-10})	$Pb(N_3)_2$(斜方)	2.0×10^{-9}
$Cu(OH)_2$	(2.2×10^{-20})	$PbSO_4$	1.8×10^{-8}
$Cu_2P_2O_7$	7.6×10^{-16}	PbS	9.0×10^{-29}
CuS	1.2×10^{-36}	$Sn(OH)_2$	5.0×10^{-27}
Cu_2S	2.2×10^{-48}	$Sn(OH)_4$	(1.0×10^{-56})
$FeCO_3$	3.1×10^{-11}	SnS	1.0×10^{-25}
$Fe(OH)_2$	4.86×10^{-17}	$SrCO_3$	5.6×10^{-10}
$Fe(OH)_3$	2.8×10^{-39}	$SrSO_4$	3.4×10^{-7}

续表

化学式	$K_{sp}^{\ominus}$	化学式	$K_{sp}^{\ominus}$
FeS	1.6×10^{-19}	TlCl	1.9×10^{-4}
$HgCl_2$	2.8×10^{-29}	TlI	5.5×10^{-8}
$HgCO_3$	3.7×10^{-17}	$Tl(OH)_3$	1.5×10^{-44}
$HgBr_2$	6.3×10^{-20}	$ZnCO_3$	1.2×10^{-10}
Hg_2Cl_2	1.4×10^{-18}	$Zn(OH)_2$	6.8×10^{-17}
ZnS-α	1.6×10^{-24}	ZnS-β	2.5×10^{-22}

注：本数据是根据《NBS 化学热力学性质表》(刘天和、赵梦月译，中国标准出版社，1998 年 6 月)中的数据计算得来的。括号中的数据取自于 Lange' Handbook of Chemistry (13th ed,1985)。

附录 1.10 某些配离子的标准稳定常数(298.15 K)

配离子	$K_f^{\ominus}$	配离子	$K_f^{\ominus}$
$AgCl_2^-$	1.84×10^{5}	$Cu(CN)_2^-$	9.98×10^{23}
$AgBr_2^-$	1.93×10^{7}	$Cu(CN)_3^-$	4.21×10^{28}
AgI_2^-	4.80×10^{10}	$Cu(CN)_4^{3-}$	2.03×10^{30}
$Ag(NH_3)^+$	2.07×10^{3}	$Cu(CNS)_4^{3-}$	8.66×10^{9}
$Ag(NH_3)_2^+$	1.67×10^{7}	$Cu(SO_3)_2^{3-}$	4.13×10^{8}
$Ag(CN)_2^-$	2.48×10^{20}	$Cu(NH_3)_4^{2+}$	2.30×10^{12}
$Ag(SCN)_2^-$	2.04×10^{8}	$Cu(P_2O_7)_2^{6-}$	8.24×10^{8}
$Ag(S_2O_3)_2^{3-}$	(2.9×10^{13})	$Cu(C_2O_4)_2^{2-}$	2.35×10^{9}
$Ag(en)_2^+$	(5.0×10^{7})	$Cu(EDTA)^{2-}$	(5.0×10^{18})
$Ag(EDTA)^{3-}$	(2.1×10^{7})	FeF^{2+}	7.1×10^{6}
$Al(OH)_4^-$	3.31×10^{33}	FeF_2^+	3.8×10^{11}
AlF_6^{3-}	(6.9×10^{19})	$Fe(CN)_6^{3-}$	4.1×10^{52}
$Al(EDTA)^-$	(1.3×10^{16})	$Fe(CN)_6^{4-}$	4.2×10^{45}
$Ba(EDTA)^{2-}$	(6.0×10^{7})	$Fe(NCS)^{2+}$	9.1×10^{2}

续表

配离子	$K_f^\ominus$	配离子	$K_f^\ominus$
$Be(EDTA)^{2-}$	(2.0×10^{9})	$FeCl^{2+}$	24.9
$BiCl_4^-$	7.96×10^{6}	$Fe(EDTA)^{2-}$	(2.1×10^{14})
BiB	2.45×10^{7}	$Fe(EDTA)^-$	(1.7×10^{24})
$BiBr_4^-$	5.92×10^{7}	$HgCl^+$	5.73×10^{6}
BiBr	8.88×10^{14}	$HgCl_2$	1.46×10^{13}
$Bi(EDTA)^-$	(6.3×10^{22})	$HgCl_3^-$	9.6×10^{13}
$Ca(EDTA)^{2-}$	(1.0×10^{11})	$HgCl_4^{2-}$	1.31×10^{15}
$Cd(NH_3)_4^{2+}$	2.78×10^{7}	$HgBr_4{}^{2-}$	9.22×10^{20}
$Cd(CN)_4^{2-}$	1.95×10^{18}	$HgI_4{}^{2-}$	5.66×10^{29}
$Cd(OH)_4^{2-}$	1.20×10^{9}	HgS_2^{2-}	3.36×10^{51}
CdI_4^{2-}	4.05×10^{5}	$Hg(NH_3)_4^{2+}$	1.95×10^{19}
$Cd(en)_3^{2+}$	(1.2×10^{12})	$Hg(CN)_4^{2-}$	1.82×10^{41}
$Cd(EDTA)^{2-}$	(2.5×10^{16})	$Hg(CNS)_4^{2-}$	4.98×10^{21}
$Co(NH_3)_6^{2+}$	1.3×10^{5}	$Hg(EDTA)^{2-}$	(6.3×10^{21})
$Co(NH_3)_6^{3+}$	(1.6×10^{35})	$Ni(NH_3)_6^{2+}$	8.97×10^{8}
$Co(EDTA)^{2-}$	(2.0×10^{36})	$Ni(CN)_4{}^{2-}$	1.31×10^{30}
$Co(EDTA)^-$	(1.0×10^{36})	$Ni(N_2H_4)_6{}^{2+}$	1.04×10^{12}
$CuCl_2^-$	6.91×10^{4}	$Ni(EDTA)^{2-}$	(3.6×10^{18})
$CuCl_3^{2-}$	4.55×10^{5}	$Pb(OH)_3^-$	8.27×1013
配离子	$K_{sp}^\ominus$	配离子	$K_{sp}^\ominus$
$PbCl_3^-$	27.2	$Pd(CNS)_4^{2-}$	9.43×10^{23}
$PbBr_3^-$	15.5	$Pd(EDTA)^{2-}$	3.2×10^{18}
PbI_3^-	2.67×10^{3}	$PtCl_4^{2-}$	9.86×10^{15}
PbI_4^{2-}	1.66×10^{4}	$PtBr_4^{2-}$	6.47×10^{17}
$Pb(CH_3CO_2)^+$	152	$Pt(NH_3)_4^{2+}$	2.18×10^{35}
$Pb(CH_3CO_2)_2$	826	$Zn(OH)_3^-$	1.64×10^{13}
$Pb(EDTA)^{2-}$	(2.0×10^{18})	$Zn(OH)_4^{2-}$	2.83×10^{14}
$PdCl_3^-$	2.10×10^{10}	$Zn(NH_3)_4^{2+}$	3.60×10^{8}

续表

配离子	$K_{sp}^{\ominus}$	配离子	$K_{sp}^{\ominus}$
$PdBr_4^{2-}$	6.05×10^{13}	$Zn(CN)_4^{2-}$	5.71×10^{16}
PdI_4^{2-}	4.36×10^{22}	$Zn(CNS)_4^{2-}$	19.6
$Pd(NH_3)_4^{2+}$	3.10×10^{25}	$Zn(C_2O_4)_2^{2-}$	2.96×10^{7}
$Fd(CN)_4^{2-}$	5.20×10^{41}	$Zn(EDTA)^{2-}$	(2.5×10^{16})

注：本数据是根据《NBS 化学热力学性质表》(刘天和、赵梦月译，中国标准出版社，1998 年 6 月)中的数据计算得来的。括号中的数据取自于 Lange' Handbook of Chemistry. 13th ed，1985。

附录 1.11 标准电极电势(298.15 K)

电极反应		$E^{\ominus}$/V
氧化型	还原型	
$Li^+(aq)+e^- \rightleftharpoons Li(s)$		−3.040
$Cs^+(aq)+e^- \rightleftharpoons Cs(s)$		−3.027
$Rb^+(aq)+e^- \rightleftharpoons Rb(s)$		−2.943
$K^+(aq)+e^- \rightleftharpoons K(s)$		−2.936
$Ra^{2+}(aq)+2e^- \rightleftharpoons Ra(s)$		−2.910
$Ba^{2+}(aq)+2e^- \rightleftharpoons Ba(s)$		−2.906
$Sr^{2+}(aq)+2e^- \rightleftharpoons Sr(s)$		−2.899
$Ca^{2+}(aq)+2e^- \rightleftharpoons Ca(s)$		−2.869
$Na^+(aq)+e^- \rightleftharpoons Na(s)$		−2.714
$La^{3+}(aq)+3e^- \rightleftharpoons La(s)$		−2.362
$Mg^{2+}(aq)+2e^- \rightleftharpoons Mg(s)$		−2.357
$Sc^{3+}(aq)+3e^- \rightleftharpoons Sc(s)$		−2.027
$Be^{2+}(aq)+2e^- \rightleftharpoons Be(s)$		−1.968
$Al^{3+}(aq)+3e^- \rightleftharpoons Al(s)$		−1.68
$[SiF_6]^{2-}(aq)+4e^- \rightleftharpoons Si(s)+6F^-(aq)$		−1.365

续表

电极反应		$E^{\ominus}$/V
氧化型	还原型	
$Mn^{2+}(aq)+2e \rightleftharpoons Mn(s)$		−1.182
$SiO_2(am)+4H^+(aq)+4e^- \rightleftharpoons Si(s)+2H_2O$		−0.975 4
$*SO_2(aq)+H_2O(l)+2e^- \rightleftharpoons SO_3^{2-}(aq)+2OH^-(aq)$		−0.936 2
$*Fe(OH)_2(s)+2e^- \rightleftharpoons Fe(s)+2OH^-(aq)$		−0.891 4
$H_3BO_3(s)+3H^++3e^- \rightleftharpoons B(s)+3H_2O(l)$		−0.889 4
$Zn^{2+}(aq)+2e^- \rightleftharpoons Zn(s)$		−0.762 1
$Cr^{3+}(aq)+3e^- \rightleftharpoons Cr(s)$		(−0.74)
$*FeCO_3(s)+2e^- \rightleftharpoons Fe(s)+CO_3^{2-}(aq)$		−0.719 6
$2CO_2(g)+2H^+(aq)+2e^- \rightleftharpoons H_2C_2O_4(aq)$		−0.595 0
$*2SO_3^{2-}(s)+3H_2O(l)+4e^- \rightleftharpoons S_2O_3^{2-}(aq)+6OH^-(aq)$		−0.565 9
$Ga^{3+}(aq)+3e^- \rightleftharpoons Ga(s)$		−0.549 3
$*Fe(OH)_3(s)+e^- \rightleftharpoons Fe(OH)_2(s)+OH^-(aq)$		−0.546 8
$Sb(s)+3H^+(aq)+3e^- \rightleftharpoons SbH_3(g)$		−0.510 4
$*S(s)+2e^- \rightleftharpoons S^{2-}(aq)$		−0.445
$Cr^{3+}(aq)+e^- \rightleftharpoons Cr^{2-}(aq)$		(−0.41)
$Fe^{2+}(aq)+2e^- \rightleftharpoons Fe(s)$		−0.408 9
$*Ag(CN)_2^-(aq)+e^- \rightleftharpoons Ag(s)+2CN^-(aq)$		−0.407 3
$Cd^{2+}(aq)+2e^- \rightleftharpoons Cd(s)$		−0.402 2
$PbI_2(s)+2e^- \rightleftharpoons Pb(s)+2I^-(aq)$		−0.365 3
$*Cu_2O(s)+H_2O(l)+2e^- \rightleftharpoons 2Cu(s)+2OH^-(aq)$		−0.355 7
$PbSO_4(s)+2e^- \rightleftharpoons Pb(s)+SO_4^-(aq)$		−0.355 5
$In^{3+}(aq)+3e^- \rightleftharpoons In(s)$		−0.338
$Tl^++e^- \rightleftharpoons Tl(s)$		−0.335 8
$Co^{2-}(aq)+2e^- \rightleftharpoons Co(s)$		−0.282
$PbBr_2(s)+2e^- \rightleftharpoons Pb(s)+2Br^-(aq)$		−0.279 8
$PbCl_2(s)+2e^- \rightleftharpoons Pb(s)+2Cl^-(aq)$		−0.267 6
$As(s)+3H^+(aq)+3e^- \rightleftharpoons AsH_3(g)$		−0.238 1

续表

电极反应		$E^{\ominus}$/V
氧化型	还原型	
$Ni^{2+}(aq)+2e^- \rightleftharpoons Ni(s)$		−0.236 3
$VO_2^+(aq)+4H^++5e^- \rightleftharpoons V(s)+2H_2O(l)$		−0.233 7
$CuI(s)+e^- \rightleftharpoons Cu(s)+I^-(aq)$		−0.185 8
$AgCN(s)+e^- \rightleftharpoons Ag(s)+CN^-(aq)$		−0.160 6
$AgI(s)+e^- \rightleftharpoons Ag(s)+I^-(aq)$		−0.151 5
$Sn^{2+}(aq)+2e^- \rightleftharpoons Sn(s)$		−0.141 0
$Pb^{2+}(aq)+2e^- \rightleftharpoons Pb(s)$		−0.126 6
* $CrO_4^{2-}(aq)+2H_2O(l)+3e^- \rightleftharpoons CrO_2^-(aq)+4OH^-(aq)$		(−0.12)
$Se(s)+2H^+(aq)+2e^- \rightleftharpoons H_2Se(aq)$		−0.115 0
$WO_3(s)+6H^+(aq)+6e^- \rightleftharpoons W(s)+3H_2O(l)$		−0.090 9
* $2Cu(OH)_2(s)+2e^- \rightleftharpoons Cu_2O(s)+2OH^-(aq)+H_2O(l)$		(−0.08)
$MnO_2(s)+2H_2O(l)+2e^- \rightleftharpoons Mn(OH)_2(s)+2OH^-(aq)$		−0.051 4
$[HgI_4]^{2-}(aq)+2e^- \rightleftharpoons Hg(l)+4I^-(aq)$		−0.028 09
$2H^+(aq)+2e^- \rightleftharpoons H_2(g)$		0
* $NO_3^-(aq)+H_2O(l)+e^- \rightleftharpoons NO_2^-(aq)+2OH^-(aq)$		0.008 49
$S_4O_6^{2-}(aq)+2e^- \rightleftharpoons 2S_2O_3^{2-}(aq)$		0.023 84
$AgBr(s)+e^- \rightleftharpoons Ag(s)+Br^-(aq)$		0.073 17
$S(s)+2H^+(aq)+2e^- \rightleftharpoons H_2S(aq)$		0.144 2
$Sn^{4+}(aq)+2e^- \rightleftharpoons Sn^{2+}(aq)$		0.153 9
$SO_4^{2-}(aq)+4H^+(aq)+2e^- \rightleftharpoons H_2SO_3(aq)+H_2O(l)$		0.157 6
$Cu^{2+}(aq)+e^- \rightleftharpoons Cu^+(aq)$		0.160 7
$AgCl(s)+e^- \rightleftharpoons Ag(s)+Cl^-$		0.222 2
$[HgBr_4]^{2-}(aq)+2e^- \rightleftharpoons Hg(l)+4Br^-(aq)$		0.231 8
$HAsO_2(aq)+3H^+(aq)+3e^- \rightleftharpoons As(s)+2H_2O(l)$		0.247 3
$PbO_2(s)+H_2O(l)+2e^- \rightleftharpoons$ PbO(s,黄色) $+2OH^-(aq)$		0.248 3
$Hg_2Cl_2(s)+2e^- \rightleftharpoons 2Hg(l)+2Cl^-(aq)$		0.268 0
$BiO^+(aq)+2H^+(aq)+3e^- \rightleftharpoons Bi(s)+H_2O(l)$		0.313 4

续表

电极反应		$E^{\ominus}$/V
氧化型	还原型	
$Cu^{2+}(aq)+2e^- \rightleftharpoons Cu(s)$		0.339 4
* $Ag_2O(s)+H_2O(l)+2e^- \rightleftharpoons 2Ag(s)+2OH^-(aq)$		0.342 8
$[Fe(CN)_6]^{3-}(aq)+e^- \rightleftharpoons [Fe(CN)_6]^{4-}(aq)$		0.355 7
$[Ag(NH_3)_2]^+(aq)+e^- \rightleftharpoons Ag(s)+2NH_3(aq)$		0.371 9
* $ClO_4^-(aq)+H_2O(l)+2e^- \rightleftharpoons ClO_3^-(aq)+2OH^-(aq)$		0.397 9
* $O_2(g)+2H_2O(l)+4e^- \rightleftharpoons 4OH^-(aq)$		0.400 9
$2H_2SO_3(aq)+2H^+(aq)+4e^- \rightleftharpoons S_2O_3^{2-}(aq)+3H_2O(l)$		0.410 1
$Ag_2CrO_4(s)+2e^- \rightleftharpoons 2Ag(s)+CrO_4^{2-}(aq)$		0.445 6
$H_2SO_3(aq)+4H^+(aq)+4e^- \rightleftharpoons S(s)+3H_2O(l)$		0.449 7
$Cu^+(aq)+e^- \rightleftharpoons Cu(s)$		0.518 0
$I_2(s)+2e^- \rightleftharpoons 2I^-(aq)$		0.534 5
$MnO_4^-(aq)+e^- \rightleftharpoons MnO_4^{2-}(aq)$		0.554 5
$H_3AsO_4(aq)+2H^+(aq)+2e^- \rightleftharpoons H_3AsO_3(aq)+H_2O(l)$		0.574 8
* $MnO_7(aq)+2H_2O(l)+3e^- \rightleftharpoons MnO_2(s)+4OH^-(aq)$		0.596 5
* $BrO_3^-(aq)+3H_2O(l)+6e^- \rightleftharpoons Br^-(aq)+6OH^-(aq)$		0.612 6
* $MnO_4^{2-}(aq)+2H_2O(l)+2e^- \rightleftharpoons MnO_2(s)+4OH^-(aq)$		0.617 5
$2HgCl_2(aq)+2e^- \rightleftharpoons Hg_2Cl_2(s)+2Cl^-(aq)$		0.657 1
* $ClO_2^-(aq)+H_2O(l)+2e^- \rightleftharpoons ClO^-(aq)+2OH^-(aq)$		0.680 7
$O_2(g)+2H^+(aq)+2e^- \rightleftharpoons 2H_2O_2(aq)$		0.694 5
$Fe^{3+}(aq)+e^- \rightleftharpoons Fe^{2+}(aq)$		0.769
$Hg_2^{2+}(aq)+2e^- \rightleftharpoons 2Hg(l)$		0.795 6
$NO_3^-(aq)+2H^+(aq)+e^- \rightleftharpoons NO_2(g)+H_2O(l)$		0.798 9
$Ag^+(aq)+e^- \rightleftharpoons Ag(s)$		0.799 1
$[PtCl_4]^{2-}(aq)+2e^- \rightleftharpoons Pt(s)+4Cl^-(aq)$		0.847 3
$Hg^{2+}(aq)+2e^- \rightleftharpoons Hg(l)$		0.851 9
* $HO_2^-(aq)+H_2O(l)+2e^- \rightleftharpoons 3OH^-(aq)$		0.867 0
* $ClO^-(aq)+H_2O(l)+2e^- \rightleftharpoons Cl^-(aq)+2OH^-$		0.890 2

续表

电极反应		$E^{\ominus}/V$
氧化型	还原型	
$2Hg^{2+}(aq)+2e^{-} \rightleftharpoons Hg_2^{2+}(aq)$		0.908 3
$NO_3^{-}(aq)+3H^{+}(aq)+2e^{-} \rightleftharpoons HNO_2(aq)+H_2O(l)$		0.927 5
$NO_3^{-}(aq)+4H^{+}(aq)+3e^{-} \rightleftharpoons NO(g)+2H_2O(l)$		0.963 7
$HNO_2(aq)+H^{+}(aq)+e^{-} \rightleftharpoons NO(g)+H_2O(l)$		1.04
$NO_2(g)+H^{+}(aq)+e^{-} \rightleftharpoons HNO_2(aq)$		1.056
$Br_2(l)+2e^{-} \rightleftharpoons 2Br^{-}(aq)$		1.077 4
$ClO_3^{-}(aq)+3H^{+}(aq)+2e^{-} \rightleftharpoons HClO_2(aq)+H_2O(l)$		1.157
$ClO_2(aq)+H^{+}(aq)+e^{-} \rightleftharpoons HClO_2(aq)$		1.184
$2IO_3^{-}(aq)+12H^{+}(aq)+10e^{-} \rightleftharpoons I_2(s)+6H_2O(l)$		1.209
$ClO_4^{-}(aq)+2H^{+}(aq)+2e^{-} \rightleftharpoons ClO_3^{-}(aq)+H_2O(l)$		1.226
$O_2(g)+4H^{+}(aq)+4e^{-} \rightleftharpoons 2H_2O(l)$		1.229
$MnO_2(s)+4H^{+}(aq)+2e^{-} \rightleftharpoons Mn^{2+}(aq)+2H_2O(l)$		1.229 3
$*O_3(g)+H_2O(l)+2e^{-} \rightleftharpoons O_2(g)+2OH^{-}(aq)$		1.247
$Ti^{3+}(aq)+2e^{-} \rightleftharpoons Ti^{+}(aq)$		1.280
$2HNO_2(aq)+4H^{+}(aq)+4e^{-} \rightleftharpoons N_2O(aq)+3H_2O(l)$		1.311
$Cr_2O_7^{-}(aq)+14H^{+}(aq)+6e^{-} \rightleftharpoons 2Cr^{3+}(aq)+7H_2O(l)$		(1.33)
$Cl_2(g)+2e^{-} \rightleftharpoons 2Cl^{-}(aq)$		1.360
$2HIO(aq)+2H^{+}(aq)+2e^{-} \rightleftharpoons I_2(s)+2H_2O(l)$		1.431
$PbO_2(s)+4H^{+}(aq)+2e^{-} \rightleftharpoons Pb^{2+}(aq)+2H_2O(l)$		1.458
$Au^{3-}(aq)+3e^{-} \rightleftharpoons Au(s)$		(1.50)
$Mn^{3+}(aq)+e^{-} \rightleftharpoons Mn^{2+}(aq)$		(1.51)
$MnO_4^{-}(aq)+8H^{+}(aq)+5e^{-} \rightleftharpoons Mn^{2+}(aq)+4H_2O(l)$		1.512
$2BrO_3^{-}(aq)+12H^{+}(aq)+10e^{-} \rightleftharpoons Br_2(l)+6H_2O(l)$		1.513
$Cu^{2-}(aq)+2CN^{-}(aq)+e^{-} \rightleftharpoons Cu(CN)_2^{-}(aq)$		1.580
$H_5IO_6(aq)+H^{+}(aq)+2e^{-} \rightleftharpoons IO_3^{-}(aq)+3H_2O(l)$		(1.60)
$2HBrO(aq)+2H^{+}(aq)+2e^{-} \rightleftharpoons Br_2(l)+2H_2O(l)$		1.604
$2HClO(aq)+2H^{+}(aq)+2e^{-} \rightleftharpoons Cl_2(g)+2H_2O(l)$		1.630

续表

电极反应		$E^{\ominus}$/V
氧化型	还原型	
$HClO_2(aq)+2H^+(aq)+2e^- \rightleftharpoons HClO(aq)+2H_2O(l)$		1.673
$Au^+(aq)+e^- \rightleftharpoons Au(s)$		(1.68)
$MnO_4^-(aq)+4H^+(aq)+3e^- \rightleftharpoons MnO_2(s)+2H_2O(l)$		1.700
$H_2O_2(aq)+2H^+(aq)+2e^- \rightleftharpoons 2H_2O(l)$		1.763
$S_2O_8^{2-}(aq)+2e^- \rightleftharpoons 2SO_4^{2-}(aq)$		1.939
$Co^{3+}(aq)+e^- \rightleftharpoons Co^{2+}(aq)$		1.95
$Ag^{2+}(aq)+e^- \rightleftharpoons Ag^+(aq)$		1.989
$O_3(g)+2H^+(aq)+2e^- \rightleftharpoons O_2(g)+H_2O(l)$		2.075
$F_2(g)+2e^- \rightleftharpoons 2F^-(aq)$		2.889
$F_2(g)+2H^+(aq)+2e^- \rightleftharpoons 2HF(aq)$		3.076

注：本数据是根据《NBS化学热力学性质表》（刘天和、赵梦月译，中国标准出版社，1998年6月）中的数据计算得来的。括号中的数据取自于 Lange's Handbook of Chemistry. 13th ed，1985。

附录1.12 水的物性数据

温度 t/℃	蒸汽压 p/kPa	密度 ρ/(kg·dm^{-3})	黏度 η/(10^{-4} Pa·s)	表面张力 σ/(mN·m^{-1})	折射率
0	0.610 5	0.999 9	1.787	75.64	1.333 95
10	1.227	0.999 7	1.307	74.22	1.333 68
15	1.705	0.999 2	1.139	73.49	1.333 37
20	2.338	0.998 3	1.002	72.75	1.333 00
25	3.167	0.997 1	0.890 4	71.97	1.332 54
30	4.243	0.995 8	0.797 5	71.18	1.331 92
35	5.623	0.994 1	0.719 4	70.38	
40	7.376	0.992 2	0.652 9	69.56	1.330 51

续表

温度 t/℃	蒸汽压 p/kPa	密度 ρ/(kg·dm^{-3})	黏度 η/(10^{-4}Pa·s)	表面张力 σ/(mN·m^{-1})	折射率
45	9.579	0.990 3	0.596	68.74	
50	12.334	0.988 1	0.546 8	67.91	1.328 94
55	15.737	0.985 7	0.504		
60	19.916	0.983 2	0.466 5	66.18	1.327 25
65	25.003	0.980 6	0.433 5		
70	31.157	0.977 8	0.404 2	64.4	
75	38.544	0.974 9	0.378 1		
80	47.343		0.354 7	62.6	
85	57.809		0.333 7		
90	70.096	0.965 323	0.314 7	60.82	
95	84.513		0.297 5		
100	101.33		0.281 8	58.91	

附录 1.13 几种常用液体的折射率

物质 n_D	温度 t/℃		物质 n_D	温度 t/℃	
	15	20		15	20
苯	1.504 39	1.501 10	环已烷	1.429 00	—
丙酮	1.381 75	1.359 11	硝基苯	1.554 7	1.552 4
甲苯	1.499 8	1.496 8	正丁醇	—	1.399 09
醋酸	1.377 6	1.371 7	二硫化碳	—	1.625 46
氯苯	1.527 48	1.524 60	丁酸乙酯	—	1.392 8
氯仿	1.448 53	1.445 50	乙酸正丁酯	—	1.396 1
四氯化碳	1.463 05	1.460 44	正丁酸	—	1.398 0
乙醇	1.363 30	1.361 39	溴苯	—	1.560 4

附录 1.14　常用溶剂的物性常数

溶剂	摩尔质量/ $(g \cdot mol^{-1})$	密度(20℃)/ $(g \cdot cm^{-3})$	介电常数	溶解(25℃)/ $(g \cdot 100\ g^{-1}$ 水)	熔点/℃	沸点 (101 kPa)	闪点/℃
乙醚	74	0.71	4.3	6.0	−116	35	−45
戊烷	72	0.63	1.8	不溶	−130	36	−40
二氯甲烷	85	1.33	8.9	1.30	−95	40	无
二硫化碳	76	1.26	2.6	0.29(20℃)	−111	46	−30
丙酮	58	0.79	20.7	∞	−95	56	−18
氯仿	119	1.49	4.8	0.28	−64	61	无
甲醇	32	0.79	32.7	∞	−98	65	12
四氢呋喃	72	0.89	7.6	∞	−109	66	−14
己烷	86	0.66	1.9	不溶	−95	69	−26
三氟乙酸	114	1.49	39.5	∞	−15	72	无
四氯化碳	154	1.59	2.2	0.08	−23	77	无
乙酸乙酯	88	0.90	6.0	8.1	−84	77	−4
乙醇	46	0.79	24.6	∞	−114	78	13
环己烷	84	0.78	2.0	0.01	6.5	81	−17
苯	78	0.88	2.3	0.18	5.5	80	−11
丁酮	72	0.80	18.5	24.0(20℃)	−87	80	−1
乙腈	41	0.78	37.5	∞	−44	82	6
异丙醇	60	0.79	19.9	∞	−88	82	12
正丁醇	74	0.78(30℃)	12.5	∞	26	82	11
乙二醇二甲醚	90	0.86	7.2	∞	−58	83	1
三乙胺	101	0.73	2.4	∞	−115	90	−7
丙醇	60	0.80	20.3	∞	−126	97	25
甲基环己烷	98	0.77	2.0	0.01	−127	101	−6
甲酸	46	1.22	58.5	∞	8	101	—

续表

溶剂	摩尔质量/(g·mol⁻¹)	密度(20℃)/(g·cm⁻³)	介电常数	溶解(25℃)/(g·100 g⁻¹水)	熔点/℃	沸点(101 kPa)	闪点/℃
硝基甲烷	61	1.14	35.9	11.1	−29	101	−41
1,4-二氧六环	88	1.03	2.2	cc	12	101	12
甲苯	92	0.87	2.4	0.05	−95	111	4
吡啶	79	0.98	12.4	∞	−42	115	23
正丁醇	74	0.81	17.5	7.45	−89	118	29
乙酸	60	1.05	6.2	∞	17	118	40
乙二醇单甲醚	76	0.96	16.9	∞	−85	125	42
吗啉	87	1.00	7.4	∞	−3	129	38
氯苯	113	1.11	5.6	0.05(30℃)	−46	132	29
乙酐	102	1.08	20.7	反应	−73	140	53
二甲苯	106	0.86	2	0.02	13	138～142	17
二丁醚	130	0.77	3.1	0.03(20℃)	−95	142	38
均四氯乙烷	168	1.59	8.2	0.29(20℃)	−44	146	无
苯甲醚	108	0.99	4.3	1.04	−38	154	—
二甲基甲酰胺	73	0.95	36.7	∞	−60	153	67
二甘醇二甲醚	134	0.94	—	∞	—	160	63
1,3,5-三甲基苯	120	0.87	2.3	0.03(20℃)	−45	165	—
二甲亚砜	78	1.10	46.7	25.3	18	189	95
二甘醇单醚	120	1.02	—	∞	−76	194	93
乙二醇	62	1.11	37.7	cc	−16	197	116
N-甲基-2-吡咯烷酮	99	1.03	32.0	∞	−24	202	96
硝基苯	123	1.20	34.8	0.19(20℃)	6	211	88
甲酰胺	45	1.13	111	∞	3	210	154
六甲基磷酰三胺	179	1.03	30	∞	7	233	—
喹啉	129	1.09	9.0	0.6(20℃)	−15	237	—

续表

溶剂	摩尔质量/($g\cdot mol^{-1}$)	密度(20℃)/($g\cdot cm^{-3}$)	介电常数	溶解(25℃)/($g\cdot 100\ g^{-1}$水)	熔点/℃	沸点(101 kPa)	闪点/℃
二甘醇	106	1.11	31.7	∞	−7	245	143
二苯醚	170	1.07	3.7 (>27℃)	0.39	27	258	205
三甘醇	150	1.12	23.7	∞	−4	288	166
四亚甲基砜	120	1.26(30℃)	43	∞(30℃)	28	287	177
甘油	92	1.26	42.5	∞	18	290	177
三乙醇胺	149	1.12(30℃)	29.4	∞	22	335	179
邻苯二甲酸二丁酯	278	1.05	6.4	不溶	−35	340	171

附录 1.15　不同温度下液体的密度

(单位:$g\cdot cm^{-3}$)

温度/℃	汞	乙醇	丁醇	丙酮	苯	甲苯	环己烷	乙酸乙酯
5	13.583 8	0.802 07	0.820 4	0.806 96	—	—	—	0.918 6
6	13.581	0.801 23	—	—	—	—	0.790 6	—
7	13.578	0.800 39	—	—	—	—	—	—
8	13.576	0.799 56	—	—	—	—	—	—
9	13.573	0.798 72	—	—	—	—	—	—
10	13.571	0.797 88	—	0.801 39	0.887	0.875	—	0.912 7
11	13.568	0.797 04	—	—	—	—	—	—
12	13.566	0.796 20	—	—	—	—	0.785 0	—
13	13.563	0.795 35	—	—	—	—	—	—
14	13.561	0.794 51	0.813 5	—	—	—	—	—
15	13.559	0.793 67	—	0.795 79	0.883	0.870	—	—
16	13.556	0.792 83	—	—	0.882	0.869	—	—

续表

温度/℃	汞	乙醇	丁醇	丙酮	苯	甲苯	环己烷	乙酸乙酯
17	13.554	0.791 98	—	—	0.882	0.867	—	—
18	13.551	0.791 14	—	—	0.866	0.866	0.783 6	—
19	13.549	0.790 29	—	—	0.881	0.865	—	—
20	13.546	0.789 45	—	0.790 13	0.879	0.846	—	0.900 8
21	13.544	0.788 60	—	—	0.879	0.863	—	—
22	13.541	0.787 75	0.807 2	—	0.878	0.862	—	—
23	13.539	0.786 91	—	—	0.877	0.861	0.773 6	—
24	13.536	0.786 06	—	—	0.876	0.860	—	—
25	13.534	0.785 22	—	0.784 44	0.875	0.859	—	—
26	13.532	0.784 37	—	—	—	—	—	—
27	13.529	0.783 52	—	—	—	—	—	—
28	13.527	0.782 67	—	—	—	—	—	—
29	13.524	0.781 82	—	—	—	—	—	—
30	13.522	0.780 97	0.800 7	0.778 55	0.869	0.855	0.767 8	0.888 8

附录 1.16 几种液体的黏度

黏度 / 温度 t/℃	$\eta/(10^{-4}\ \mathrm{Pa\cdot s})$			
	水	苯	氯仿	乙醇
0	1.787	0.912	0.699	1.786
10	1.307	0.758	0.625	1.451
15	1.139	0.698	0.597	1.345
16	1.109	0.685	0.591	1.320
17	1.081	0.677	0.586	1.290
18	1.053	0.666	0.580	1.265
19	1.027	0.656	0.574	1.238

续表

黏度 温度 t/℃	$\eta/(10^{-4}\ Pa \cdot s)$			
	水	苯	氯仿	乙醇
20	1.002	0.647	0.568	1.216
21	0.977 9	0.638	0.562	1.188
22	0.954 8	0.629	0.556	1.186
23	0.932 5	0.621	0.551	1.143
24	0.911 1	0.611	0.545	1.123
25	0.890 4	0.601	0.540	1.103
30	0.797 5	0.566	0.514	0.991
40	0.652 9	0.482	0.464	0.823
50	0.546 8	0.436	0.424	0.694
60	0.466 5	0.395	0.389	

附录1.17 常见基团的化学键的红外吸收特征频率

化合物	基团	频率/cm^{-1}	波长	强度	振动类型
烷烃	$—CH_3$	2 962±10	3.37	强	C—H 伸缩
		2 872 ±10	3.48	强	C—H 伸缩
		1 450±10	6.89	中	C—H 弯曲
		1 375±10	7.25	强	C—H 弯曲
	$—CH_2—$	2 926±5	3.42	强	C—伸缩
		2 962±5	3.51	强	C—H 伸缩
		1 465±20	6.83	中	C—H 弯曲
	$—C(H_3)_3—$	1 395～1 385	7.16～7.22		C—H 弯曲
		1 365±5	7.33	中	C—H 弯曲
		1 250±3	8.00	强	C—C 伸缩
		1 250～1 200	8.00～8.33		C—C 伸缩
	$—(CH_2)_n—$	750～720	13.33～13.88		C—C 伸缩(n=4)

续表

化合物	基团	频率/cm⁻¹	波长	强度	振动类型
不饱和烃	C=C	1 680～1 620	5.95～6.17	变化	C=伸缩
	C=C(共轭)	～1 600	6.25	强	C=伸缩
	R—C≡CH	2 140～2 100	4.67～4.76	中	C≡C伸缩
	R—C≡C—R	2 260～2 190	4.47～4.57	中	C≡C伸缩
	—C≡C—(共轭)	2 260～2 235	4.42～4.47	强	C≡C伸缩
	≡C—H	3 320～3 310	3.01～3.02	中	C≡H伸缩
		680～610	14.71～16.39	中	C≡H伸缩
芳烃	苯环	3 070～3 030	3.25～3.30	强	C—H伸缩
		1 600～1 450	6.25～6.89	中	C—C伸缩
		900～695	11.11～14.39	强	C—H弯曲
醇和酚	OH(二聚)(分子间氢键)	3 550～3 450	2.82～2.90	变化	O—H伸缩
	(多聚)	3 400～3 200	2.94～3.13	强	O—H伸缩
	伯醇	3 643～3 630	2.74～2.75	强	O—H伸缩
		1 075～1 000	9.30～10.00	强	C—O伸缩
		1 350～1 260	7.41～7.93	强	O—H伸缩
	仲醇	3 635～3 630	2.75～2.76	强	O—H伸缩
		1 120～1 030	9.83～9.71	强	C—O伸缩
		1 350～1 260	7.41～7.93	强	O—H弯曲
	叔醇	3 620～3 600	2.76～2.78	强	O—H伸缩
		1 170～1 100	8.55～9.09	强	C—O伸缩
		1 410～1 310	7.09～7.63	中	O—H弯曲
	酚	3 612～3 593	2.77～2.78	强	O—H伸缩
		1 230～1 140	8.13～8.77	强	C—O伸缩
		1 410～1 310	7.09～7.63	中	O—H弯曲

续表

化合物	基团	频率/cm^{-1}	波长	强度	振动类型
胺	伯胺	3 398～3 381	2.92～2.96	弱	N—H 伸缩
		3 344～3 324	2.99～3.01	弱	N—H 伸缩
		1 079 ±11	9.27	中	C—N 伸缩
		3 400～3 100	2.94～3.23	强	N—H 伸缩(氢键)
		1 650～1 590	6.06～6.29	强	N—H 弯曲
		900～650	11.11～15.38	弱	N—H 弯曲
	仲胺	3 360～3 310	2.76～3.02	弱	N—H 伸缩
		1 139±7	8.78	中	C—N 伸缩
		1 650～1 550	6.06～6.45	弱	N—H 弯曲
羰基化合物	酮	1 725～1 705	6.00～5.87	强	C═O 伸缩
	芳酮	1 690～1 680	5.92～5.95	强	C═O 伸缩
	醛	1 745～1 730	5.73～5.78	强	C═O 伸缩
		2 900～2 700	3.45～3.70	弱	C—H 伸缩
		1 440～1 325	6.94～7.55	强	C—H 弯曲
	酯	1 750～1 730	5.71～5.78	强	C═O 伸缩
		1 300～1 000	7.69～10.00	强	C—O—C 伸缩
	酸	1 725～1 700	5.80～5.88	强	C═O 伸缩
		1 700～1 680	5.88～5.95	强	C═O 伸缩(芳酸)
		2 700～2 500	3.70～4.00	弱	O—H 伸缩(二聚体)
		3 560～3 500	2.81～2.86	中	O—H 伸缩(单体)
		1 440～1 395	6.94～7.19	弱	C—O 伸缩
		1 320～1 211	7.58～8.26	强	O—H 弯曲
	COO^-	1 610～1 560	6.21～6.45	强	C═O 伸缩
		1 420～1 300	7.04～7.69	中	C═O 伸缩
	酰卤	1 810～1 970	5.53～5.59	强	C═O 伸缩

续表

化合物	基团	频率/cm^{-1}	波长	强度	振动类型
羧基化合物	伯酰胺	1 690～1 650	5.92～6.06	强	C═O 伸缩
		～3 520	2.84	中	N—H 伸缩
		～3 410	2.93	中	N—H 伸缩
		1 420～1 405	7.04～7.12	中	C—N 伸缩
	叔酰胺	1 670～1 630	5.99～6.13	强	C═O 伸缩
硝基化合物	C—NO_2（脂肪族）	1 554±6	6.44～7.24	极强	N—O 伸缩
		1 383±6		极强	N—O 伸缩
	C—NO_2（芳香族）	1 555～1 478	6.43～6.72	强	N—O 伸缩
		1 357～1 348	6.37～7.59	强	N—O 伸缩
		875～830	11.42～12.01	中	C—N 伸缩
	O—N═O	1 640～1 620	10～6.17	强	—N═O 伸缩
		1 285～1 270	7.8～7.87	强	—N═O 伸缩
有机卤化物	C—F	1 100～1 000	9.09～10.00	强	C—F 伸缩
	C—Cl	830～500	12.04～20.00	强	C— Cl 伸缩
	C—Br	600～500	16.67～20.00		C—Br 伸缩
	C—I	600～465	16.67～21.50		C—I 伸缩
其他有机化合物	—C—S—H	2 950～2 500	3.38～3.90	弱	S—H 伸缩
		700～590	14.28～16.95	弱	C—S 伸缩
	C═S	1 270～1 245	7.87～8.03	强	C=S 伸缩
	C—P—H	2 475～2 270	4.04～4.40	中	P— H 伸缩
		1 250～950	8.00～10.53	弱	P— H 弯曲
	C—Si—H	2 280～2 050	4.39～4.88	极强	Si—H 伸缩
		890～860	11.24～11.63		Si—H 弯曲
无机化合物	CO_3^{2-}	1 490～1 410	6.71～7.09	极强	C—O 伸缩
		880～860	11.36～12.50	中	C—O 弯曲
	SO_4^{2-}	1 130～1 080	8.85～9.62	极强	S—O 伸缩
		680～610	14.71 ～16.40	中	S—O 弯曲

续表

化合物	基团	频率/cm^{-1}	波长	强度	振动类型
无机化合物	NO^{2-}	1 250～1 230	8.00～8.13	强	N—O 伸缩
		1 360～1 340	7.35～7.46	强	N—O 伸缩
		840～800	11.90～12.50	弱	N—O 弯曲
	NO^{3-}	1 380～1 350	7.25～7.41	极强	N—O 伸缩
		840～815	11.90～12.26	中	N—O 弯曲
	NH_4^+	3 300～3 030	3.03～3.33	极强	N—H 伸缩
		1 485～1 390	6.73～7.19	中	N—H 弯曲
	PO_4^{3-} HPO_4^{2} H_2PO^{4-}	1 100 ～1 000	9.09～10.00	强	P—O 伸缩
	ClO^{3-}	980～930	10.20～10.75	极强	Cl—O 伸缩
	ClO^{4-}	1 140～1 060	8.77～9.43	极强	Cl—O 伸缩
	$Cr_2O_7^{2-}$	950～900	10.35 ～11.11	强	Cr—O 伸缩
	CN^-,CNO^-,CNS^-	2 200～2 000	4.55～5.00	强	C—N 伸缩

注:此数据取自 Ballamy L. J. The Infrared Spectra of Complex Molecules,1975。

附录 2　常见化合物的溶解性

阴离子 / 化合物的溶解性 / 阳离子	亚砷酸盐 AsO_3^{3-}	砷酸盐 $AsOr_4^{3-}$	硼酸盐 $B(OH)_4^-$	溴化物 Br^-	碳酸盐 CO_3^{2-}	草酸盐 $C_2O_4^{2-}$
Ag^+	HNO_3	HNO_3	HNO_3	不溶	HNO_3	HNO_3
Al^{3+}	—	HCl	HCl	水	—	HCl
As^{3+}	—	—	—	水解、HCl	—	—
Ba^{2+}	HCl	HCl	HCl	水	HCl	HCl
Bi^{3+}	HCl	HCl	HCl	水解、HCl	HCl	HCl
Ca^{2+}	HCl	HCl	水、HCl 略溶	水	HCl	HCl
Cd^{2+}	HCl	HCl	HCl	水	HCl	HCl
Co^{2+}	HCl	HCl	HCl	水	HCl	HCl
Cr^{3+}	—	HCl	HCl	水	—	HCl
Cu^{2+}	HCl	HCl	HCl	水	HCl	HCl
Fe^{3+}	HCl	HCl	HCl	水	—	HCl
Fe^{2+}	HCl	HCl	HCl	水	HCl	HCl
Hg^{2+}	HCl	HCl	—	水	HCl	HCl
Hg_2^{2+}	HNO_3	HNO_3	—	HNO_3	HNO_3	HNO_3
K^+	水	水	水	水	水	水
Mg^{2+}	HCl	HCl	HCl	水	水、HCl 略溶	水
Mn^{2+}	HCl	HCl	HCl	水	HCl	HCl
Na^+	水	水	水	水	水	水
NH_4^+	水	水	水	水	水	水
Ni^{2+}	HCl	HCl	HCl	水	HCl	HCl

续表

阴离子 化合物的溶解性 阳离子	亚砷酸盐 AsO_3^{3-}	砷酸盐 $AsOr_4^{3-}$	硼酸盐 $B(OH)_4^-$	溴化物 Br^-	碳酸盐 CO_3^{2-}	草酸盐 $C_2O_4^{2-}$
Pb^{2+}	HNO_3	HNO_3	HNO_3	不溶	HNO_3	HNO_3
Sb^{3+}	—	—	—	水解、HCl	—	HCl
Sn^{2+}	HCl	HCl	HCl	水解、HCl	—	HCl
Sn^{4+}	—	HCl	—	水解、HCl	—	水
Sr^{2+}	HCl	HCl	水、HCl 略溶	水	HCl	HCl
Zn^{2+}	HCl	HCl	HCl	水	HCl	HCl
Ag^+	HNO_3	水、略溶	不溶	不溶	HNO_3	水
Al^{3+}	水	水	水	—	—	水
As^{3+}	—	—	水解、HCl	—	—	—
Ba^{2+}	HCl	水	水	水、略溶、HCl	HCl	水、略溶
Bi^{3+}	HCl	水	水解、HCl	—	HCl	HCl
Ca^{2+}	HCl	水	水	水	水	不溶
Cd^{2+}	HCl	水	水	HCl	HCl	水、略溶、HCl
Co^{2+}	水	水	水	HNO_3	HCl	HCl
Cr^{3+}	水	水	水	HCl	HCl	水
Cu^{2+}	水	水	水	HCl	水	水、略溶、HCl
Fe^{3+}	水	水	水	—	水	水、略溶、HCl
Fe^{2+}	HCl	水	水	不溶	—	水、略溶、HCl
Hg^{2+}	HCl	水	水	水	HCl	水
Hg_2^{2+}	水、略溶、HNO_3	水	HNO_3	—	HNO_3	水

续表

阴离子 化合物的溶解性 阳离子	亚砷酸盐 AsO_3^{3-}	砷酸盐 $AsOr_4^{3-}$	硼酸盐 $B(OH)_4^-$	溴化物 Br^-	碳酸盐 CO_3^{2-}	草酸盐 $C_2O_4^{2-}$
K^+	水	水	水	水	水	水
Mg^{2+}	水	水	水	水	水	HCl
Mn^{2+}	水、略溶、HCl	水	水	HCl	水、略溶、HCl	HCl
Na^+	水	水	水	水	水	水
NH_4^+	水	水	水	水	水	水
Ni^{2+}	HCl	水	水	HNO_3	HCl	HCl
Pb^{2+}	HNO_3	水	沸水	HNO_3	HNO_3	水、略溶、HNO_3
Sb^{3+}	HCl	—	水解、HCl	—	—	水、略溶、HCl
Sn^{2+}	HCl	水	水解、HCl	—	HCl	水
Sn^{4+}	水	水	水解、HCl	—	—	水
Sr^{2+}	HCl	水	水	水	水、略溶	HCl
Zn^{2+}	HCl	水	水	HCl	水	HCl
Ag^+	不溶	不溶	不溶	热水	水	HNO_3
Al^{3+}	—	—	水	—	水	HCl
As^{3+}	—	—	水	—	—	HCl
Ba^{2+}	水	水	水	水	水	HCl
Bi^{3+}	—	—	HCl	—	水、略溶、HNO_3	HNO_3
Ca^{2+}	水	水	水	水	水	水、HCl 略溶
Cd^{2+}	不溶	不溶	水	水	水	HCl
Co^{2+}	不溶	不溶	水	水	水	HCl

续表

阴离子 化合物的溶解性 阳离子	亚砷酸盐 AsO_3^{3-}	砷酸盐 $AsOr_4^{3-}$	硼酸盐 $B(OH)_4^-$	溴化物 Br^-	碳酸盐 CO_3^{2-}	草酸盐 $C_2O_4^{2-}$
Cr^{3+}	—	—	水	—	水	HCl
Cu^{2+}	不溶	不溶	水、略溶	水	水	HCl
Fe^{3+}	不溶	水	水	水	水	HCl
Fe^{2+}	不溶	不溶	水	—	水	HCl
Hg^{2+}	—	不溶	HCl	水	水	HCl
Hg_2^{2+}	—	—	HNO_3	水	水、略溶、HNO_3	HNO_3
K^+	水	水	水	水	水	水
Mg^{2+}	水	水	水	水	水	HCl
Mn^{2+}	HCl	不溶	水	水	水	HCl
Na^+	水	水	水	水	水	水
NH_4^+	水	水	水	水	水	—
Ni^{2+}	不溶	不溶	水	水	水	HCl
Pb^{2+}	不溶	不溶	水、略溶、HNO_3	水	水	HNO_3
Sb^{3+}	—	—	水解、HCl	—	—	HCl
Sn^{2+}	—	不溶	水	—	—	HCl
Sn^{4+}	不溶	—	水解、HCl	—	—	HCl、略溶
Sr^{2+}	水	水	水	水	水	HCl
Zn^{2+}	不溶	HCl	水	水	水	HCl

阴离子 化合物的溶解性 阳离子	氢氧化物 OH^-	磷酸盐 PO_4^{3-}	硫化物 S^{2-}	硅酸盐 SiO_4^{2-}	硫氰酸盐 SCN^-	亚硫酸盐 SO_3^{2-}	硫酸盐 SO_4^{2-}	硫代硫酸盐 $S_2O_3^{2-}$
Ag^+	HNO_3	HNO_3	HNO_3	HNO_3	不溶	HNO_3	水、略溶	HNO_3
Al^{3+}	HCl	HCl	水解、HCl	HCl	水	HCl	水	水

续表

化合物的溶解性 阴离子 / 阳离子	氢氧化物 OH^-	磷酸盐 PO_4^{3-}	硫化物 S^{2-}	硅酸盐 SiO_4^{2-}	硫氰酸盐 SCN^-	亚硫酸盐 SO_3^{2-}	硫酸盐 SO_4^{2-}	硫代硫酸盐 $S_2O_3^{2-}$
As^{3+}	—	—	HNO_3	—	—	—	—	—
Ba^{2+}	水	HCl	水	HCl	水	HCl	不溶	HCl
Bi^{3+}	HCl	HCl	HNO_3	HCl	—	—	水、略溶	—
Ca^{2+}	水、HCl、略溶	HCl	水	HCl	水	HCl	水、微溶	水
Cd^{2+}	HCl	HCl	HNO_3	HCl	HCl	HCl	水	水
Co^{2+}	HCl	HCl	HNO_3	HCl	水	HCl	水	水
Cr^{3+}	HCl	HCl	水解、HCl	HCl	水	—	水	—
Cu^{2+}	HCl	HCl	HNO_3	HCl	HNO_3	HCl	水	—
Fe^{3+}	HCl	HCl	HCl	HCl	水	—	水	—
Fe^{2+}	HCl	HCl	HCl	HCl	水	HCl	水	水
Hg^{2+}	—	HCl	王水	—	水	HCl	水、略溶	—
Hg_2^{2+}	—	HNO_3	王水	—	HNO_3	HNO_3	水、略溶	—
K^+	水	水	水	水	水	水	水	水
Mg^{2+}	HCl	HCl	水	HCl	水	水	水	水
Mn^{2+}	HCl	HCl	HCl	HCl	水	HCl	水	水
Na^+	水	水	水	水	水	水	水	水
NH_4^+	水	水	水	水	水	水	水	水
Ni^{2+}	HCl	HCl	HNO_3	HCl	水	HCl	水	水
Pb^{2+}	HNO_3	HNO_3	HNO_3	HNO_3	HNO_3	HNO_3	不溶	HNO_3
Sb^{3+}	HCl	HCl	浓 HCl	—	—	—	HCl	—
Sn^{2+}	HCl	HCl	浓 HCl	—	—	HCl	水	水
Sn^{4+}	不溶	HCl	浓 HCl	—	水	—	—	水
Sr^{2+}	水、HCl、略溶	HCl	水	HCl	水	HCl	不溶	水
Zn^{2+}	HCl	HCl	HCl	HCl	水	HCl	水	水

附录3　常见离子及化合物的颜色

离子及化合物	颜色	离子及化合物	颜色	离子及化合物	颜色
$AgBr$	淡黄色	$BiO(OH)$	灰黄色	$CrCl_3 \cdot 6H_2O$	绿色
$AgCl$	白色	$Bi(OH)CO_3$	白色	$[Cr(H_2O)_6]^{2+}$	天蓝色
$AgCN$	白色	Bi_2S_3	黑色	$[Cr(H_2O)_6]^{3+}$	蓝紫色
Ag_2CO_3	白色	$CaCO_3$	白色	CrO_2^-	绿色
Ag_2CO_4	白色	$CaHPO_4$	白色	CrO_4^{2-}	黄色
Ag_2CrO_4	砖红色	CaO	白色	$Cr_2O_7^{2-}$	橙色
$Ag_3[Fe(CN)_6]$	橙色	$Ca(OH)_2$	白色	Cr_2O_3	绿色
$Ag_4[Fe(CN)_6]$	白色	$Ca_3(PO_4)_2$	白色	CrO_3	红色
AgI	黄色	$CaSO_4$	白色	$Cr(OH)_3$	灰绿色
Ag_2O	褐色	$CaSO_3$	白色	$Cr_2(SO_4)_3 \cdot 6H_2O$	绿色
Ag_3PO_4	黄色	$CdCO_3$	白色	$Cr_2(SO_4)_3$	桃红色
$AgSCN$	白色	CdO	棕灰色	$Cr_2(SO_4)_3 \cdot 18H_2O$	紫色
$Ag_2S_2O_3$	白色	$Cd(OH)_2$	白色	$CuCl$	白色
Ag_2S	黑色	CdS	黄色	$[CuCl_2]^-$	白色
Ag_2SO_4	白色	$CoCl_2 \cdot 2H_2O$	紫红色	$[CuCl_4]^{2-}$	黄色
$Al(OH)_3$	白色	$CoCl_2 \cdot 6H_2O$	粉红色	$Cu_2[Fe(CN)_6]$	红棕色
$BaCO_3$	白色	$[Co(H_20)_6]^{2+}$	粉红色	$[Cu(H_2O)_4]^{2-}$	蓝色
BaC_2O_4	白色	$[Co(NH_3)_6]^{2+}$	黄色	CuI	白色
$BaCrO_4$	黄色	$[Co(NH_3)_6]^{3+}$	橙红色	CuO	黑色
$Ba_3(PO_4)_2$	白色	CoO	灰绿色	Cu_2O	暗红色
$BaSO_4$	白色	Co_2O_3	黑色	$Cu(OH)_2$	淡蓝色
$BaSO_3$	白色	$Co(OH)_2$	粉红色	$CuOH$	黄色
BaS_2O_3	白色	$Co(OH)Cl$	蓝色	CuS	黑色

续表

离子及化合物	颜色	离子及化合物	颜色	离子及化合物	颜色
$BiCl_3$	白色	$Co(OH)_3$	褐棕色	$CuSO_4 \cdot 5H_2O$	蓝色
BiOCl	白色	CoS	黑色	$Cu_2(OH)_2SO_4$	淡蓝色
Bi_2O_3	黄色	$CoSO_4 \cdot 7H_2O$	红色	$Cu_2(OH)_2CO_3$	蓝色
$Bi(OH)_3$	黄色	$CoSiO_3$	紫色	$Cu(SCN)_2$	黑绿色
$[Fe(CN)_6]^{4-}$	黄色	$[Mn(H_2O)_6]^{2+}$	浅红色	$Pb(OH)_2$	白色
$[Fe(CN)_6]^{3-}$	红棕色	MnO_4^{2-}	绿色	PbS	黑色
FeC_2O_4	淡黄色	MnO_4^-	紫红色	$PbSO_4$	白色
$Fe_3[Fe(CN)_6]_2$	蓝色	MnO_2	棕色	SbI_3	黄色
$Fe_4[Fe(CN)_6]_3$	蓝色	$Mn(OH)_2$	白色	Sb_2O_3	白色
$[Fe(H_2O_6)]^{2+}$	浅绿色	MnS	肉色	Sb_2O_5	淡黄色
$[Fe(H_2O_6)]^{3+}$	淡紫色	$MnSiO_3$	肉色	$Sb(OH)_3$	白色
$[Fe(NCS)_n]^{3-n}$	血红色	$NaAc \cdot Zn(Ac)_2 \cdot 3UO_2(Ac)_2 \cdot 9H_2O$	黄色	SbOCl	白色
FeO	黑色	$Na_3[Fe(CN)_5NO] \cdot 2H_2O$	红色	Sn(OH)Cl	白色
Fe_2O_3	砖红色	$(NH)_3PO_4 \cdot 12MoO_3 \cdot 6H_2O$	黄色	$Sn(OH)_4$	白色
$Fe(OH)_2$	白色	$(NH_4)_2Na[Co(NO_2)_6]$	黄色	SnS	棕色
$Fe(OH)_3$	红棕色	$Ni(CN)_2$	浅棕色	SnS_2	黄色
$Fe_2(SiO_3)_3$	棕红色	$[Ni(H_2O)_6]^{2+}$	亮绿色	$TiCl_3 \cdot 6H_2O$	紫或绿
Hg_2Cl_2	白黄色	$[Ni(NH_3)_6]^{2+}$	蓝色	$[Ti(H_2O)_6]$	紫色
Hg_2I_2	黄色	NiO	暗绿色	TiO_2^{2+}	橙红色
HgO	红(黄)色	$Ni(OH)_2$	淡绿色	$[V(H_2O)_6]^{3+}$	绿色
$HgO \cdot HgNH_2I$	红棕色	$Ni(OH)_3$	黑色	VO^{2+}	蓝色
$Hg_2(OH)_2CO_3$	红褐色	NiS	黑色	VO_2^+	黄色
HgS	黑色	$Na[Sb(OH)_6]$	白色	V_2O_5	红棕，橙
Hg_2SO_4	白色	$PbBr_2$	白色	ZnC_2O_4	白色

续表

离子及化合物	颜色	离子及化合物	颜色	离子及化合物	颜色
I_2	紫色	$PbCl_2$	白色	$Zn_2[Fe(CN)_6]$	白色
I_3^-	黄色	PbC_2O_4	白色	$Zn_3[Fe(CN)_6]_2$	黄褐色
$K_3[Co(NO_2)_6]$	黄色	$PbCO_3$	白色	ZnO	白色
$K_3Na[Co(NO_2)_6]$	黄色	$PbCrO_4$	黄色	$Zn(OH)_2$	白色
$MgCO_3$	白色	PbI_2	黄色	$Zn_2(OH)_2CO_3$	白色
$MgNH_4PO_4$	白色	PbO_2	棕褐色	ZnS	白色
$Mg(OH)_2$	白色	Pb_3O_4	红色	$ZnSiO_3$	白色

附录4 常见阳离子的鉴定

1. NH_4^+

方法(1):取10滴试液于试管中,加入NaOH溶液(2.0 mol·L^{-1})使呈碱性,微热,并用滴加奈斯勒(Nessler)试剂的滤纸检验逸出的气体。如有红棕色斑点出现,表示有NH_4^+存在。

$$NH_3(g)+2[HgI_4]^{2-}+3OH^-=HgO\cdot HgNH_2I(s)+7I^-+2H_2O$$

方法(2):取10滴试液于试管中,加NaOH溶液(2.0 mol·L^{-1})碱化,微热,并用润湿的红色石蕊试纸(或用pH试纸)检验逸出的气体,如试纸显蓝色,表示有NH_4存在。

2. K^+

取3~4滴试液于试管中,加入4~5滴Na_2CO_3溶液(0.5 mol·L^{-1}),加热,使有色离子变为碳酸盐沉淀。离心分离,在所得清液中加入HAc溶液(6.0 mol·L^{-1}),再加入2滴$Na_3[Co(NO_2)_6]$溶液,最后将试管放入沸水浴中加热2 min,若试管中有黄色沉淀,表示有K^+存在。

$$2K+4Na^++[Co(NO2)_6]^{3-}=\!=\!=K_2Na[Co(NO_2)_5](s)$$

3. Na^+

取3滴试液于试管中,加氨水(6.0 mol·L^{-1})中和至碱性,再加HAc溶液(6.0 mol·L^{-1})酸化,然后加3滴EDTA溶液(饱和)(掩蔽其他金属离子的干扰)和6~8滴醋酸铀酰锌,充分摇荡,放置片刻,若有淡黄色晶状沉淀生成,表示有Na^+存在。

$$Na+Zn^{2+}+3UO_2^{2+}+8Ac^-+HAc+9H_2O=\!=\!=$$

$$NaAc \cdot Zn(Ac)_2 \cdot 3(UO)_2(Ac)_2 \cdot 9H_2O(s) + H^+$$

4. Mg^{2+}

取 1 滴试液于点滴板上，加 2 滴 EDTA 溶液(饱和)(掩蔽其他金属离子的干扰)，搅拌后，加 1 滴镁试剂 1，1 滴 NaOH 溶液($6.0\ mol \cdot L^{-1}$)，如有蓝色沉淀生成，表示有 Mg^{2+} 存在。

5. Ca^{2+}

取 5 滴试液于试管中，加入少量锌粉，水浴加热(使 Ag^+、Pb^{2+}、Ca^{2+}、Hg^{2+}、Hg_2^{2+} 等离子还原为金属)，离心分离后，在清液中加入饱和$(NH_4)_2C_2O_4$ 溶液，水浴加热后，慢慢生成白色沉淀，表示有 Ca^{2+} 存在。

6. Sr^{2+}

取 4 滴试样于试管中，加入 4 滴 Na_2CO_3 溶液($0.5\ mol \cdot L^{-1}$)，在水浴上加热得 $SrCO_3$ 沉淀，离心分离。在沉淀中加 2 滴 HCl 溶液($6.0\ mol \cdot L^{-1}$)使其溶解为 $SrCl_2$，然后用清洁的镍铬丝或铂丝蘸取 $SrCl_2$ 置于煤气灯的氧化焰中灼烧，如有猩红色火焰，表示有 Sr^{2+} 存在。

注意：在做焰色的反应前，应将镍铬丝或铂丝蘸取浓 HCl 在煤气灯的氧化焰中灼烧，反复数次，直至火焰无色。

7. Ba^{2+}

取 4 滴试样于试管中，加 $NH_3 \cdot H_2O$(浓)使呈碱性，再加锌粉少许，在沸水浴中加热 1～2 min，并不断搅拌(使 Ag^+、Pb^{2+}、Hg^{2+} 等离子还原为金属)，离心分离。在溶液中加醋酸酸化，加 3～4 滴 K_2CrO_4 溶液，摇荡，在沸水中加热，如有黄色沉淀，表示有 Ba^{2+} 存在。

$$Ba^{2+} + CrO_4^{2-} = BaCrO_4(s)$$

8. Al^{3+}

取4滴试液于试管中，加NaOH溶液（6.0 mol·L^{-1}）碱化，并过量2滴，加2滴H_2O_2（ω=0.03），加热2 min，离心分离（消除Fe^{2+}、Bi^{3+}的干扰）。用HAc溶液（6.0 mol·L^{-1}）将溶液酸化，调pH为6～7，加3滴铝试剂，摇荡后，放置片刻，加$NH_3 \cdot H_2O$溶液（6.0 mol·L^{-1}）碱化，置于水浴上加热（消除Cr^{3+}、Cu^{2+}的干扰），如有橙黄色（有CrO_4^{2-}存在）物质生成，可离心分离。用去离子水洗沉淀，如沉淀为红色，表示有Al^{3+}存在。

9. Sn^{2+}

取2滴试液于试管中，加2滴HCl溶液（6.0 mol·L^{-1}），加少许铁粉，在水浴上加热至作用完全，气泡不再发生为止。吸取清液于另一干净试管中，加入2滴$HgCl_2$，如有白色沉淀生成，表示有Sn^{2+}存在。

$$Sn^{2+} + 2HgCl_2 = Hg_2Cl_2(s) + S_n^{4+} + 2Cl^-$$

$$SnCl_4^{2-} + Hg_2Cl(s) = SnCl_6^{2-} + 2Hg(s)$$

10. Pb^{2+}

取4滴试液于试管中，加2滴H_2SO_4溶液（3.0 mol·L^{-1}），加热几分钟，摇荡，使Pb^{2+}沉淀完全，离心分离。在沉淀中加入NH_4Ac溶液（3.0 mol·L^{-1}），并加热1 min，使$PbSO_4$转化为$[PbAc]^+$、离心分离。在清液中加HAc溶液（6.0 mol·L^{-1}），再加2滴K_2CrO_4溶液（0.1 mol·L^{-1}），如有黄色沉淀，表示有Pb^{2+}存在。

$$Pb^{2+} + CrO_4^{2-} = PbCrO_4(s)$$

11. As(Ⅲ)，As(Ⅴ)

取3滴试液滴于试管中，加NaOH溶液（6.0 mol·L^{-1}）碱化，再加少许锌粒，立刻用一小团脱脂棉塞在试管上部，再用

ω=0.05 的 $AgNO_3$ 溶液浸过的滤纸盖在试管口上，置于水浴中加热，如滤纸上 $AgNO_3$ 斑点渐渐变黑，表示有 AsO_3^{3-} 存在。

$$AsO_3^{3-} + 3OH^- + 3Zn + 6H_2O \longrightarrow 3Zn(OH)_4^{2-} + AsH_3(g)$$

$$6AgNO_3 + AsH_3 \longrightarrow Ag_3As \cdot 3AgNO_3(\text{黄}) + 3HNO_3$$

$$Ag_3As \cdot 3AgNO_3 + 3H_2O \longrightarrow H_3AsO_3 + 3HNO_3 + 6Ag(s,\text{黑色})$$

12. Sb^{3+}

取 6 滴试液于试管中，加 $NH_3 \cdot H_2O$ 溶液(6.0 mol·L^{-1})碱化，加 5 滴$(NH_4)_2S$溶液 (5.0 mol·L^{-1})，充分摇荡，于水浴上加热 5 min 左右，离心分离(消除 Hg_2^{2+}、Bi^{3+} 等的干扰)。在溶液中加 HCl 溶液(6.0 mol·L^{-1})酸化，使呈微酸性，并加热 3～5 min，离心分离(消除 Hg_2^{2+}、Bi^{3+} 等的干扰)。沉淀中加 3 滴 HCl(浓)，再加热使 Sb_2S_3 溶解。取此溶液滴在锡箔上，片刻锡箔上出现黑斑。用水洗去酸，再用 1 滴新配制的 NaClO 溶液处理(排除砷离子的干扰)，黑斑不消失，表示有 Sb(Ⅲ)存在。

$$2SbCl_6^{3-} + 3Sn \longrightarrow 2Sb(s) + 3SnCl_4^{2-}$$

13. Bi^{3+}

取 3 滴试液于试管中，加入 $NH_3 \cdot H_2O$(浓)，Bi(Ⅲ)变为 $Bi(OH)_3$ 沉淀，离心分离。洗涤沉淀，以除去可能共沉淀的 Cu(Ⅱ)和 Cd(Ⅱ)。在沉淀中加入少量新配制的 $Na_2[Sn(OH)_4]$溶液，如沉淀变黑，表示有 Bi^{3+}存在。

$$2Bi(OH)_3 + 3[Sn(OH)_4]^{2-} = 2Bi(s) + 3[Sn(OH)_6]^{2-}$$

14. Ti^{4+}

取 4 滴试液于试管中，加入 7 滴 $NH_3 \cdot H_2O$(浓)和 5 滴 NH_4Cl 溶液(1.0 mol·L^{-1})，摇荡，离心分离。在沉淀中加 2～3 滴 HCl(浓)和 4 滴 H_3PO_4(浓)，使沉淀溶解，再加 4 滴 H_2O_2 溶液 (ω=0.03)，摇荡，如溶液呈橙色，表示有 Ti^{4+}存在。

15. Cr^{3+}

取2滴试液于试管中，加 NaOH 溶液（2.0 mol·L^{-1}）至生成沉淀又溶解，再多加2滴。加 H_2O_2 溶液（ω=0.03），微热，溶液呈黄色。冷却后再加5滴 H_2O_2 溶液（ω=0.03），加1 mL 戊醇（或乙醚），最后慢慢滴加 HNO_3 溶液（6.0 mol·L^{-1}），注意，每加1滴 HNO_3 都必须充分摇荡。如戊醇层呈蓝色，表示有 Cr^{3+} 存在。

$$2[Cr(OH)_4]^- + 3H_2O_2 + 2OH^- = 2CrO_4^{2-} + 8H_2O$$

$$2CrO_4^{2-} + 2H^+ = Cr_2O_7^{2-} + H_2O$$

$$Cr_2O_7^{2-} + 4H_2O_2 + 2H^+ = 2CrO(O_2)_2 + 5H_2O$$

16. Mn^{2+}

取2滴试液于试管中，加 HNO_3 溶液（6.0 mol·L^{-1}）酸化，加少量 $NaBiO_3$ 固体，摇荡后，静置片刻，如溶液呈紫红色，表示有 Mn^{2+} 存在。

$$2Mn^{2+} + 5NaBiO_3(s) + 14H^+ = 2MnO_4^- + 5Bi^{3+} + 5Na^+ + 7H_2O$$

17. Fe^{2+}

取1滴试液于点滴板上，加1滴 HCl 溶液（2.0 mol·L^{-1}）酸化，加1滴 $K_3[Fe(CN)_6]$ 溶液（0.1 mol·L^{-1}），如出现蓝色沉淀，表示有 Fe^{2+} 存在。

$$xFe^{2+} + xK^+ + x[Fe(CN)_6]^{3-} = [KFe(\text{Ⅲ})(CN)_6Fe(\text{Ⅱ})]_x(s)$$

18. Fe^{3+}

方法(1)与 KSCN 或 NH_4SCN 反应。

取1滴试液于点滴板上，加1滴 HCl 溶液（2.0 mol·L^{-1}）酸化，加1滴 KSCN 溶液（0.1 mol·L^{-1}），如溶液显红色，表示有 Fe^{3+} 存在。

$$Fe^{3+} + nSCN^- = [Fe(NCS)_n]^{3-n} \quad (n=1\sim6)$$

方法(2)与 $K_4[Fe(CN)_6]$反应。

取1滴试液于点滴板上,加1滴 HCl 溶液(2.0 mol·L^{-1})及1滴 $K[Fe(CN)_6]$,如立即生成蓝色沉淀,表示有 Fe^{3+} 存在。

$$xFe^{3+} + xK^+ + x[Fe(CN)_6]^{4-} = [KFe(III)(CN)_6Fe(II)]_x(s)$$

19. Co^{2+}

取5滴试液于试管中,加入数滴丙酮,再加少量 KSCN 或 NH_4SCN 晶体(Fe^{3+} 的干扰可加 NaF 来掩蔽),充分摇荡,若溶液呈鲜艳的蓝色,表示有 Co^{2+} 存在。

$$Co^{2+} + 4SCN^- = [Co(NCS)_4]^{2-}$$

20. Ni^{2+}

取5滴试液于试管中,加入5滴 $NH_3 \cdot H_2O$ 溶液(2.0 mol·L^{-1})碱化,加丁二酮肟溶液($\omega = 0.01$),若出现鲜红色沉淀,表示有 Ni^{2+} 存在。

$$Ni^{2+} + 2NH_3 + 2HDMG = Ni(DMG)_2(s) + 2NH_4^+$$

21. Cu^{2+}

取1滴试液于点滴板上,加2滴 $K_4[Fe(CN)_6]$溶液(0.1 mol·L^{-1}),若生成红棕色沉淀,表示有 Cu^{2+} 存在。

$$2Cu^{2+} + [Fe(CN)_6]^{4-} = Cu_2[Fe(CN)_6](s)$$

22. Ag^+

取5滴试液于试管中,加5滴 HCl 溶液(2.0 mol·L^{-1}),置于水浴上温热,使沉淀聚集,离心分离。沉淀用热的去离子水洗1次,然后加入过量 $NH_3 \cdot H_2O$ 溶液(6.0 mol·L^{-1})摇荡,如有不溶沉淀物存在时,离心分离。取一部分溶液于试管中加 HNO_3 溶液(2.0 mol·L^{-1}),如有白色沉淀,表示有 Ag^+ 存在。或取一部分溶液于试管中,加入 KI 溶液(0.1 mol·L^{-1}),如有黄色沉淀生成,表示有 Ag^+ 存在。

$$AgCl(s) + 2NH_3 = [Ag(NH_3)_2]^+ + Cl^-$$

$$[Ag(NH_3)_2]^+ + Cl^- + 2H^+ = AgCl(s) + 2NH_4^+$$

23. Zn^{2+}

取 2 滴试液于试管中，加入 5 滴 NaOH 溶液(6.0 mol · L^{-1})，加 10 滴 CCl_4，加 2 滴二苯硫腙溶液，摇荡，如水层显粉红色，CCl_4 层由绿色变棕色，表示有 Zn^{2+} 存在。

$$\frac{1}{2}Zn^{2+} + OH^- + C(-NH-NH-C_6H_5)(=S)(-N=N-C_6H_4) \longrightarrow C(-NH-N(-C_6H_5)-)(-S-Zn/2)(=N-N-C_6H_5)(s) + H_2O$$

24. Cd^{2+}

取 3 滴试液于试管中，加 10 滴 HCl 溶液(2.0 mol · L^{-1})，加 3 滴 Na_2S 溶液(0.1 mol · L^{-1})，可使 Cu^{2+} 沉淀，Co^{2+}、Mn^{2+} 和 Cd^{2+} 均无反应，离心分离。在清液中加 NH_4Ac 溶液($\omega = 0.30$)，使酸度降低，若有黄色沉淀析出，表示有 Cd^{2+} 存在。在该酸度下，Co^{2+}、Ni^{2+} 不会生成硫化物沉淀。

25. Hg^{2+}，Hg_2^{2+}

取 2 滴试液，加入 2～3 滴 $SnCl_2$ 溶液(0.1 mol · L^{-1})，若生成白色沉淀，并逐渐转变为灰色或黑色，表示有 Hg^{2+} 存在。

$$2HgCl_2 + SnCl_4^{2-} = Hg_2Cl_2(s) + SnCl_6^{2-}$$

$$Hg_2Cl_2 + SnCl_2 = 2Hg(s) + SnCl_4$$

附录5 常见阴离子的鉴定

1. CO_3^{2-}

取10滴试液于试管中，加入10滴 H_2O_2 溶液($\omega=0.03$)，置于水浴上加热3 min，如果检验溶液中无 SO_3^{2-} 和 S^{2-} 存在时，可向溶液中一次加入半滴管 HCl 溶液(6.0 mol·L^{-1})，并立即插入吸有 $Ba(OH)_2$ 溶液(饱和)的带塞滴管，使滴管口悬挂1滴溶液，观察溶液是否变浑浊。或者试管中插入蘸有 $Ba(OH)_2$ 溶液的带塞的镍铬丝小圈，若镍铬丝小圈上的液膜变浑浊，表示有 CO_3^{2-} 存在。

$$SO_3^{2-}+H_2O_2 = SO_4^{2-}+H_2O$$

$$S^{2-}+4H_2O_2 = SO_4^{2-}+4H_2O$$

2. NO_3^-

取10滴试液于试管中，加入5滴 H_2SO_4 溶液(2.0 mol·L^{-1})，加入1 mL Ag_2SO_4 溶液(2.0 mol·L^{-1})，离心分离。在清液中加入少量尿素固体，并微热。在溶液中加入少量 $FeSO_4$ 固体，摇荡溶解后，将试管斜持，慢慢沿试管壁滴入1 mL H_2SO_4(浓)。若 H_2SO_4 层与水溶液层的界面处有“棕色环”出现，表示有 NO_3^- 存在。

$$6FeSO_4+2NaNO_3+4H_2SO_4 = 3Fe_2(SO_4)_3+2NO(g)+Na_2SO_4+4H_2O$$

$$FeSO_4+NO = [FeNO]SO_4$$

$$2NO_2^-+CO(NH_2)_2+2H^+ = 2N_2(g)+CO_2(g)+3H_2O$$

3. NO_2^-

取5滴试液于试管中，加入10滴 Ag_2SO_4 溶液(0.02 mol·L^{-1})，若有沉淀生成，离心分离。在清液中加少量 $FeSO_4$ 固体，摇荡溶解后，加入10滴 HAc 溶液(2.0 mol·L^{-1})若溶液呈棕色，表示有 NO_2^- 存在。

$$Fe^{2+} + NO_2^- + 2HAc^- \longrightarrow Fe^{3+} + NO(g) + H_2O + 2Ac^-$$

$$Fe^{2+} + NO \longrightarrow [Fe(NO)]^{2+}$$

4. PO_4^{3-}

取5滴试液于试管中，加入10滴 HNO_3(浓)，并置于沸水浴中加热1～2 min。稍冷后，加入20滴 $(NH_4)_2MoO_4$ 溶液，并在水浴上加热至40～45℃，若有黄色沉淀产生，表示有 PO_4^{3-} 存在。

$$PO_4^{3-} + 3NH_4^+ + 12MoO_4^{2-} + 24H^+ \longrightarrow (NH_4)_3PO_4 \cdot 12MoO_3 \cdot 6H_2O(s) + 6H_2O$$

5. S^{2-}

取1滴试液于点滴板上，加1滴 $Na_2[Fe(CN)_5NO]$ 溶液(ω=0.01)。若溶液呈紫色，表示有 S^{2-} 存在。

$$S^{2-} + [Fe(CN)_5NO]^{2-} \longrightarrow [Fe(CN)_5NO_3]^{4-}$$

6. SO_3^{2-}

取10滴试液于试管中，加入少量 $PbCO_3$(s)，摇荡，若沉淀由白色变为黑色，则需要再加少量 $PbCO_3$(s)，直到沉淀呈灰色为止。离心分离，保留清液。

在点滴板上，加 $ZnSO_4$ 溶液(饱和)、$K_4[Fe(CN)_6]$溶液(0.1 mol·L^{-1})及 $Na_2[Fe(CN)_5NO]$ 溶液(ω=0.01)各1滴，加1滴 $NH_3 \cdot H_2O$ 溶液(2.0 mol·L^{-1})将溶液调至中性，最后加1滴除去的试液。若出现红色沉淀，表示有 SO_3^{2-} 存在。

$$PbCO_3(s) + S^{2-} \longrightarrow PbS(s) + CO_3^{2-}$$

7. $S_2O_3^{2-}$

取 1 滴除去 S^{2-} 的试液于点滴板上，加 2 滴 $AgNO_3$ 溶液（0.1 mol·L^{-1}），若见到白色沉淀生成，并很快变为黄色、棕色，最后变为黑色，表示有 $S_2O_3^{2-}$ 存在。

$$2Ag^+ + S_2O_3^{2-} = Ag_2S_2O_3(s)$$

$$Ag_2S_2O_3(s) + H_2O = H_2SO_4 + Ag_2S(s,\text{黑色})$$

8. SO_4^{2-}

取 5 滴试液于试管中，加入 HCl 溶液（6.0 mol·L^{-1}）至无气泡产生时，再多加 1～2 滴。加入 1～2 滴 $BaCl_2$ 溶液（1.0 mol·L^{-1}），若生成白色沉淀，表示有 SO_4^{2-} 存在。

9. Cl^-

取 10 滴试液于试管中，加 5 滴 HNO_3 溶液（6.0 mol·L^{-1}）和 15 滴 $AgNO_3$ 溶液（0.1 mol·L^{-1}），在水浴上加热 2 min。离心分离。将沉淀用 2 mL 去离子水洗涤 2 次，使溶液 pH 接近中性。加入 10 滴 $(NH_4)_2CO_3$ 溶液（ω=0.12），并在水浴上加热 1 min，离心分离。在清液中加 1～2 滴 HNO_3 溶液（0.2 mol·L^{-1}），若有白色沉淀生成，表示有 Cl^- 存在。

10. Br^-，I^-

取 5 滴试液于试管中，加 1 滴 H_2SO_4 溶液（2.0 mol·L^{-1}）酸化，加 1 mLCCl_4，加几滴 Cl_2 水，充分摇荡，若 CCl_4 层呈紫红色，表示有 I^- 存在。继续加入 Cl_2 水，并摇荡，若 CCl_4 层紫红色褪去，又呈现出棕黄色或黄色，则表示有 Br^- 存在。

$$2Br^- + Cl_2 = Br_2 + 2Cl^-$$

$$2I^- + Cl_2 = I_2 + 2Cl^-$$

$$I_2 + 5Cl_2 + 6H_2O = 2HIO_3 + 10HCl$$

参考文献

[1]刘永红. 无机及分析化学实验[M]. 北京:科学出版社,2017.

[2]陆家政. 无机化学实验[M]. 北京:科学出版社,2017.

[3]张雷. 无机化学实验[M]. 北京:科学出版社,2017.

[4]许琼. 无机化学实验[M]. 北京:科学出版社,2017.

[5]何永科,吕美横,刘威,等. 无机化学实验[M]. 2 版. 北京:化学工业出版社,2017.

[6]王宝玲,杨树. 无机化学实验[M]. 北京:科学出版社,2017.

[7]侯小娟,苏安群,熊传武. 无机化学实验指导[M]. 北京:化学工业出版社,2017.

[8]文利柏,虎玉森,白红进. 无机化学实验[M]. 2 版. 北京:化学工业出版社,2017.

[9]韩晓霞,杨文远,倪刚. 无机化学实验[M]. 天津:天津大学出版社,2017.

[10]钟国清. 无机及分析化学实验[M]. 北京:科学出版社,2017.

[11]龚银香,童金强. 无机及分析化学实验[M]. 2 版. 北京:化学工业出版社,2017.

[12]何树华,张福兰,庞向东. 无机及分析化学实验[M]. 成都:西南交通大学出版社,2017.

[13]辛述元,王萍. 无机及分析化学实验[M]. 3 版. 北京:化学工业出版社,2017.

[14]魏琴,盛永丽. 无机及分析化学实验[M]. 北京:科学出版社,2017.

[15]阎松，马宏飞，陈微，等. 基础化学实验[M]. 北京：化学工业出版社，2016.

[16]包新华，邢彦军，李向清. 无机化学实验[M]. 北京：科学出版社，2016.

[17]刘晓燕. 无机化学实验[M]. 北京：科学出版社，2016.

[18]白广梅，任海荣. 无机化学实验指导与拓展[M]. 北京：化学工业出版社，2016.

[19]伍晓春，姚淑心. 无机化学实验[M]. 北京：科学出版社，2016.

[20]李志林，赵晓珑，焦运红. 无机及分析化学实验[M]. 3版. 北京：化学工业出版社，2016.

[21]栾国有，赵成爱. 无机及分析化学实验[M]. 北京：中国农业出版社，2016.

[22]王凤云，丰利. 无机及分析化学实验[M]. 2版. 北京：化学工业出版社，2016.

[23]尹学琼，朱莉. 无机化学实验[M]. 北京：化学工业出版社，2015.

[24]张犁黎. 无机及分析化学实验[M]. 2版. 北京：化学工业出版社，2015.

[25]宁光辉，梁晓琴. 无机化学实验[M]. 北京：科学出版社，2015.

[26]刘冰，徐强. 无机及分析化学实验[M]. 北京：化学工业出版社，2015.

[27]周祖新. 无机化学实验[M]. 北京：化学工业出版社，2014.

[28]牟文生. 无机化学实验[M]. 3版. 北京：高等教育出版社，2014.

[29]王新芳. 无机化学实验[M]. 北京：化学工业出版社，2014.

[30]杨芳，郑文杰. 无机化学实验[M]. 北京：化学工业出版

社,2014.

[31]杨怀霞,刘幸平.无机化学实验[M].北京:中国医药科技出版社,2014.

[32]李朴,古国榜.无机化学实验[M].4版.北京:化学工业出版社,2014.

[33]冯丽娟.无机化学实验[M].青岛:中国海洋大学出版社,2013.

[34]郎建平,卞国庆.无机化学实验[M].2版.南京:南京大学出版社,2013.

[35]周旭光.无机化学实验与学习指导[M].北京:清华大学出版社,2013.

[36]刘君,李振泉,孔凡栋.无机化学实验[M].北京:化学工业出版社,2013.

[37]贾佩云,陈春霞.无机及分析化学实验[M].北京:化学工业出版社,2013.

[38]李艳辉.无机及分析化学实验[M].2版.南京:南京大学出版社,2012.

[39]李铭岫.无机化学实验[M].北京:北京理工大学出版社,2012.

[40]黄涛,张明通.无机化学实验[M].北京:化学工业出版社,2011.

[41]张静.无机及分析化学实验[M].北京:化学工业出版社,2011.

[42]高明慧.无机化学实验[M].合肥:中国科学技术大学出版社,2011.

[43]张立庆.无机及分析化学实验[M].杭州:浙江大学出版社,2011.

[44]陈若愚,朱建飞.无机及分析化学实验[M].北京:化学工业出版社,2010.

[45]周朵,王敬平.无机化学实验[M].北京:化学工业出版

社,2010.

[46]刘翠梅,杨述韬.无机和分析化学实验[M].北京:化学工业出版社,2010.

[47]王和才,孙成.无机及分析化学实验[M].北京:化学工业出版社,2009.

[48]王传胜,孙亚光,石中亮.无机化学实验[M].北京:化学工业出版社,2009.